自动生产线案例分析与实验

孙奎洲　梁　栋　张　陈　主编

吉林大学出版社

·长春·

图书在版编目(CIP)数据

自动生产线案例分析与实验 / 孙奎洲，梁栋，张陈主编. —长春 ：吉林大学出版社，2022.10

ISBN 978-7-5768-0985-5

Ⅰ.①自… Ⅱ.①孙… ②梁… ③张… Ⅲ.①自动生产线 Ⅳ.①TP278

中国版本图书馆 CIP 数据核字(2022)第 206045 号

书　　名：**自动生产线案例分析与实验**
ZIDONG SHENGCHANXIAN ANLI FENXI YU SHIYAN

作　　者：孙奎洲　梁　栋　张　陈　主编
策划编辑：黄国彬
责任编辑：张文涛
责任校对：甄志忠
装帧设计：姜　文
出版发行：吉林大学出版社
社　　址：长春市人民大街 4059 号
邮政编码：130021
发行电话：0431－89580028/29/21
网　　址：http：//www.jlup.com.cn
电子邮箱：jdcbs@jlu.edu.cn
印　　刷：天津和萱印刷有限公司
开　　本：787mm×1092mm　　1/16
印　　张：16.5
字　　数：260 千字
版　　次：2023 年 6 月　第 1 版
印　　次：2023 年 6 月　第 1 次
书　　号：ISBN 978-7-5768-0985-5
定　　价：88.00 元

前　言

随着以智能制造为代表的信息化技术和先进制造技术的快速发展以及在机械中的大量应用，自动化机械越来越多，水平越来越高，信息化技术应用已经成为提升机械设计制造水平的首要标志。大量自动化机械的涌现和自动控制技术日新月异的发展，不断对自动机械设计提出新要求。为了适应新技术发展的要求，结合“机械设计制造及其自动化”国家一流专业建设，编写了《自动生产线案例分析与实验》一书。本书可作为教材，也可以作为自动化机械设计参考书。

自动生产线种类繁多，根据机械的用途不同，其结构原理和自动化技术相差很大。本书首先着眼于共性问题，将自动生产线常见的输送、分拣、间歇送料、定位与夹紧等结构组成、工作原理进行提炼，同时列举了编者为企业所设计的晶圆片清洗自动生产线、锁体加工自动生产线、镇流器装配自动生产线等典型工程案例，可为从事自动生产线设计的人员提供参考。为顺应拓宽专业口径、提升动手能力的培养要求，本书还融入了自动线控制方面的实验内容。实验部分通过对三菱触摸屏、伺服驱动器、变频器、工业机器人等机电产品以及各类硬件控制方法的介绍，使读者掌握 PLC 编程与应用能力。通过对组态、触摸屏、工业云平台等界面设计及编程方法的介绍，可使读者具备设计相应视图窗口，实现自动生产线的灵活多样的控制能力，为今后从事机械工程自动化工作奠定一定的实践能力。

本书由江苏理工学院孙奎洲主编，江苏理工学院梁栋、张陈参编。其中，第 1、2、3 章理论与工程案例部分由孙奎洲编写，第 4 章实验部分由梁栋编写，第 5 章实验部分由张陈编写。

本书在编写过程中，力求做到重点突出，设计理论与工程实践相结合，反映现代科学技术发展水平。限于编者水平，书中难免存在不足之处，敬请广大读者提出宝贵意见，以便改进、修订。

编　者

2022 年 7 月于江苏理工学院

目　录

第 1 章　自动生产线的结构组成与工作流程

1.1　概述

1.1.1　自动生产线的定义

自动生产线就是通过自动化输送及其他辅助装置，按特定的生产流程，将各种自动化专机连接成一体，通过气动、液压、电机、传感器和电气控制系统使各部分的动作联系起来，系统按规定的程序自动地工作，连续、稳定地生产出符合技术要求的特定产品，这种自动工作的自动机械系统称为自动化生产线[1]。

自动生产线是在流水生产线的基础上发展起来的，它能进一步提高生产效率并改善劳动条件，因此在工农业生产中发展很快。人们把按照产品加工工艺过程，用工件存储及传送装置把专用自动机以及辅助机械设备连接起来而形成的具有独立控制装置的生产系统称作自动生产线，简称自动线或生产线，如啤酒灌装自动线、纸板纸箱自动生产线、香皂自动成形包装生产线等。

在自动生产线上，工件(原料、毛坯或半成品)上线后便以一定的节拍，按照设定的加工顺序，自动地经过各个加工工位，完成预定的加工，最后成为符合设计要求的成品而下线。在自动线整个生产过程中，人工不参与直接的工艺操作，只是全面观察、分析生产系统的运转情况，定期加料，对产品质量进行抽样检查，及时地排除设备故障、调整维修、更换刀具或易损零件，保证自动线得以连续进行工作。

采用自动线组织生产，有利于应用先进的科学技术和现代企业管理技术，可以简化生产布局，减少生产工人数量以及中间仓库和半成品贮存量，缩短生产周期，提高产品质量，增加产量，降低生产成本，改善劳动条件，促进企业生产实现现代化。但是，在同等条件下，自动线成本高，占地面积比较大，生产中的组织管理要求高，对生产工人的专业技术要求更高。

1.1.2 自动生产线的特点

自动化制造的工程实践证明，自动生产线具有以下手工生产所不具备的优点。

(1)大幅度提高劳动生产率。

机器自动化生产能够大幅度提高生产效率及劳动生产率，也就是单位时间内能够制造更多的产品，每个劳动力的投入能够创造更高的产值；而且可以将劳动者从常规的手工劳动中解脱出来，转而从事更有创造性的工作。

(2)产品质量具有高度重复性、一致性。

由于机器自动化生产中，装配或加工过程的每一个动作都是机械式的固定动作，各种机构的位置、工作状态等都具有一定的稳定性，不受外部因素的影响，因而能保证装配或加工过程的高度重复性、一致性。同时，机器自动化生产能够大幅降低不合格品率。

(3)产品精度高。

由于在机器设备上采用了各种高精度的导向、定位、进给、调整、检测、视觉系统或部件，因而可以保证产品加工、装配生产的高精度。

(4)大幅降低制造成本。

机器自动化装配生产的节拍很短，可以达到较高的生产率，同时机器可以连续运行，因而在大批量生产的条件下能大幅降低制造成本。但自动化生产的初期投入较大，如果批量不大，使用自动机械的生产成本会较高。因此，自动机械一般都是使用在大批量生产的场合。

(5)缩短制造周期，减少在制品数量。

机器自动化生产使产品的制造周期缩短，能够使企业实现快速交货，提高企业在市场上的竞争力；同时还可以降低原材料及在制品的数量，降低流动资金成本。

(6)在对人体有害、危险的环境下替代人工操作。

在各种工业环境中，有一部分环境是有害的，如有粉尘、有害有毒气体、放射性等的环境，也有部分环境是人类无法适应的，如高洁净的环境，有严格的温度、湿度要求的环境，高温环境，水下、真空等环境，上述环境下的工作更适合由机器来完成。

(7)部分情况下只能依靠机器自动化生产。

目前，市场上的产品越来越小型化、微型化，零件的尺寸大幅度减小，各种微机电系统(MEMS)迅速发展，这些微型机构、微型传感器、微型执行器等产品的制造与装配只能依靠机器来实现。

正因为机器自动化生产所具有的高质量及高度一致性、高生产率、低成本、快速制造等各种优越性，制造自动化已经成为今后主流的生产模式，尤其是在目前全球经济一体化的环境下，要有效地参与国际竞争，必须具有一流的生产工艺和生产装备。制造自动化已经成为企业提高产品质量、参与国际市场竞争的必要条件，制造自动化是制造业发展的必然趋势。

1.1.3　自动生产线的应用

自动生产线适宜于以下一些产品的生产过程：

(1)定型、批量大、有一定生产周期的产品。

(2)产品的结构便于传送、自动上下料、定位和夹紧、自动加工、装配和检测。

(3)产品结构比较繁杂、加工工序多、工艺路线太长，而使得所设计的自动机的子系统太多、结构太复杂、机体太庞大、难以操纵，甚至无法保证产品的加工数量及质量，例如缝纫机机头壳体、减速器箱体、发动机箱体等。

(4)以包装、装配工艺为主的生产过程，例如电池、牙膏类产品的生产；液体、固体物料的称重、填充、包装；汽车、摩托车、电视机组装等。

(5)因加工方法、手段、环境等因素影响而不宜用自动机进行生产时，可设计成自动线，例如喷漆、清洗、焊接、烘干、热处理等。

通过对比分析可知，自动线相当于一台展开布置或放大了的多工位自动机。自动线每个工位上的专用自动机(或其他设备)相当于多工位自动机上对应的执行机构(或装置)，工位与工位之间通过工件贮存、传送装置联系起来。

因此，自动线的设计方法、原则及要求、设计步骤等基本与一台多工位自动机的设计过程相仿。

自动生产线虽然功能强大，但由于投入较大，如果产品的批量不大，则在制造成本上是不经济的，所以自动生产线通常都应用在大批量产品的生产制造中。如果产品的制造过程简单，工序数量较少，则一般设计成自动化专机；如果产品的制造工艺复杂，工序较多，则通常设计成自动生产线。

对小批量生产而言，较多采用人工或半人工的方式进行，逐步完善产品，扩大批量，当批量达到一定规模后再采用自动化专机或自动生产线。

1.2 自动生产线的结构组成

1.2.1 自动机械分类

自动机械是面向制造业各种行业的，每一种行业其产品的生产制造都有它特殊的工艺方法与要求，因此自动机械是根据各种行业、各种产品的具体工艺要求专门量身定做的。所以自动机械在形式上多种多样，这是与通用机械设备的最大区别[2]。

虽然自动机械是千差万别的，但各种产品的制造过程是按一系列的工序次序对各种基本生产工艺进行集成来完成的。工程实践表明，按自动机械的用途进行分类学习、按自动机械的结构进行分类学习是学习自动机械的两种有效方法。根据自动机械用途的区别，可以将自动机械分为以下几种典型的类型。

1. 自动化机械加工设备

机械加工是一个传统的制造行业，在制造业中占有非常重要的地位，无论是机器设备还是小的金属零件、部件等，都离不开机械加工和机械加工设备，因此它属于基础性的生产装备。最常用的机械加工设备包括各种机床、冲压设备、焊接设备、塑料加工设备、铸造设备等，上述设备都可以实现全自动化或部分自动化。

2. 自动化装配设备

装配就是将各种不同的零件按特定的工艺要求组合成特定的部件，然后将各种各样的部件及零件按一定的工艺要求组合成最后的产品，大部分的装配内容都是各种各样的零部件之间的连接，所以各种连接方法是装配工艺的重要内容。在工程上大量采用的装配连接方式包括：各种螺钉螺母连接、各种铆接连接、各种焊接、胶水粘接、各种弹性连接。

上述装配连接方式都可以实现自动化操作，而且每一种装配方式都已经形成了一些经过工程实践长期验证、非常成熟的标准自动化机构。自动化装配设备既大量采用自动化专机的形式，也经常与其他自动化专机一起组成自动化装配生产线。

3. 自动化检测设备

在许多产品的装配工序中或装配工序后，需要对各种工艺参数进行检测和控制，这些检测通常都是由机器自动完成的，最常见的检测参数或对象包括：尺寸检测、质量检测、体积检测、力检测、温度检测、时间检测、压力检测、电气参数检测、零件(产品)的计数、零件(产品)分类与剔除等。

上述每一种参数的检测都有专门的检测方法、工具、传感器、机构等，这些内容也是相关自动机械的核心部分，熟悉了上述各种参数的检测方法与检测机构后，读者就可以在其他类似场合直接模仿应用。自动化检测设备既可以采用单机的形式，也经常与自动化装配专机一起组成各种自动化装配检测生产线。

4. 自动化包装设备

包装通常是各种产品生产过程中的最后环节。因此，包装是一个通用性非常强的工序。在工程上，包装不仅仅指将产品用包装盒、包装袋或包装箱装起来，还有大量的相关工序，已经形成了一个相当大的自动化包装设备产业。包装的典型工序包括：包装、标示、灌装与封口。

1.2.2　自动生产线典型结构形式

根据制造行业及工艺上的区别，自动生产线具有很多类型，例如自动化机械加工生产线、自动化装配生产线、自动化喷涂生产线、自动化焊接生产线、自动化电镀生产线等。下面以最典型的加工(或装配)生产线为例。

自动化加工生产线最典型的结构形式就是图 1-1 所示的直线形式，这样的输送系统最简单，制造也更容易。

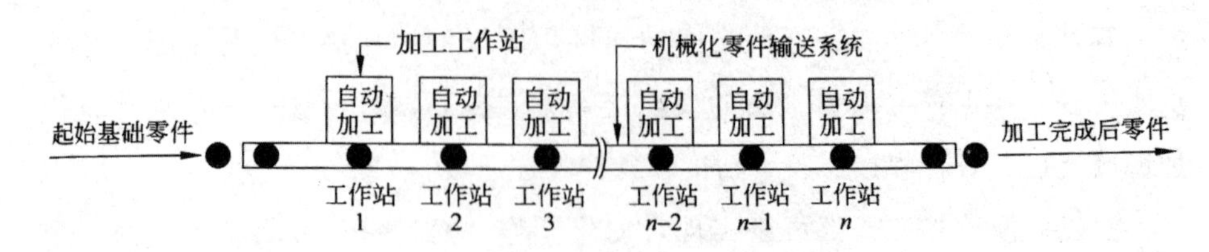

图 1-1　直线形式自动生产线布局

在场地有限的地方，采用直线形式的生产线可能场地不够，为了减少生产线占用的场地，或者当生产线长度太长时，可以按"L"形设计生产线，如图1-2所示。

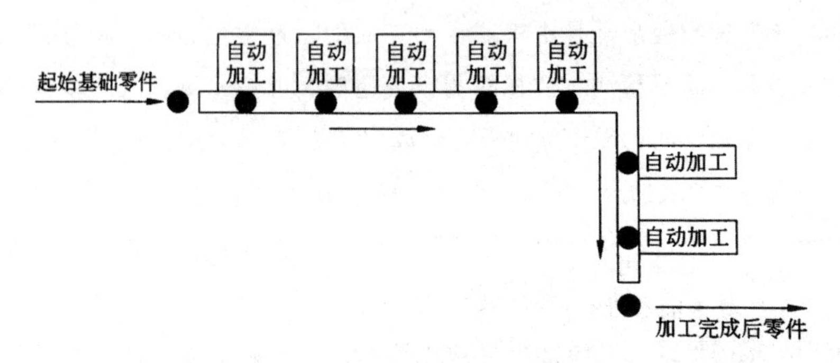

图 1-2　"L"形自动生产线布局

如果生产线按"L"形排布时仍然存在场地方面的限制，为了进一步减少生产线占用的场地，可以按"U"形设计生产线，如图1-3所示。采用这种形式的设计还有一个好处，就是可以方便地在生产线上对工件进行换向，以加工工件不同的表面。

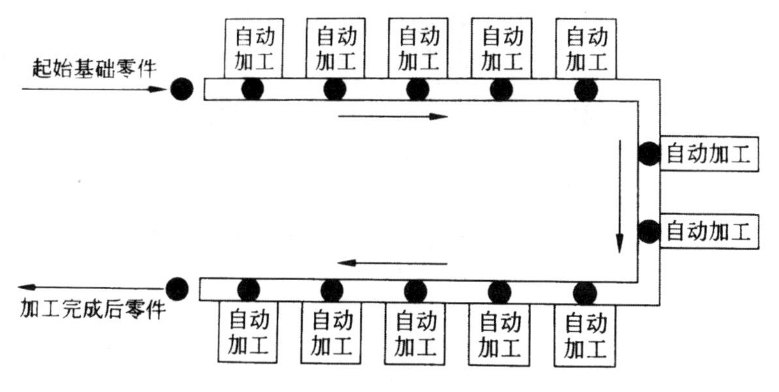

图 1-3　“U”形自动化加工生产线

由于“U”形生产线上经常需要采用重复使用的随行夹具，为了避免随行夹具运输上的麻烦，生产线按矩形设计就可以很方便地实现随行夹具的自动循环，同时还可以设计专门的清洗工作站对随行夹具进行清洗，保证重复使用的随行夹具符合使用要求，如图 1-4 所示。采用这种方式既保留了直线形式的方便，又最大限度地减少了生产线占用的场地。

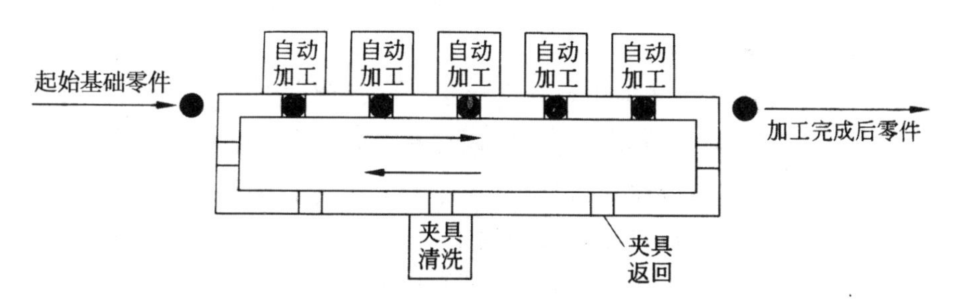

图 1-4　矩形自动化加工生产线

还有一种特殊情况，就是直接将随行夹具固定连接在输送线上(最方便也最常见的就是固定在链式输送线的链条上)，随行夹具始终与链条一起在输送线的上下两部分之间循环。在上半部分输送线的上方设计各种加工工作站进行零件的加工，输送线的下半部分则将随行夹具送回到上方供反复循环使用。图 1-5 为其工作原理示意图。

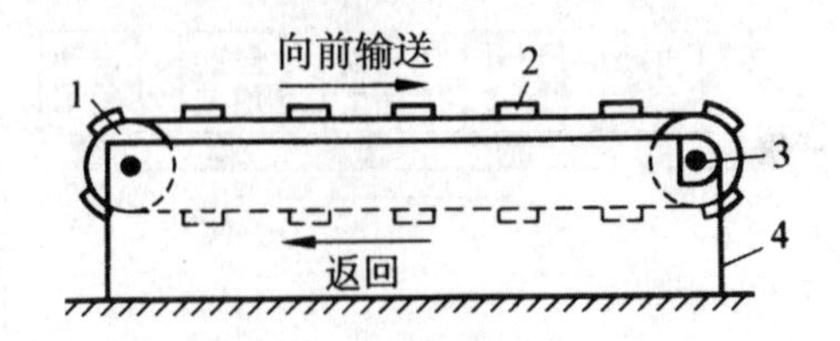

1—张紧轮；2—定位夹具；3—分度机构；4—机架

图 1-5　上下输送加工或装配生产线

为了解决工作站需要加工时间较长，适当放慢上一台工作站放行工件的速度问题，可以在上述生产线的输送线上设置一个或多个内部零件存储缓冲区，也就是增加某一工作站完成加工操作后零件临时储存的数量，其原理如图 1-6 所示。

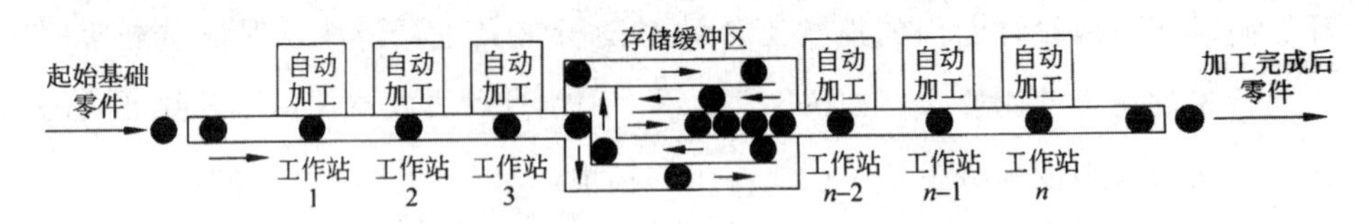

图 1-6　设有存储缓冲区的自动化机械加工生产线示意图

除典型的直线形式外，为了最大限度地节省使用场地，有时还可以采用一种环形形式，如图 1-7 所示。由于平顶链输送线能够自由转弯，所以非常适合作为这种环形生产线的输送系统。

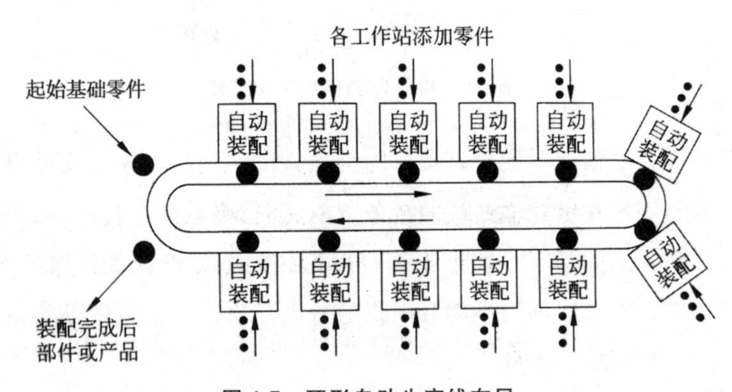

图 1-7　环形自动生产线布局

除了环形生产线外，工程实践中还经常采用圆形回转式结构布局，如图

1-8 所示。这种类型的自动生产线结构非常紧凑，制造成本低，占用空间很少。

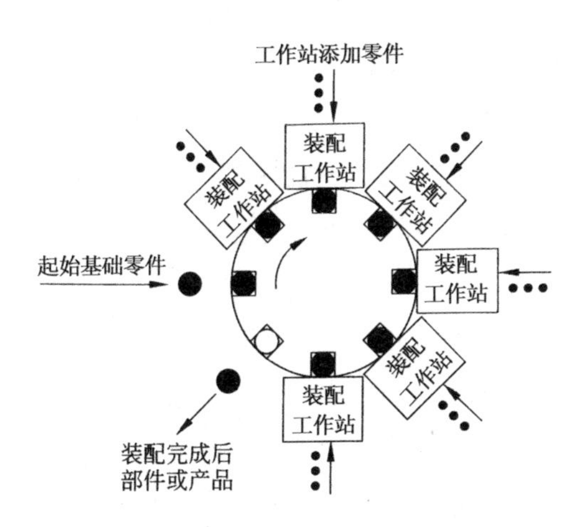

图 1-8　圆形回转式自动化装配生产线

1.2.3　自动机械的结构组成

在学习自动机械的具体结构模块之前，首先要对自动机械的整体结构框架有一个基本的认识，然后再熟悉局部的结构模块，在熟悉结构模块设计的基础上再进一步熟悉整机的集成方法。

通过对典型自动生产线的实例分析，可以基本了解自动机械的整体结构框架，通常都是由以下基本的结构模块根据需要搭配组合而成的：

- 工件的自动输送及自动上下料机构；
- 辅助机构(定位、夹紧、分隔、换向等)；
- 执行机构(各种装配、加工、检测等执行机构)；
- 驱动及传动系统；
- 传感器与控制系统。

1. 工件的自动输送及自动上下料系统

工件或产品的移送处理是自动生产线的第一个环节，包括自动输送、自动上料、自动卸料动作，替代人工装配场合的搬运及人工上下料动作。该部分是自动化专机或生产线不可缺少的基本部分，也是自动机械设计的基本内容。其中自动输送通常应用在生产线上，实现各专机之间物料的自动传送。

1)输送系统

输送系统包括小型的输送装置及大型的输送线，其中小型的输送装置一般用于自动化专机，大型的输送线则用于自动生产线，在人工装配流水线上也大量应用了各种输送系统。没有输送线，自动生产线也就无法实现。

根据结构类型的区别，最基本的输送线有：皮带输送线、链条输送线、滚筒输送线等；根据输送线运行方式的区别，输送线可以按连续输送、断续输送、定速输送、变速输送等不同的方式运行。

2)自动上下料系统

自动上下料系统是指自动化专机在工序操作前与工序操作后专门用于自动上料、自动卸料的机构。在自动化专机上，要完成整个工序动作，首先必须将工件移送到操作位置或定位夹具上，待工序操作完成后，还需要将完成工序操作后的工件或产品卸下来，准备进行下一个工作循环。

自动机械中最典型的上料机构主要有：

· 机械手；

· 利用工件自重的上料装置(如料仓送料装置、料斗式送料装置)；

· 振盘；

· 步进送料装置；

· 输送线(如皮带输送线、链条输送线、滚筒输送线等)。

卸料机构通常比上料机构更简单，最常用的卸料机构主要有：

· 机械手；

· 气动推料机构；

· 压缩空气喷嘴。

气动推料机构就是采用气缸将完成工序操作后的工件推出定位夹具，使工件在重力的作用下直接落入或通过倾斜的滑槽自动滑入下方的物料框内。对于质量特别小的工件，经常采用压缩空气喷嘴直接将工件吹落掉入下方的物料框内。

2. 辅助机构

在各种自动化加工、装配、检测、包装等工序的操作过程中，除自动上下料机构外，还经常需要以下机构或装置。

1)定位夹具

工件必须位于确定的位置，这样对工件的工序操作才能实现需要的精度，因此需要专用的定位夹具。

2)夹紧机构

在加工或装配过程中，工件会受到各种操作附加力的作用，为了使工件的状态保持固定，需要对工件进行可靠的夹紧，因此需要各种自动夹紧机构。

3)换向机构

工件必须处于确定的姿态方向，该姿态方向经常需要在自动生产线上的不同专机之间进行改变，因此需要设计专门的换向机构，在工序操作之前改变工件的姿态方向。

4)分料机构

机械手在抓取工件时必须为机械手末端的气动手指留出足够的空间，以方便机械手的抓取动作，如果工件(例如矩形工件)在输送线上连续紧密排列，机械手可能因为没有足够的空间而无法抓取，因此需要将连续排列的工件逐件分隔开来。又例如螺钉自动化装配机构中，每次只能放行一个螺钉，因此需要采用具有分隔功能的各种分料机构。

3. 执行机构

任何自动机械都是为完成特定的加工、装配、检测等生产工序而设计的，机器的核心功能也就是按具体的工艺参数完成上述生产工序。通常将完成机器上述核心功能的机构统称为执行机构，它们通常是自动机械的核心部分。例如自动机床上的刀具、自动焊接设备上的焊枪、螺钉自动装配设备中的气动螺丝批、自动灌装设备中的灌装阀、自动铆接设备中的铆接刀具、自动涂胶设备中的胶枪等，都属于机器的执行机构。

显然，熟悉并掌握上述执行机构的选型方法也是熟练从事自动机械设计的重要内容。这些执行机构都用于特定的工艺场合，掌握这些执行机构的选型方法离不开对相关工艺知识的了解。因此，自动机械是自动结构与工艺技术的高度集成，从事自动机械设计的人员既要熟悉各种自动机构，同时还要在制造工艺方面具有丰富的经验。

4. 驱动及传动部件

1)驱动部件

任何自动机械最终都需要通过一定机构的运动来完成要求的功能，不管是自动上下料机构还是执行机构，都需要驱动部件并消耗能量。自动机械最基本的驱动部件主要为：

- 由压缩空气驱动的气动执行元件(气缸、气动马达、气动手指、真空吸盘等)；
- 由液压系统驱动的液压缸；
- 各种执行电机(感应电机、步进电机、变频电机、伺服电机、直线电机等)。

在自动机械中，气动执行元件是最简单的驱动部件，由于它具有成本低廉、使用维护简单等特点，在自动机械中得到了大量的应用。在电子制造、轻工、食品、饮料、医药、电器、仪表、五金等制造行业中，主要采用气动驱动方式。

液压系统主要用于需要输出力较大、工作平稳的行业，如建筑机械、矿山设备、铸造设备、注塑机、机床等行业。

除气动元件外，电机也是重要的驱动部件，大量应用于各种行业。在自动机械中，广泛应用于输送线、间隙回转分度器、连续回转工作台、电动缸、各种精密调整机构、伺服驱动机械手、精密 $X-Y$ 工作台、机器人、数控机床的进给系统等场合。

2)传动部件

气缸、液压缸可以直接驱动负载进行直线运动或摆动，但在电机驱动的场合则一般都需要相应的传动系统来实现电机扭矩的传递。自动机械中除采用传统的齿轮传动外，还大量采用同步带传动和链传动。同步带传动与链条传动具有价格低廉、采购方便、装配调整方便、互换性强等众多优势，目前已经是各种自动机械中普遍采用的传动结构，如输送系统、提升装置、机器人、机械手等。

5. 控制系统

根据设备的控制原理，目前自动机械的控制系统主要有以下类型：

1)纯机械式控制系统

在大量采用气动元件的自动机械中，在少数情况下控制气缸换向的各种方向控制阀全部采用气动控制阀，这就是纯气动控制系统。还有一些场合，各种机构的运动是通过纯机械的方式来控制的，例如凸轮机构，就属于纯机械式控制系统。

2)电气控制系统

电气控制系统是指控制气缸运动方向的电磁换向阀由继电器或 PLC 来控制。在如今的制造业中，PLC 已经成为各种自动化专机及自动生产线最基本的控制系统，能结合各种传感器，通过 PLC 控制器使各种机构的动作按特定的工艺要求及动作流程进行循环工作。电气控制系统与机械结构系统是自动机械设计及制造过程中两个密切相关的部分，需要连接成一个有机的系统。

在电气控制系统中，除控制元件外，还需要配套使用各种开关及传感器。在自动机械的许多位置都需要对工件的有无、工件的类别、执行机构的位置与状态等进行检测确认，这些检测确认信号都是控制系统向相关的执行机构发出操作指令的条件，当传感器确认上述条件不具备时，机构就不会进行下一步的动作。需要采用传感器的场合有：

- 气缸活塞位置的确认；
- 工件暂存位置确认是否存在工件；
- 机械手抓取机构上工件的确认；
- 装配位置定位夹具内工件的确认。

1.3 自动机械的典型工作流程

在熟悉自动机械的基本结构组成之后，接下来就要了解它是如何工作的，即了解它们的典型工作流程。自动机械各部分的机构是按一定的流程进行工作的，理解它们的工作流程对于深入认识自动机械的结构规律非常有帮助。以典型的自动化装配为例，可以将自动化专机或自动生产线的工作流程分为以下几个环节[3]。

1. 输送与自动上料

输送与自动上料操作就是在具体的工艺操作之前，将需要被工序操作的对象(零件、部件、半成品)从其他地方移送到进行工序操作的位置。上述被工序操作的对象通常统称为工件，进行工序操作的位置通常都有相应的定位夹具对工件进行准确的定位。

输送通常用于自动生产线，组成自动生产线的各种专机按一定的工艺流程各自完成特定的工序操作，工件必须在各台专机之间顺序流动，一台专机完成工序操作后要将半成品自动传送到下一台相邻的专机进行新的工序操作。

2. 分隔与换向

分隔与换向属于一种辅助操作。以自动化装配为例，通常一个工作循环只装配一套工件，而在工件各自的输送装置中工件经常是连续排列的，为了实现每次只放行一个工件到装配位置，需要将连续排列的工件进行分隔，因此经常需要分料机构，例如采用振盘自动送料的螺钉就需要这样处理。

换向也是在某些情况下需要的辅助操作，例如，当在同一台专机上需要在工件的多个方向重复进行工序操作时，就需要每完成一处操作再通过定位夹具对工件进行一次换向。当需要在工件圆周方向进行连续工序操作时，就需要边进行工序操作，边通过定位夹具对工件进行连续回转，例如回转类工件沿圆周方向的环缝焊接就需要这样处理。某些换向动作是在工序操作之前进行，某些则在工序操作之后进行，而某些情况下则与工序操作同时进行。

3. 定位与夹紧

当工件经过前面所述的输送，可能需要的分隔与换向、自动上料而到达工序操作位置后，在正式工序操作之前，还要考虑以下问题；

- 如何保证每次工作循环中工件的位置始终是确定而准确的?
- 工件在具体的工序操作过程中能保持固定的位置不会移动吗?

上述问题实际上就是在任何加工、装配等操作过程中都需要考虑的两个问题：定位与夹紧。

为了使工件在每一次工序操作过程中都具有确定的、准确的位置，保证操作的精度，必须通过定位夹具来保证。定位夹具可以保证每次操作时工件位置的一致性，实际上通常都是将工件最后移送到定位夹具内实现对工件的定位。

在某些工序操作过程中可能会产生一定的附加力作用在工件上，这种附加力有可能改变工件的位置和状态，所以在工序操作之前必须对工件进行自动夹紧，以保证工件在固定状态下进行操作。因此，在很多情况下都需要在定位夹具附近设计专门的自动夹紧机构，在工序操作之前先对工件进行可靠的夹紧。

4. 工序操作

工序操作是自动化专机的核心功能，前面讲述的所有辅助环节都是为工序操作进行的准备工作，都是为具体的工序操作服务而设计的。

工序操作的内容非常广泛，例如机械加工、装配、检测、标示、灌装等，仅装配的工艺方法就有许多，例如螺钉螺母连接、焊接、铆接、粘接、弹性连接等。这些工序操作都是采用特定的工艺方法、工具、材料，每一种类型的工艺操作也对应着一种特定的结构模块。

5. 卸料

完成工序操作后，必须将完成工序操作后的工件移出定位夹具，以便进行下一个工作循环。卸料的方法多种多样：例如，在自动冲压加工操作中，依靠工件的自重使工件自动落入冲压模具下方的容器内；对于材料厚度及质量极小的冲压件，通常采用压缩空气喷嘴将其从模具中吹落；在一些小型工件的装配中，经常采用气缸将完成工序操作后的工件推入一个倾斜的滑槽，让工件在重力的作用下滑落；对于一些不允许相互碰撞的工件，经常使用机械手将工件取下；还有一些工序操作直接在输送线上进行，通过输送线直接将工件往前输送。

1.4　自动机械的设计制造流程

了解自动机械的主要结构、工作流程后，还需要了解其整个设计制造流程。由于自动生产线包括各种各样的自动化专机，所以自动生产线的设计制造过程比自动化专机更复杂。下面以典型的自动化装配检测生产线为例，说明其设计制造流程，目前国内从事自动化装备行业的相关企业通常是按以下步骤进行的。

1. 总体方案设计

设计时要考虑既要实现产品的装配工艺，满足要求的生产节拍，同时还要考虑输送系统与各专机之间在结构与控制方面的衔接，通过工序与节拍优化，使生产线的结构最简单、效率最高，获得最佳的性价比。因此总体方案设计的质量至关重要，需要在对产品的装配工艺流程进行充分研究的基础上进行。

(1)对产品的结构、使用功能及性能、装配工艺要求、工件的姿态方向、工艺方法、工艺流程、要求的生产节拍、生产线布置场地要求等进行深入研究，必要时对产品的原工艺流程进行调整。

(2)确定各工序的先后次序、工艺方法、各专机节拍时间、各专机占用空间尺寸、输送线方式及主要尺寸、工件在输送线上的分隔与挡停、工件的换向与变位等。

2. 总体方案设计评审

组织专家对总体方案设计进行评审，发现总体方案设计中可能的缺陷或错误，避免造成更大的损失。

3. 详细设计

总体方案确定后就可以进行详细设计了。详细设计阶段包括机械结构设计和电气控制系统设计。

1)机械结构设计

详细设计阶段耗时最长、工作量最大的工作为机械结构设计，包括各专机结构设计和输送系统设计。设计图纸包括装配图、部件图、零件图、气动回路图、气动系统动作步骤图、标准件清单、外购件清单、机加工零件清单等。

由于目前自动机械行业产业分工高度专业化，因此在机械结构设计方面，通常并不是全部的结构都自行设计制造，例如输送线经常采用整体外包的方式，委托专门生产输送线的企业设计制造，部分特殊的专用设备也直接向专业制造商订购，然后进行系统集成，这样可以充分发挥企业的核心优势和竞争力。从这种意义上讲，自动生产线设计实际上是一项对各种工艺技术及装备产品的系统集成工作，核心技术就是系统集成技术，可见总体方案设计在自动机械设计制造过程中的重要性。

2)电气控制系统设计

电气控制系统设计的主要工作为：根据机械结构的工作过程及要求，设计各种位置用于工件或机构检测的传感器分布方案、电气原理图、接线图、输入输出信号地址分配图、PLC控制程序、电气元件及材料外购清单等，控制系统设计人员必须充分理解机械结构设计人员的设计意图，并对控制对象的工作过程有详细的了解。

4. 设计图纸评审

详细设计完成后，必须组织专家对详细设计方案及图纸进行评审，对于发现的缺陷及错误及时进行修改完善。

5. 专用设备及元器件订购、机加工件加工制造

由于目前产业分工高度专业化，在自动机械行业，大量的专用设备、元器件、结构部件都已经由相关的企业专门制造生产，设计阶段完成后马上就要进行各种专用设备、元器件的订购及机加工件的加工制造，二者是同步进行的。

6. 装配与调试

在完成各种专用设备、元器件的订购及机加工件的加工制造后，就可以进入设备的装配调试阶段了，一般由机械结构与电气控制两方面的设计人员及技术工人共同进行。在装配与调试过程中，既要解决各种有关机械结构装配位置方面的问题，包括各种位置调整，也要进行各种传感器的调整与控制程序的试验、修改。

7. 试运行并对局部存在的问题进行改进、完善

由于种种原因，通常许多问题只有通过运行才能暴露出来。因此，试运行是非常重要的环节，只有将问题暴露后才能找出方法去解决，甚至包括设计上的错误。需要在积累经验的基础上逐步提高设计水平，减少设计缺陷或错误。更好的做法是在设计阶段就利用相关的设计软件对所设计的方案或程序进行模拟，及早发现问题，而不要全部依赖于在设备装配调试时才发现问题，进行事后修改。

8. 编写技术资料

技术资料的整理是保证设备使用方能够正确掌握机器性能并用好设备的

重要条件，资料的完整性也体现了企业的素质和服务水平，一项优秀的设计与服务同时还包括了完整的技术资料。需要编写的技术资料包括设备使用说明书、图纸、培训资料等。

9. 试生产、技术培训

有些问题可能在试运行过程中仍然难以暴露出来，因此在实际生产过程中仍然可能有问题出现，此类问题通常既可能是设备或部件的可靠性问题，也可能包括设计上的小缺陷。

设备移交后还要对使用方人员进行必要的技术培训，使其不但能够熟练地使用设备，还能够对一般的故障进行检查和排除。

10. 双方按合同组织验收

双方按合同组织验收是整个项目合作的最后环节。

思考题与习题

1.1　什么叫自动生产线?

1.2　举例说明自动化专机通常可以完成哪些工序操作。

1.3　自动机械在结构上具有哪些特征?

1.4　自动机械在结构上主要由哪些部分组成?

1.5　自动机械中通常采用哪些驱动部件和传动部件?

1.6　自动机械通常是按怎样的工作流程进行工作的?

1.7　在自动机械中，通常有哪些典型的自动上下料机构?

1.8　在自动机械中，通常有哪些典型的输送系统?

1.9　在自动机械设计过程中，机械设计人员通常需要完成哪些设计工作?电气控制设计人员通常需要完成哪些设计工作?

1.10　简述自动生产线的一般设计制造流程。

第 2 章　自动生产线常用机构

2.1　皮带输送线

皮带输送系统是最基本、应用非常广泛的输送方式，广泛应用于各种手工装配流水线、自动化专机、自动生产线中。皮带输送机构属于自动机械的基础结构，而且在其设计中还包括了电机的选型与计算这一重要内容。因此，熟练地进行皮带输送机构的设计是进行自动机械设计的重要基础。

2.1.1　皮带输送线的特点及工程应用

皮带输送线具有制造成本低廉、使用灵活方便、结构标准化的特点。它与皮带传动有一定的联系与区别：皮带传动是指动力的传递环节，通过皮带轮与皮带之间的摩擦力来传递电机的扭矩；皮带输送是一种物料输送机构，是将工件或物料放置在皮带上，依靠皮带的运行将工件或物料从一个地方传送到另一个地方。皮带输送包含了皮带传动，因为皮带输送系统必须对皮带施加牵引力。皮带输送线最终必须通过电机来驱动，电机的输出扭矩要传递到皮带轮上才能驱动输送皮带运动。

由于皮带输送是依靠工件与皮带之间的摩擦力来进行输送的，所以皮带输送线的功率一般不大，输送的物料包括单件及散装的物料，主要应用在电子、通信、电器、轻工、食品等行业的手工装配流水线及自动生产线上，所输送的工件多为小型、重量较轻的产品。也有少数皮带输送线应用在负载较大的特殊场合，例如矿山、建筑、粮食、码头、电厂、冶金等行业，用于散装物料的自动化输送。

2.1.2 皮带输送线的结构原理与实例

1. 皮带输送线结构原理

各种皮带输送线虽然在形式上有些差异，但其结构原理是一样的。皮带输送线的结构原理如图 2-1 所示。

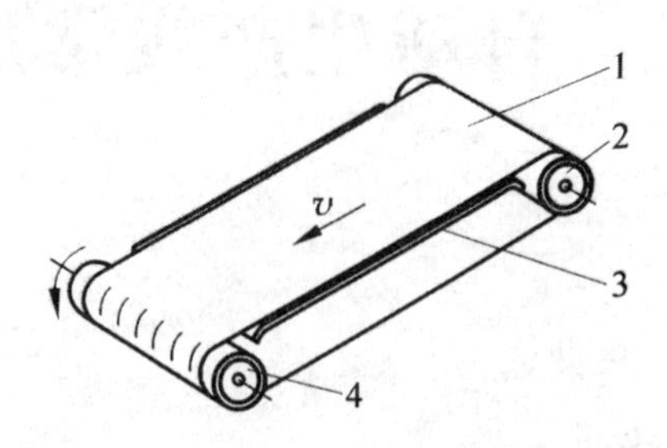

图 2-1 皮带输送线机构原理示意图

1—输送皮带；2—从动轮；3—托板或托辊；4—主动轮

如图 2-1 所示，最基本的皮带输送线由输送皮带、主动轮、从动轮、托板或托辊等部分组成。通常一套电机驱动系统能够驱动的负载是有限的，对于长度较长(例如数十米)的皮带输送线，通常采用多段独立的皮带输送系统在一条直线上安装在一起拼接而成，也就是将多段独立的皮带输送系统按相同的高度固定安放在一条直线方向上。

2. 皮带输送线典型结构实例

虽然皮带输送系统在形式上各有差异，但主要的结构是相似的，下面以一种用于某纽扣式电池装配检测生产线的皮带输送系统为例说明其结构组成。

图 2-2 所示为工程上用于某自动化装配生产线上的皮带输送系统总体结构。

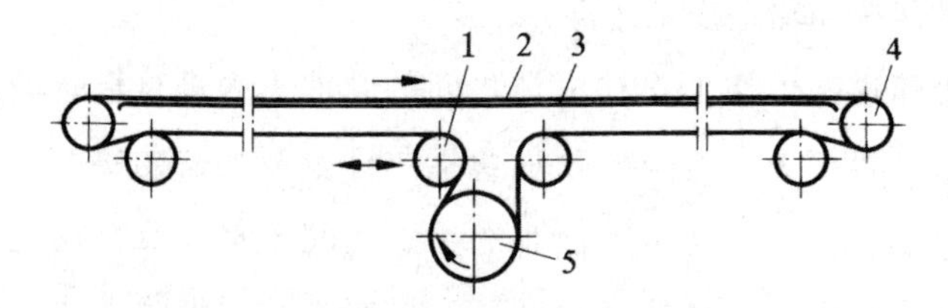

图 2-2 某自动化装配生产线上的皮带输送系统总体结构

1—张紧轮；2—输送皮带；3—托板；4—辊轮；5—主动轮

从图 2-2 可知，该皮带输送线主要由输送皮带、托板、辊轮、主动轮、张紧轮组成，为了最大限度地简化结构，采用了 6 只相同结构的辊轮，其中辊轮 1 的位置是可以左右调整的，用于对皮带的张紧力进行调整，所以称为张紧轮，其余 5 只辊轮则仅起到支承的作用，也就是通常所说的从动轮。主动轮 5 位于最下方，直接驱动皮带运动。在皮带的输送段下方设置了不锈钢托板，支承皮带及工件的重量，而下方的返回段则因皮带长度不长而处于悬空状态。

下面对各部分的详细结构进行介绍。

1)主动轮

主动轮是直接接受电机传递来的扭矩，驱动输送皮带的辊轮。它依靠与皮带内侧接触面间的摩擦力来驱动皮带。因为要传递负载扭矩，所以辊轮与传动轴之间通过键连接为一个整体，没有相对运动。图 2-3 所示为主动轮及其驱动机构的一个实例。

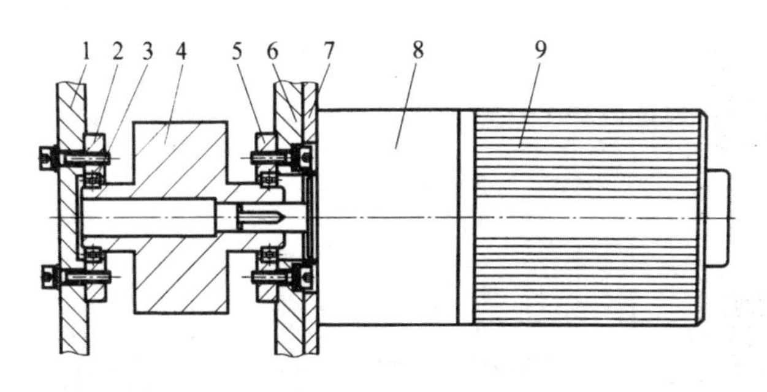

图 2-3　主动轮及其驱动机构

1—左安装板；2—左轴承座；3—滚动轴承；4—主动轮；5—右轴承座；6—右安装板；7—电机安装板；8—减速器；9—电机

主动轮一般通过链传动、齿轮传动、带传动方式来驱动，也可以将电机减速器的输出轴与主动轮直接连接来驱动，图 2-3 所示就是采用这种直连的方式，结构紧凑，占用空间小。图 2-4 所示为某生产线皮带输送系统上另一种采用齿轮传动的主动轮结构实例。

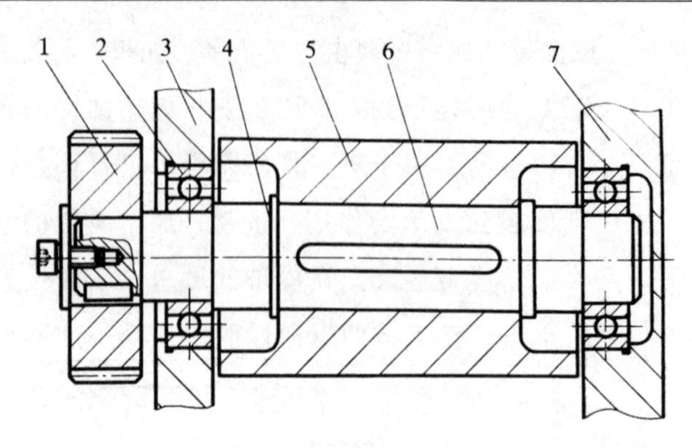

图 2-4　主动轮机构实例

1—齿轮；2—滚动轴承；3—左支架；4—弹簧挡圈；
5—主动轮；6—传动轴；7—右支架

2)从动轮

从动轮是指不直接传递动力的辊轮，仅起结构支撑及改变皮带方向的作用，与皮带一起随动，通常也称为换向轮。从动轮与主动轮的最大区别为：从动轮的轴与轮之间通过轴承连接，因而轴与轮之间是可以相对自由转动的，而主动轮的轴与轮是通过键联结成一体的。图 2-5 所示为从动轮结构的一个实例。

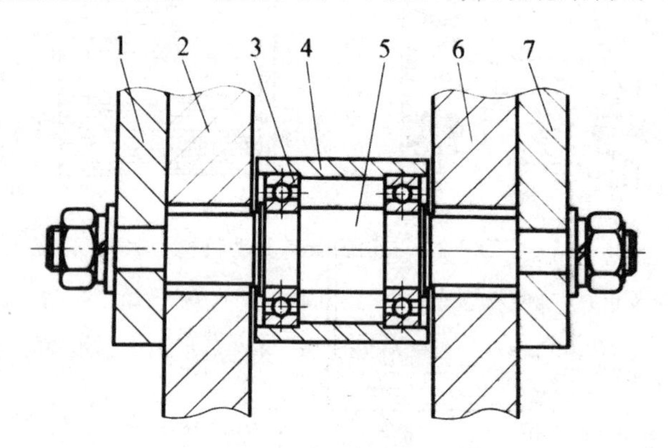

图 2-5　从动轮机构实例

1—左安装板；2—左支架；3—滚动轴承；4—从动轮；5—轮轴；6—右支架；7—右安装板

3)张紧轮

张紧轮是指辊轮中可以调节其位置的一个辊轮。为了简化结构设计及制造，通常张紧轮与从动轮的结构设计得完全一样，只是将各从动轮中的其中一个辊轮位置设计成可以调整。一般都通过调节张紧轮的位置来调节皮带的张紧程度，而其他从动轮的位置一般是固定的。图 2-6 所示为张紧轮结构的一个实例。

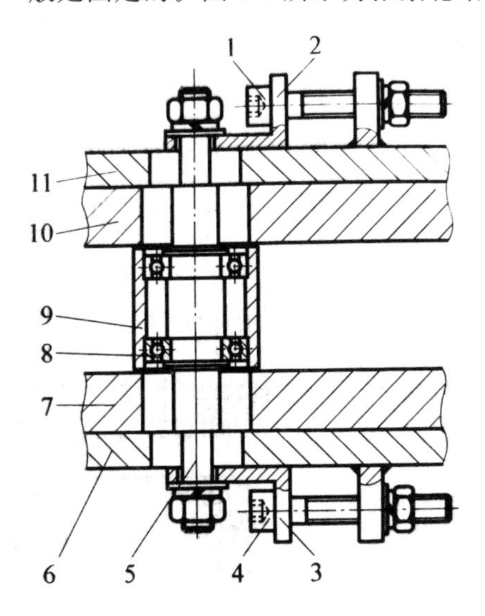

图 2-6　张紧轮结构实例一

1—后调节螺钉；2—后调节支架；3—前调节支架；4—前调节螺钉；5—轮轴；6—前安装板；7—前支架；8—滚动轴承；9—张紧轮；10—后支架；11—后安装板

图 2-7 所示为某生产线皮带输送系统中的另一种张紧轮结构实例，其原理是调整螺钉直接与传动轴连接，通过调整螺钉直接调整张紧轮的位置。

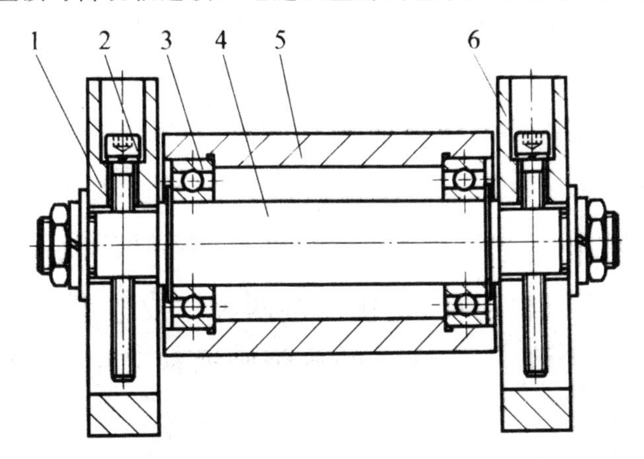

图 2-7　张紧轮结构实例二

1—左支架；2—调整螺钉；3—滚动轴承；4—轴；5—张紧轮；6—右支架

在某些小型或微型的皮带输送机构上，全部辊轮就只有主动轮及从动轮两只辊轮。为了简化结构，直接将从动轮设计成可以调整的结构，这样从动轮既是从动轮，又是张紧轮。

2.1.3 皮带输送线设计要点

在皮带输送线的设计中，主要考虑皮带速度、皮带材料、皮带的连接与接头、托辊(或托板)、辊轮、包角与摩擦系数、合理的张紧轮位及张紧调节方向、皮带长度设计计算、皮带宽度与厚度、皮带输送线上工件的导向与定位、皮带输送线占用的空间等结构设计要点。

为设计皮带输送系统的结构，需要对皮带输送系统的负载能力进行定量分析，主要计算皮带最大牵引力。皮带的最大牵引力是主动轮输入侧、输出侧的张力之差。根据欧拉公式，该张力差与皮带输出侧张紧力 T_0、包角 α、主动轮与皮带内侧之间的摩擦系数 μ_0 之间存在以下关系：

$$F_{\max} = T_0(e^{\mu_0 \alpha} - 1) \tag{2-1}$$

式中，T_0——主动轮输出侧皮带张紧力，N；

μ_0——主动轮与皮带间的摩擦系数；

α——皮带与主动轮之间的包角，(°)；

在输送带宽度及输送带速度一定的条件下，皮带输送线负载能力，根据公式(2-1)，主要取决于以下因素：①主动轮输出侧皮带张紧力 T_0；②主动轮与皮带内侧面间的摩擦系数 μ_0；③皮带与主动轮之间的包角 α。

提高皮带输送系统负载能力最有效的方法为：

· 皮带与主动轮之间应设计足够大的包角；

· 尽可能提高主动轮与皮带内侧表面之间的摩擦系数；

· 将主动轮的表面设计加工成网纹表面，同时进行加硬处理；

· 改变主动轮与皮带间的材料配对。例如，将主动轮的外表面镶嵌一层橡胶；

· 增加皮带宽度。

2.2 链条输送系统

在自动化制造领域，链条输送是物料输送系统的重要组成部分。由于皮带输送是依靠皮带与驱动辊轮之间的摩擦力来进行的，所以皮带输送系统一般用于输送质量不大的产品或物料。链条输送系统既可以输送小型的物料，例如电子元器件，也可以输送质量更大的物料，例如电视机、计算机显示器、空调器、电冰箱、汽车、卷烟、啤酒、饮料等，主要应用在自动生产线上。

2.2.1　链条输送线

所谓链条输送线，就是利用链条的运动，结合其他附加装置(例如吊架、挂钩、平板等)，将物料从一个位置自动输送到另一个位置的系统，物料的输送路线既可以是通常的水平输送，也可以是倾斜的。目前，在自动生产线上，最典型且大量使用的链条输送线主要为下列类型：倍速链输送线、平顶链输送线、悬挂链输送线。

链条输送线具有承载能力大、可以在恶劣的环境下运行、输送物料灵活、输送位置准确等特点，在自动生产线上得到大量使用。

当然，链条输送线也存在一些缺点，例如：运动不均匀，有一定噪音，不适宜用于频繁启动、制动、反转及高速输送的场合。

2.2.2　倍速链输送线

所谓倍速输送链(double plus conveyor chain)，就是工程上用的输送滚子链。在倍速链输送线上，链条的移动速度保持不变，但链条上方被输送的工装板及工件可以按照使用者的要求控制移动节拍，在需要停留的位置停止运动，由操作者进行各种装配操作，完成上述操作后再使工件继续向前移动输送。图 2-8 所示为倍速链的外形图。

图 2-8　倍速链外形图

图 2-9 所示为倍速链的结构图，从图中可以看出，倍速链由内链板、套筒、滚子、滚轮、外链板、销轴等 6 种零件组成。

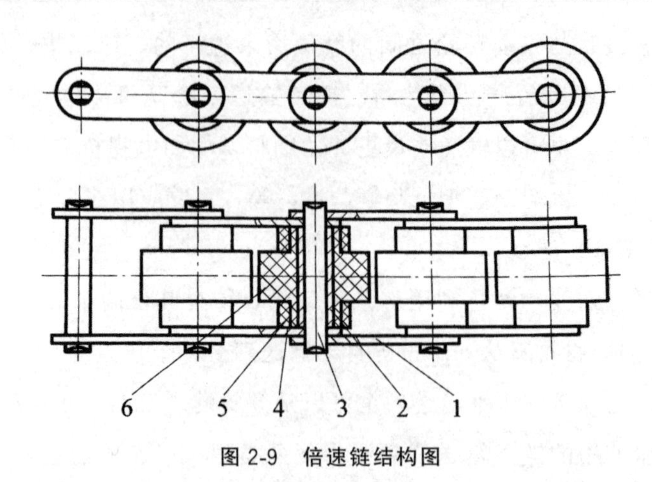

图 2-9　倍速链结构图

1—外链板；2—套筒；3—销轴；4—内链板；5—滚子；6—滚轮

倍速链的结构与普通双节距滚子链的结构类似，其中：销轴与外链板采用过盈配合，构成链节框架；销轴与内链板均为间隙配合，以使链条能够弯曲。销轴与套筒一般有两种连接方式，如图 2-10 所示，其中一种为套筒插入内链板并与内链板过盈配合，如图 2-10(a)所示；另一种为套筒不插入内链板，直接将套筒空套在销轴上，如图 2-10(b)所示。两种情况下套筒与销轴之间都为间隙配合；套筒与滚轮之间是间隙配合，它们之间可以发生相对转动；滚轮与滚子之间是间隙配合，它们之间可以发生相对转动，以减少它们工作时相互之间的磨损。

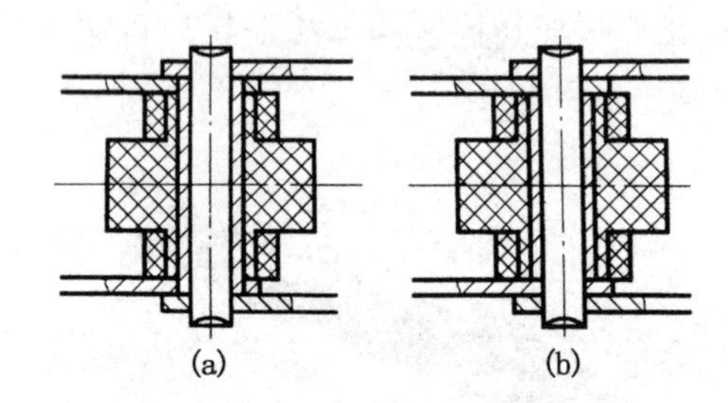

图 2-10　销轴与套筒的连接方式

(a)套筒插入内链板并与其过盈配合；(b)套筒不插入内链板

1. 倍速链的工作原理

倍速链之所以被称为倍速链(或差速链、差动链)，就是因为它具有特殊的增速效果，也就是放置在链条上方的工装板(包括工装板上放置的被输送工件)的移动速度大于链条本身的前进速度。这一效果是因倍速链的特殊结构而产生的。图2-11(a)所示为倍速链在输送物料时的工作情况，图2-11(b)所示为局部放大图。

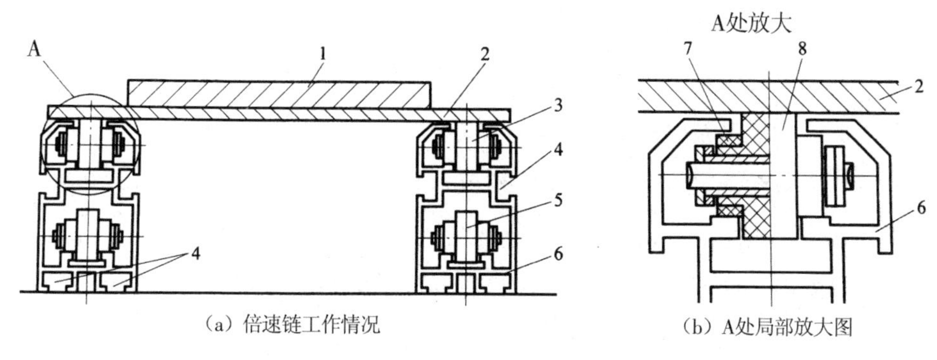

(a) 倍速链工作情况　　(b) A处局部放大图

图2-11　倍速链使用示意图

1—工件；2—工装板；3—输送段；4—螺栓安装孔；

5—返回段；6—导轨；7—滚子；8—滚轮

如果取链条中的一对滚子滚轮为对象，分析其运动特征，其运动简图如图2-12所示。

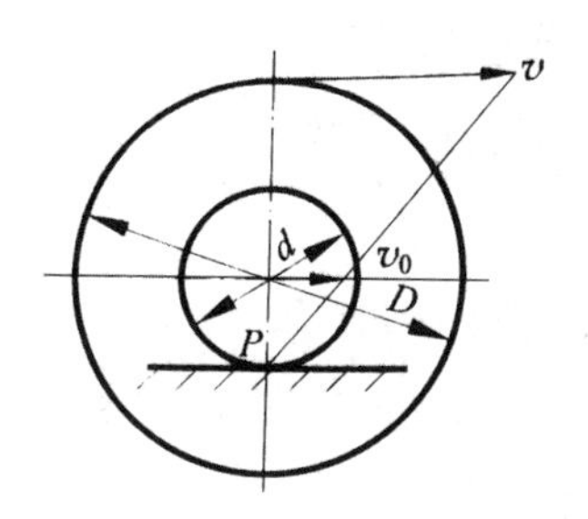

图2-12　倍速链增速效果原理示意图

假设滚子及滚轮的瞬时转动的角速度为ω，滚子几何中心的切线速度就是链条的前进速度v_0，而滚轮上方顶点的切线速度就是工装板(工件)的前进速度v，因而有：

$$v_0=\omega\frac{d}{2} \tag{2-2}$$

$$v=\omega\left(\frac{d}{2}+\frac{D}{2}\right) \tag{2-3}$$

根据式(2-1)、式(2-2)可以得出：

$$v=\left(1+\frac{D}{d}\right)v_0 \tag{2-4}$$

其中，d——滚子直径；

D——滚轮直径；

ω——滚子及滚轮的瞬时转动角速度；

v_0——滚子几何中心的切线速度(链条的前进速度)；

v——滚轮上方顶点的切线速度(工装板或工件的前进速度)。

对式(2-4)进行分析可以发现，由于滚轮直径 D 可以成倍地大于滚子直径 d，因此工装板(或工件)的前进速度 v 可以是链条前进速度 v_0 的若干倍，这就是倍速链的增速效果原理。增大滚轮滚子的直径比 D/d 就可以提高倍速链的增速效果。

2. 倍速链的性能特点

根据上述对倍速链工作原理及增速效果的分析，可以总结出倍速链链条具有以下优点。

(1)链条以低速运行，而工装板与被输送工件则可以获得成倍于链条速度的移动速度，通常工装板运行速度是链条运行速度的 2.5 倍或 3 倍，提高了输送效率。

(2)由于工装板与滚轮之间是摩擦传动，因此可以利用它们之间可能出现的滑差，使得链条以原有速度前进时，让工装板停留在某一位置上，从而按工艺要求控制工件输送的节拍。

(3)链条质量轻，使整个输送装置轻便，系统启动快捷。

(4)因滚轮材质为工程塑料，因而链条运行平稳、噪声低、耐磨损、使用寿命长。如需输送重型物件，可将滚轮及滚子改为钢制滚轮和滚子以提高其强度。如需在腐蚀或潮湿的条件下使用，链条还可以进行镀镍或改用不锈钢材质。

2.2.3　平顶链输送线

所谓平顶链是指专门用于平顶式输送机的链条。平顶链常用于输送玻璃瓶、金属易拉罐、各种塑料容器、包裹等，也可以输送机器零件、电子产品及食品等。一般都可以直接用水冲洗或直接浸泡在水中，设备清洁方便，能满足食品、饮料等行业对卫生方面的特殊要求。并且设备布局灵活，可以在一条输送线上完成水平、倾斜和转弯输送，结构简单，维护方便。

根据形状的区别，平顶链分为直行平顶链与侧弯平顶链两种。

1. 直行平顶链

直行平顶链的结构很简单，仅由一块两侧带铰圈的链板及一根轴销组成，如图 2-13 所示。两侧铰圈中其中一侧与轴销固定连接(紧配合)，所以称为固定铰圈，另一侧则与另一片链板及轴销活动套接(间隙配合)，称为活动铰圈。活动铰圈及轴销构成了平顶链的铰链。

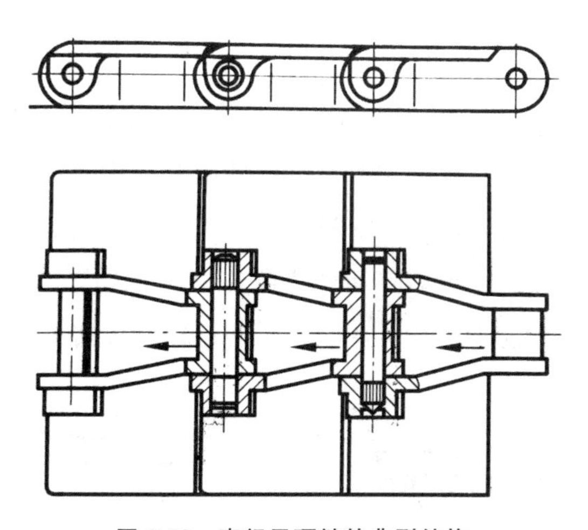

图 2-13　直行平顶链的典型结构

直行平顶链在运行时，通过链轮与链板的活动铰圈啮合，拉动链条向前运动，活动铰圈就是与链轮啮合的部位，而链条则放置在导轨上，通过链条的两侧进行支承，如图 2-14 所示。

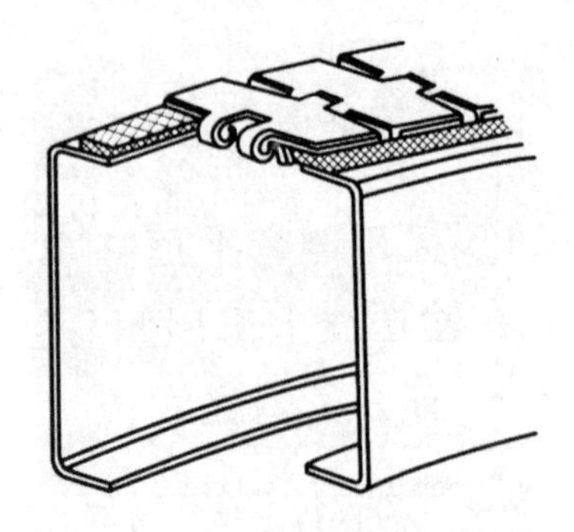

图 2-14　直行平顶链的支承结构

这与倍速链通过滚子在导轨上支承是类似的，区别是倍速链通过滚子在导轨上滚动运行，而直行平顶链则通过链板在导轨上滑动运行。由于滑动运行的摩擦力较大，因此为了保护链条，降低链条运行时的磨损，需要在链条工作区域内的链板与导轨之间铺设衬垫材料，衬垫材料一般为工程塑料、不锈钢。

2. 侧弯平顶链

由于直行平顶链链板之间的间隙有限，所以链条只能在直线方向运行，不能转弯。但在实际工程应用中受到空间的限制，输送线如果采用直线形式就无法实现，经常需要采用 L 形、U 形或矩形的输送线，在这种情况下如果采用普通的直行平顶链，就需要在转位部位设置变位装置，这样会使设备更复杂。如果使用一种能够转位的平顶链，就可以使设备大大简化，如图 2-15 所示。

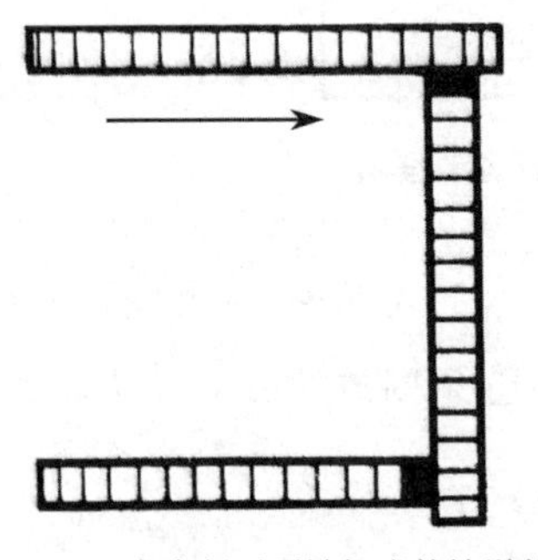

（a）三台直行平顶链组成的输送线

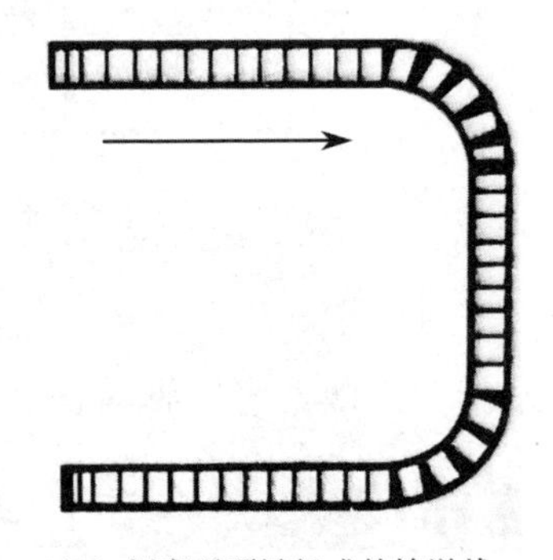

（b）侧弯平顶链组成的输送线

图 2-15　采用侧弯平顶链使输送线大大简化

侧弯平顶链是在直行平顶链的基础上增加了铰链间隙，将链板改为侧斜边(见图 2-16)，增加了防移板(见图 2-17)，通过以上方法解决了平顶链转弯问题。

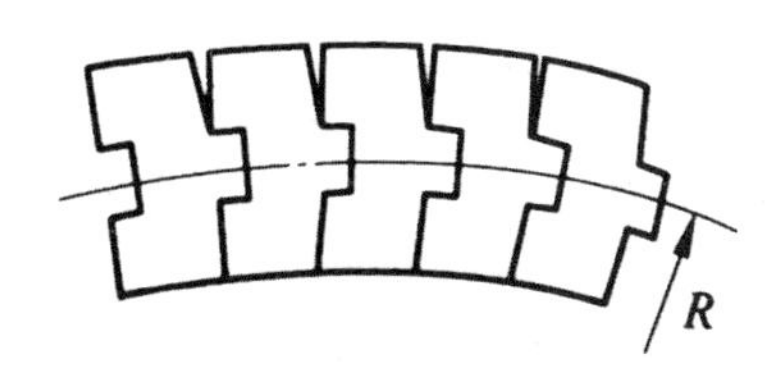

图 2-16　将直行平顶链的侧边改为对称的斜边

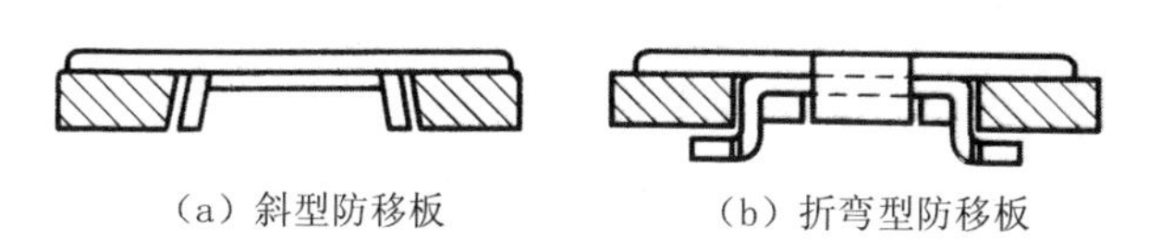

(a) 斜型防移板　　(b) 折弯型防移板

图 2-17　侧弯平顶链的防移板

在输送线上采用侧弯平顶链具有以下优越性：

- 省去了输送线转弯换向时的变位结构；
- 输送过程中被输送物品出现翻倒与跳跃的现象较少，噪声也较小；
- 在转弯处消除了被输送物品的滑动；
- 减少了电机、减速器、链轮等驱动部件的数量。

2.2.4　悬挂链输送线

1. 悬挂链输送线的结构

所谓悬挂输送链(overhead trolley conveyor chain)，就是专门用于悬挂输送机或悬挂输送线的输送链条。悬挂输送链大量应用于机械制造、汽车、家用电器、自行车等行业的大批量生产产品工艺流程中零部件的喷涂生产线、电镀生产线、清洗生产线、装配生产线上，也大量应用于肉类加工等轻工行业。

悬挂链输送线主要由轨道、滚轮、悬挂输送链、滑架等部分组成，如图 2-18 所示。

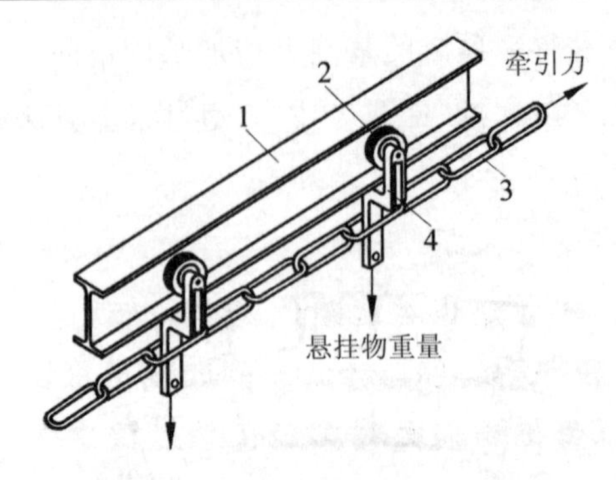

图 2-18　悬挂链输送线结构原理图

1—工字钢轨道；2—滚轮；3—悬挂输送链；4—滑架

2. 悬挂链输送线的特点

(1)可以灵活地满足生产场地变化的需要。

(2)除物件搬运外，还可以用于装配生产线。

(3)方便实现自动化或半自动化生产。

(4)可在三维空间任意布置，能起到在空中储存物件的作用，节省地面使用场地。

(5)速度无级可调，能够灵活满足生产节拍的需要。

(6)输送的物料既可以是成件的物品，也可以是装在容器内的散装物料。

(7)悬挂链输送线可以使工件连续不断地运经高温烘道、有毒气体区、喷粉室、冷冻区等人工不适应的区域，完成人工难以操作的生产工序，达到改善工人劳动条件、确保安全的目的。

当然，悬挂链输送线也存在一些不足，最明显的不足是当输送系统出现故障时，需要全线停机检修，这将影响整条生产线的生产。

2.3　振盘送料装置

2.3.1　振盘的功能与特点

1. 振盘的功能

振盘(vibratory bowl feeder)在工程上也称振动盘、振动料斗。在其圆锥面或圆柱面的内侧设置有从容器底部逐渐延伸到顶部的螺旋导料槽，在螺旋导料槽的顶端沿切向设置一条供工件通行的输料槽。容器内一次倒入姿态方向杂乱无章的工件。接通电源开始工作后，工件在圆周方向的振动驱动力作用下沿螺旋导料槽自动向上爬行，最后经过外部的输料槽自动输送到装配部位或暂存取料位置。振盘可实现工件的自动输送和自动定向功能。

2. 振盘的应用场合

振盘广泛应用在自动化生产中，尤其是质量较轻的小型或微型工件，如电子元器件、连接器、开关、继电器、仪表、五金等行业产品的自动化装配，也广泛应用于医药、食品行业的自动化包装生产，是自动机械中最基本的自动送料方式。在小型工件的自动化装配场合，设计工件的自动送料机构时，首先考虑的就是能否采用振盘来进行自动送料，除非很难实现，否则不考虑其他的自动送料方式。

对于质量较大的工件一般不采用振盘，而采用其他的自动送料方式，如搅拌式料仓、机械手等方式，对于上述方式都很难实现自动送料的工件则最后考虑采用人工送料。

振盘具有体积小、送料平稳、出料速度快、结构简单、维护简单、成本低廉等优点，因而在自动生产线中得到广泛应用。但是，振盘仍有不足之处，是在运行中会产生一定的振动噪声，降低了工作环境的舒适性。

2.3.2　振盘的结构和工作原理

1. 振盘的力学原理

振盘可实现自动送料功能和自动定向功能。为理解它的工作原理，先将振盘的结构简化为图 2-19 所示的简单力学模型。

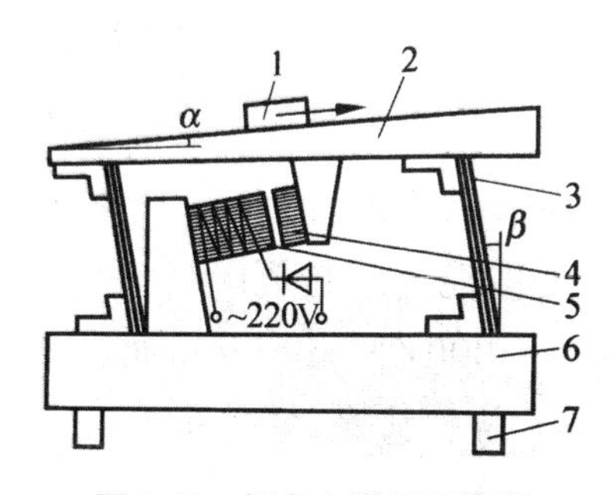

图 2-19　振盘力学原理模型

1—工件；2—输料槽；3—板弹簧；4—衔铁；5—电磁铁；6—底座；7—减振橡胶垫

图 2-19 所示力学模型的工作原理如下：

电磁铁 5 与衔铁 4 分别安装、固定在输料槽 2 和底座 6 上。220V 交流电压经半波整流后输入到电磁线圈，在交变电流作用下，铁芯与衔铁之间产生高频率的吸、断动作。两根相互平行且与竖直方向有一定倾角 β、由弹簧钢制作的板弹簧分别与输料槽、底座用螺钉连接。由于板弹簧的弹性，线圈与衔铁之间产生的高频率吸、断动作将导致板弹簧产生一个高频率的弹性变形—弹性变形恢复的循环动作，变形恢复的弹力直接作用在输料槽上，实际上是给输料槽一个高频的惯性作用力。由于输料槽具有倾斜的表面(与水平方向成倾角 α)，在该惯性作用力的作用下，输料槽表面的工件沿斜面逐步向上移动。由于电磁铁的吸、断动作频率很高，所以工件在这种高频率的惯性作用力驱动下慢慢沿斜面向上移动，这就是振盘自动送料的原理。

2. 振盘的结构与工作原理

1)倒锥形振盘

图 2-23 所示的模型是一种简化的振盘力学模型，实际振盘的结构一般是带倒锥形料斗或圆柱形料斗的结构，分别如图 2-20、图 2-21 所示。

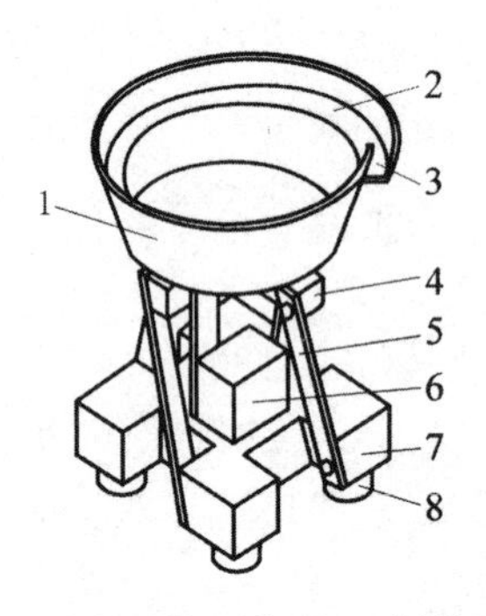

图 2-20　振盘结构示意图一(倒锥形料斗)

1—料斗；2—螺旋轨道；3—出口；

4—料斗支架；5—板弹簧；6—电磁铁；

7—底座；8—减振垫

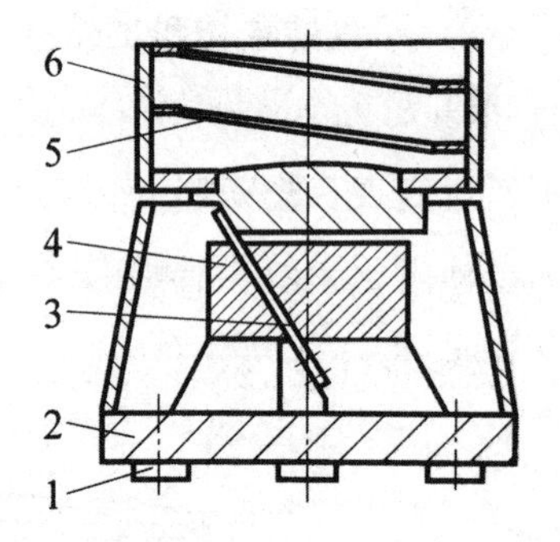

图 2-21　振盘结构示意图二(圆柱形料斗)

1—减振垫；2—底座；3—板弹簧；

4—电磁铁；5—螺旋轨道；6—料斗

图 2-20 所示的带倒锥形料斗的振盘一般用于形状具有一定的复杂性，需要经过多次方向选择与调整才能将工件按需要的方向送出的场合。这样，工

件必须通过的路径就较长，所以倒锥形的料斗就是为了有效地加大工件的行走路径。这类振盘适用的工件范围较宽，料斗直径一般为300～700 mm。在某些特殊场合，料斗的直径可以达到1～2m。

2)圆柱形振盘

图2-21所示的带圆柱形料斗的振盘一般用于工件形状简单而规则，尺寸较小的微小工件场合，例如螺钉、螺母、铆钉、开关或继电器行业的银触头等。上述工件的形状比较简单，很容易进行定向，工件所需要的行走路径较短，因而料斗的直径一般也较小，约为100～300 mm。

3)主要结构部件

根据图2-20、图2-21所示的两种典型类型振盘，振盘主要由底座、减振垫、板弹簧、电磁铁、料斗、螺旋轨道及定向机构、输料槽、控制器(调速器)等机构组成。

振盘一般由两部分组成，一部分为下方的振动本体，另一部分为上方的料斗。选向、定向机构是在料斗基础上添加(如焊接)到螺旋轨道上去的。

从图2-20、图2-21还可以看出，在实际的振盘结构中，板弹簧有三根，在360°方向上均匀分布。由于板弹簧的弹性，线圈与衔铁之间产生的高频吸、断动作使板弹簧对料斗产生一个高频的惯性作用力，该作用力方向为沿垂直板弹簧的方向倾斜向上，该作用力在竖直方向上的分力将促使料斗在竖直方向上进行振动。

由于三根板弹簧在圆周方向上均布，不是安装在一个平面内，因而各板弹簧对料斗产生的高频惯性作用力在圆周方向上形成一个高频扭转力矩，该高频扭转力矩对料斗产生一个圆周方向的惯性作用力，该惯性作用力又通过工件与螺旋轨道之间的静摩擦力作用在工件上，在这种摩擦力的作用下，工件克服自身重力沿螺旋轨道爬行上升。

工件在上述高频惯性作用力、摩擦力、重力的综合作用下，沿振盘内的螺旋轨道不断向上爬行，当经过相关的选向机构时，符合要求姿态方向的工件会允许继续前行，不符合要求姿态方向的工件则被挡住下落到料仓的底部再重新开始爬行上升。

2.3.3 振盘的定向原理

在振盘的料斗底部倒入工件后，工件的姿态方向是杂乱无章的，工件开始也是以随机的姿态方向沿螺旋轨道向上爬行，振盘利用选向和定向机构实现工件按规定的姿态方向自动、连续输送出来。

1. 选向机构

选向机构的作用类似螺旋轨道上的一系列关卡，对每一个经过该机构的工件姿态方向进行检查，符合要求姿态方向的工件才能继续通行。由于工件爬行时的姿态方向是随机的，必然有许多姿态方向不符合要求的工件，这些工件在经过选向机构时会受到选向机构的阻挡而无法通行，但工件又受到振盘的振动驱动力不断向上运动，最后这些工件只能从螺旋轨道上落下，掉入料斗底部重新开始沿螺旋轨道向上爬行。选向机构的作用实际上就是对各种姿态方向的工件进行筛选，让符合要求姿态方向的工件通过并继续向上前进。工程上常用的选向机构有：

- 缺口；
- 挡块或挡条。

下面是几个常见的选向机构例子。

1)选向机构实例一

图 2-22 所示为某振盘螺旋轨道上的选向机构。在以随机姿态方向沿螺旋轨道向上运动的工件中，实现工件最后以开口向上的方向自动送出振盘输料槽。

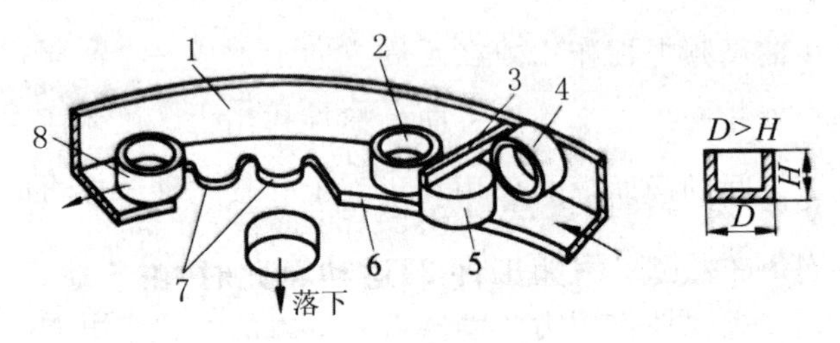

图 2-22 选向机构实例一

1—料斗壁；2、4、5、8—工件；3—挡条；6—螺旋轨道；7—选向缺口

2)选向机构实例二

图 2-23 所示为某振盘螺旋轨道上的选向机构。工件为轴类形状，两端直

径不同，实现工件最后以大端向上的姿态方向从振盘输送出来。

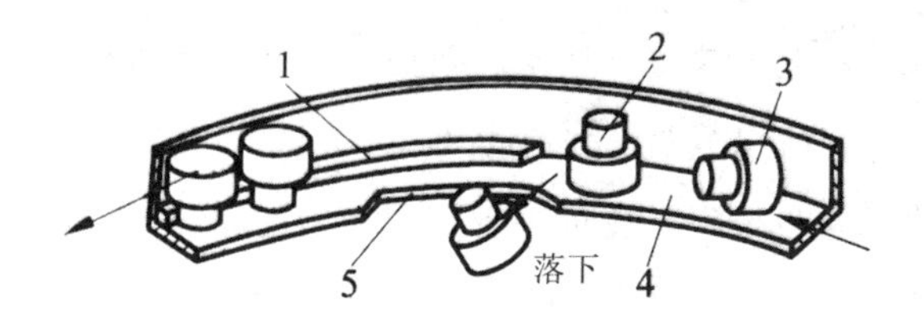

图 2-23　选向机构实例二

1—选向挡条；2、3—工件；4—螺旋轨道；5—选向缺口

3)选向机构实例三

图 2-24 所示为另一种工件选向机构实例。工件为细长圆柱形，直径 D 小于高度 H，实现工件以图示的卧式姿态方向送出振盘。

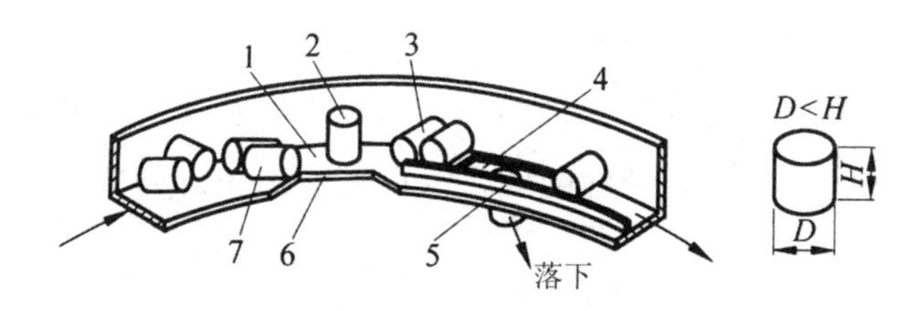

图 2-24　选向机构实例三

1—螺旋轨道；2、3、7—工件；4—选向漏孔；5—选向挡条；6—选向缺口

4)选向机构实例四

图 2-25 所示为某圆盘形工件的选向机构实例。工件形状为一侧带凸台的圆盘，实现工件送出时以凸台向下的水平姿态输出。

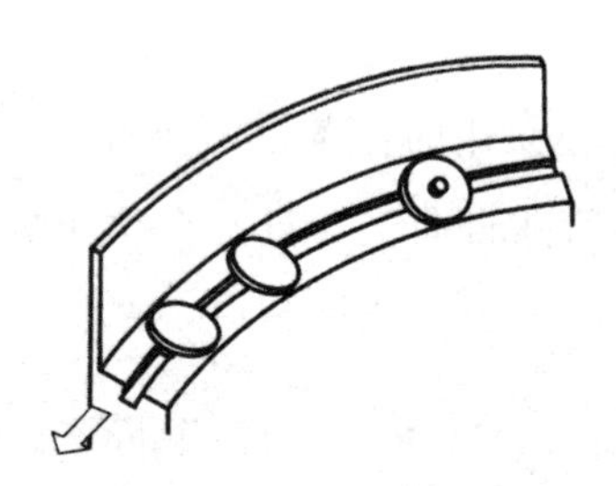

图 2-25　选向机构实例四

通过上面几个例子发现，缺口、挡条、斜面是利用工件不同方向形状的特殊差异，使不符合姿态要求、杂乱无章的工件实现选向功能。

需要注意的是，上述缺口、挡条、斜面都是针对工件的特定形状设计的，还要经过反复试验，所以振盘的设计全部是针对特定形状的工件专门设计的，需要集中人类的智慧与技巧，也依赖于工程经验的积累。

2. 定向机构

为了提高振盘的工作效率，保证振盘具有足够的出料速度，希望有尽可能多的工件在爬行过程中能够一次到达振盘的出口。选向机构作为一种被动的方向选择机构并不能提高振盘的出料效率，因此在振盘的螺旋轨道上还设置了一系列的定向机构，对一部分不符合要求姿态方向的工件进行姿态纠正，依靠工件自身不停地前进运动使之由不正确的姿态自动纠正为正确的姿态。

下面是几个常见的定向机构实例。

1)定向机构实例一

图 2-26 所示为某振盘上采用的挡条定向机构，通过挡条实现工件的自动偏转，纠正姿态。工件为一带针脚的长方形电子元件，实现工件最后以针脚向上的姿态输送出振盘。

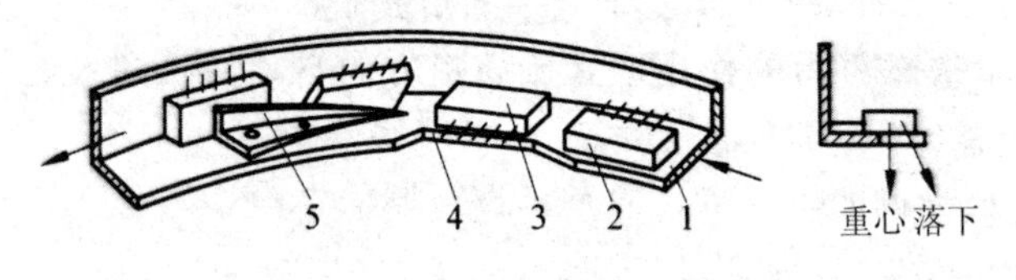

图 2-26　定向机构实例一

1—螺旋轨道；2、3—工件；4—选向缺口；5—定向挡条

2)定向机构实例二

图 2-27 所示为某振盘上采用的挡条定向机构。工件为一侧带圆柱凸台的矩形工件，实现工件最后以凸台向上，且凸台位于振盘中心一侧的图示姿态方向输送出振盘。

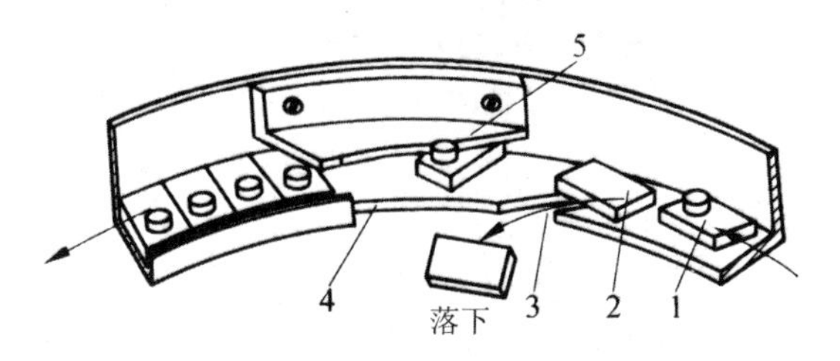

图 2-27　定向机构实例二

1、2—工件；3—选向缺口；4—螺旋轨道；5—定向挡条

3)定向机构实例三

图 2-28 所示为某螺钉自动送料振盘上采用的定向、选向机构。工件为一普通的一字槽平头螺钉，实现螺钉最后以钉头朝上的姿态经过一输料槽输送出振盘。

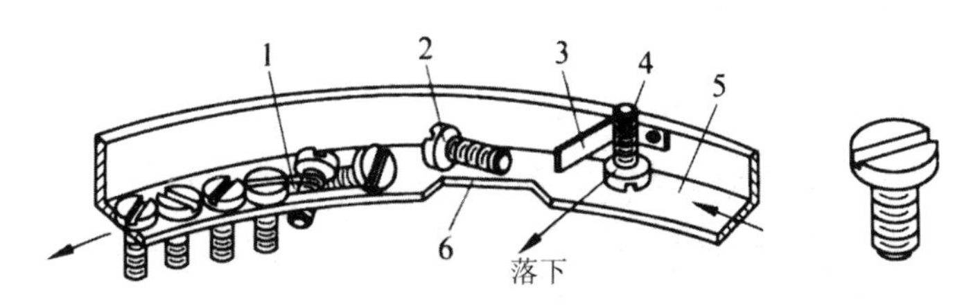

图 2-28　定向机构实例三

1—定向槽；2、4—工件；3—选向挡条；5—螺旋轨道；6—选向缺口

定向机构是利用挡条或挡块的定向作用，在工件自身的前进运动过程中，辅助以一定的斜面，让工件边前进边改变重心的位置，最后在重力的作用下实现一定的偏转或翻转，达到改变其姿态的目的。

2.3.4　振盘的派生产品——直线送料器

从振盘出口到机械手取料位置有一定的距离，如果工件的质量较大、振盘外部的输料槽较长时，工件与输料槽的摩擦力就可能很大，仅靠振盘的推动力可能出现因为阻力太大而振盘无法推动工件的情况，此时需要对外部输料槽中的工件提供附加的驱动力，弥补振盘驱动力的不足。直线送料器(linear feeder)可在直线方向上对外部输料槽施加驱动力以解决上面问题。

直线送料器的结构原理与图 2-19 所示的力学模型几乎完全一样，两根板弹簧平行安装，由于板弹簧与竖直方向的倾角β很小，所以板弹簧产生的是几乎与水平方向平行的高频驱动力。由于没有了螺旋轨道与定向机构，因而其结构更简单，外形也由圆盘形或圆柱形简化为长方形。

直线送料器为振盘提供辅助驱动力，当输料槽较长、工件质量较大时，输料槽内工件的总摩擦阻力也较大，这样就加大了振盘的负载，有可能出现振盘驱动力不够的情况。将直线送料器与振盘配合使用，可以补充振盘的驱动力，将工件以水平方向输送到较远距离。同时，直线送料器可实现缓冲供料。直线送料器上方的输料槽一定区域内装满工件时，就不需要振盘连续不停地运行了，靠这部分输料槽内的工件就可以在一定时间内满足机器的送料要求。这样可以减少振盘的工作时间，提高振盘的工作可靠性，延长振盘的工作寿命，同时也可以降低工作环境的噪声。

2.4 机械手结构原理与设计应用

2.4.1 机械手的功能与工程应用

机械手作为最基本的上下料装置，大量应用在各种自动生产线上，一般作为皮带输送线、链输送线等输送系统的后续送料装置，将皮带输送线、链输送线等输送系统已经送到暂存位置的工件最后移送到装配等操作位置，供操作机构完成后续的定位、夹紧、装配、加工等操作。机械手除完成上料工作外，还可以同时完成卸料的工作。

物料或工件的移送必须有抓取环节，最常用的抓取方式为真空吸盘吸取和气动手指夹取。

真空吸取技术是自动化装配技术的一个重要部分，目前在电子制造、半导体元件组装、汽车组装、食品机械、包装机械、印刷机械等各种行业大量采用，如包装纸的吸附、印刷纸张及标签纸的移送、玻璃搬运、半导体芯片的拾取装配等，都大量采用真空吸盘。

真空吸盘所需要的真空发生装置主要有真空泵与真空发生器两种类型。真空泵是一种在吸气口形成负压力，排气口直接通入大气，吸气口与排气口两端压力比很大的抽除气体的设备。而真空发生器则是一种气动元件，它以压缩空气为动力，利用压缩空气的流动形成一定的真空度。将真空吸盘连接在真空回路中就可以吸附工件。对于任何具有较光滑表面的工件，特别是非金属类且不适合夹紧的工件，都可以使用真空吸盘来吸取。图 2-29 为真空发生器真空形成原理，涉及的元件包括真空发生器、真空过滤器、真空开关、真空吸盘等。

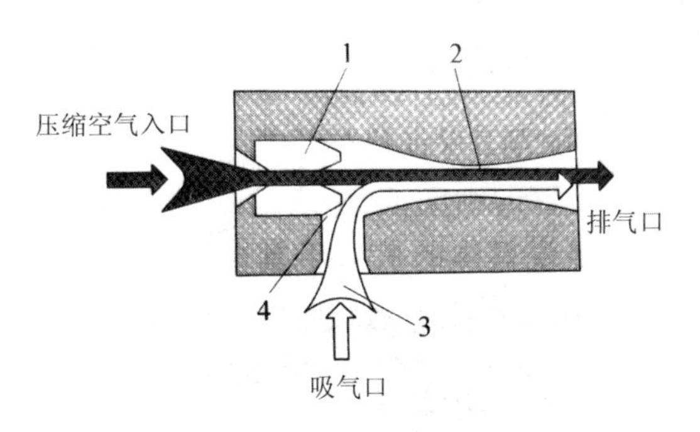

图 2-29　真空发生器真空形成原理

1—喷管；2—接收管；3—吸气流；4—负压区

气动手指实际上就是一个气缸或由气缸组成的一个连杆机构，同样以压缩空气为动力夹取工件。图 2-34 所示为各种形状的气动手指。气动手指的控制与气缸的控制完全相同。

机械手在自动生产线中主要用于各种工件与产品的移送。典型移送的对象有：五金件、冲压件、注塑件、压铸件、机加工件、电子元器件、食品、医药制品等。

抓取工件的质量不同，对机械手的结构要求也不同。应根据结构的材料、尺寸、质量、元件的规格大小，选取不同负载能力的机械结构尺寸。

2.4.2　机械手的典型运动及结构模式

机械手在形式上多种多样，应根据不用的应用场景，选用不同的运动模式。下面介绍几种最常见的机械手运动模式。

1. 单自由度摆动机械手

单自由度摆动机械手是一种结构最简单的机械手，通常由一个摆动运动来实现，一般采用摆动气缸与气动手指或真空吸盘组合而成。例如气动手指将工件从取料位置夹取后，摆动气缸旋转 180°，然后气动手指将工件在卸料位置释放。也可采用真空吸盘来吸取工件，为保持工件固定的姿态方向，需要设计一种专门的随动机构，使吸盘及工件的姿态方向始终保持在竖直方向。

2. 二自由度平移机械手

二自由度平移机械手末端为抓取元件，如真空吸盘或气动手指，它的功能就是将工件或产品从一个起始位置移送到另一个目标位置。由于只有 X、Y 两个方向的直线运动，所以机械手的全部运动都在一个平面内。图 2-30 为平移机械手的结构原理示意图。

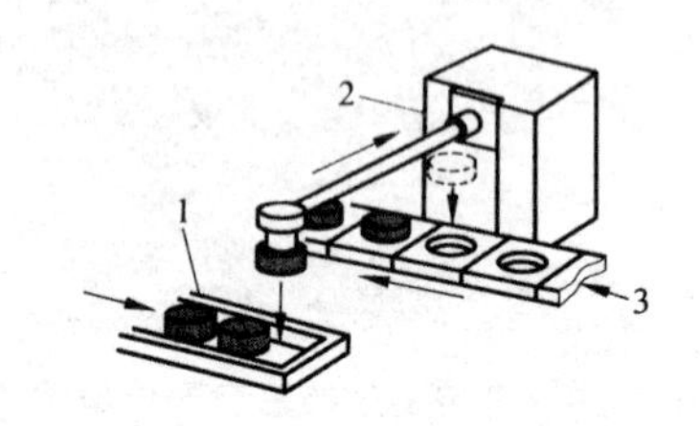

图 2-30　二自由度平移机械手原理示意图

1—工件输送系统；2—机械手；3—工件夹具

图 2-31 为二自由度平移机械手应用实例，其中两个方向的直线运动都直接由直线运动气缸实现，竖直方向手臂下方为气动手指。

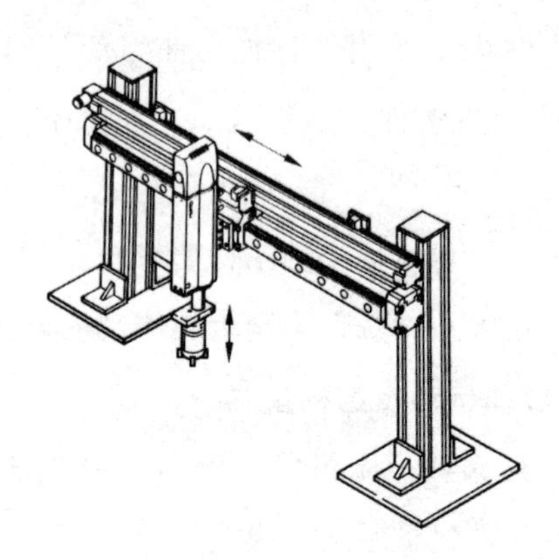

图 2-31　二自由度平移机械手实例

综上所述，机械手所完成的实际上是一个上料的动作。若将上述动作反过来，起始位置为装配位置，而目标位置为皮带输送系统或其他输送、存储位置，则机械手所完成的就是一个卸料的动作。用机械手进行上料或卸料都是其最基本的应用。

3. 二自由度摆动机械手

二自由度摆动机械手的动作由竖直方向的直线运动和绕竖直轴的摆动运动两部分组成，图2-32为二自由度摆动机械手的结构原理示意图。

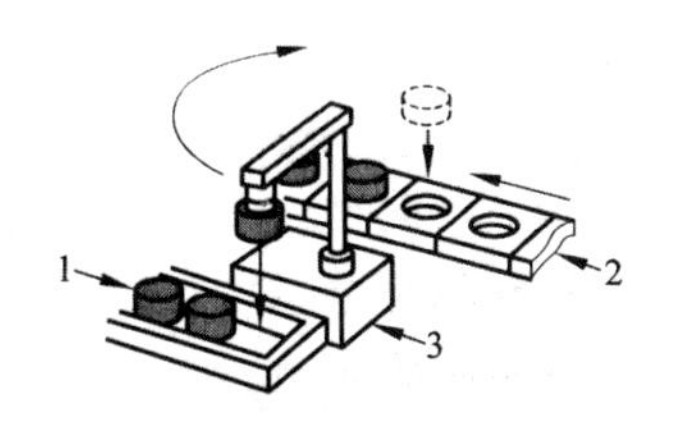

图2-32　二自由度摆动机械手结构原理示意图

1—工件输送系统；2—工件夹具；3—机械手

最简单的情形就是在机械手末端安装一个吸盘或气动手指，将工件从一个位置吸取或夹取后，快速移送到另一位置释放。在这种情况下，机械手的结构可以非常简单，由普通的直线运动气缸与连杆机构就可以实现。

为了进一步简化此类机械手的设计与制造，气动元件制造商专门设计制造了一种将直线运动及摆动运动集成在一起的组合气缸系列，用户直接采用这种系列的气缸就可以实现图2-32所示机械手的运动功能，如图2-33所示为直线摆动组合气缸。

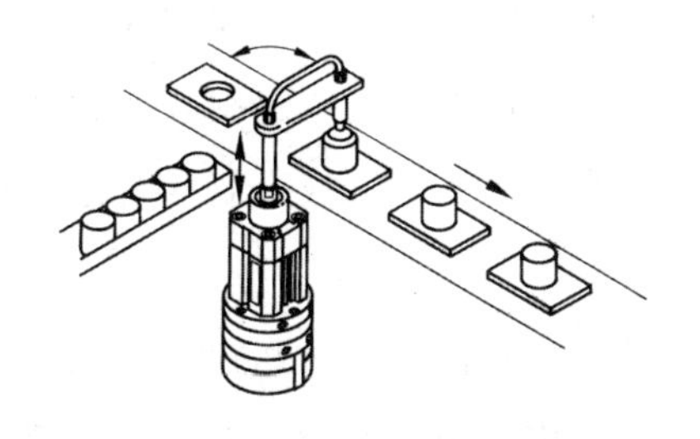

图2-33　直线摆动组合气缸

4. 三自由度机械手

三自由度机械手在二自由度机械手的基础上增加了一个方向的运动。根据运动组合的差异，三自由度机械手主要有以下两种运动形式：

· 两个相互垂直方向的直线运动与一个摆动运动；

· X、Y、Z 三个相互垂直方向的直线运动。

在结构上，根据上述两种运动的组合规律，工程上主要有两种类型的三自由度工业机械手：

· 摇臂式自动取料机械手；

· 横行式自动取料机械手。

1)摇臂式自动取料机械手

摇臂式自动取料机械手，其运动由 X、Y 两个相互垂直方向的直线运动与一个摆动运动组合而成。根据使用需要，既可以设计成单手臂，也可以设计成双手臂。

2)横行式自动取料机械手

横行式三自由度取料机械手就是在结构上采用 X、Y、Z 三个相互垂直方向的直线运动搭接而成的取料机械手。横行式自动取料机械手的手臂结构与摇臂式机械手的手臂结构是类似的，不同的是横行式自动取料机械手的运动全部为直线运动，在结构上分为 X 轴、Y 轴、Z 轴二部分，主要使用在空间运动距离较大的场合；而摇臂式机械手则将其中一个直线运动用更简单的摆动运动所代替。

2.4.3 机械手典型结构组成

虽然机械手有多种结构类型，运动模式及结构也各有区别，但它们与其他自动机械一样，都是一种模块化的结构，都是由各种基本的结构模块，各种标准的材料、元件、部件组成的，尤其是机械手采用了大量、简单的运动机构——直线运动机构。简单地说，机械手主要就是由各种直线运动机构组合而成的。

通过对各种类型机械手的结构进行分析总结，可以发现各种类型机械手都主要或全部包含了以下结构部分：驱动部件、传动部件、导向部件、换向机构、取料机构、缓冲结构、行程控制部件等。

(1)驱动部件是动力部件，常见的驱动部件为气缸和电机(变频电机、步进电机、伺服电机等)。

(2)传动部件将电机的旋转运动通过传动部件转换为所需的直线运动，同时将电机的输出扭矩转换为所需的直线牵引力。工程上主要采用同步带/同步带轮、齿轮/齿条、滚珠丝杠机构等传动部件实现回转运动与直线运动之间的运动转换。

(3)导向部件可保证机构的运动精度。常用的标准化导向部件有：直线导轨机构、直线轴承/直线轴机构、直线运动单元等。

(4)换向机构可实现工件工作姿态方向的改变。图 2-34 所示的机械手就采用了标准直线运动气缸结合连杆机构，将吸盘或气动手指设计在能绕某一旋转轴旋转一定角度的连杆上，用气缸驱动该连杆转动一定角度，从而实现回转功能。

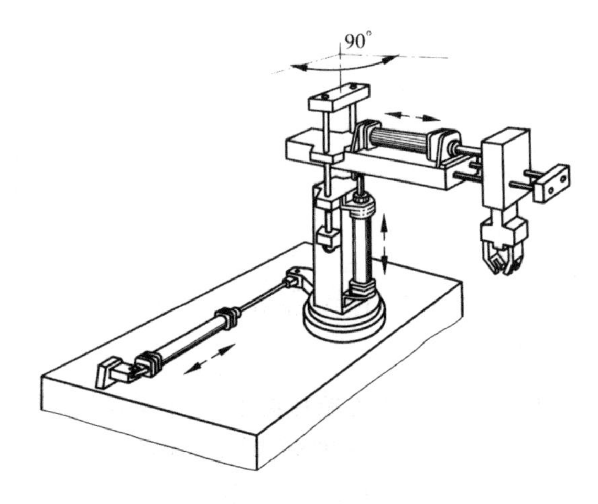

图 2-34　采用直线气缸使机构旋转一定角度的机械手

(5)取料机构可实现抓取并移送工件的功能，常用的取料部件为真空吸盘和气动手指。

(6)缓冲结构可降低因机构高速运动惯性力冲击产生的结构振动响应。机械手主要采用以下缓冲结构或缓冲措施：采用气缓冲气缸、采用缓冲回路、直接利用气缸作为缓冲元件、采用橡胶减振垫、采用油压吸振器、对电机运行速度进行优化。

(7)行程控制部件可保证机械手准确抓取工件、准确卸料。在气缸驱动的机构中，通常采用金属限位块、调整螺栓、磁感应开关、接近开关等措施来实现行程控制。

2.5 间歇送料装置

2.5.1 间歇送料装置的功能与应用

在自动化装配或加工操作中，根据工艺的要求，沿输送方向以固定的时间间隔、固定的移动距离将各工件从当前的位置准确地移动到相邻的下一个位置，这种输送方式称为间歇输送。

间歇输送是相对于连续输送方式而言的。间歇输送既可以是沿直线方向进行的输送，也可以是沿圆周方向进行的输送。

间歇输送具有结构紧凑、提高机器的生产效率等优点，不仅省略了连续输送方式下生产线上需要采用的分料、挡料机构，简化了生产线的结构，而且可以方便地将各种工序集成化，形成高效率的自动化专机。尤其是将各工序沿圆周方向进行集成时，可以将大量的工序集成在占用空间很小的一台机器上，最大限度减小了机器的体积及占用的空间，已成为结构最紧凑的自动化专机。

根据输送方向的区别，间歇输送主要分为直线方向的间歇输送和沿圆周方向的间歇输送两类。

间歇送料装置虽然在形式上有多种结构方式，但在原理上都是通过一定的变换机构，将主动件的连续运动转换为从动件的间歇运动，而且能实现要求的运动时间/停顿时间比。为了保证间歇送料装置的可靠运行，输送机构必须满足定位准确、移位(转位)迅速、平稳无冲击的技术要求。

2.5.2 槽轮机构的结构与应用

槽轮机构是自动机械中广泛应用的一种间歇运动机构，又称马尔他机构或日内瓦机构，有平面槽轮机和空间槽轮机两种类型。平面槽轮机构又分外啮合和内啮合两种，典型的结构为外啮合平面槽轮机构，通常简称为槽轮机构，如图 2-35 所示。

如图 2-35(a)所示，典型的平面槽轮机构由具有径向槽的槽轮 1 和带有拨销 2 的拨杆 3 组成。其中拨杆为主动件，作连续周期性的转动，槽轮为从动件，在拨杆上面的拨销 2 的驱动下作时转时停的间歇运动。其运动过程如图 2-35 所示。

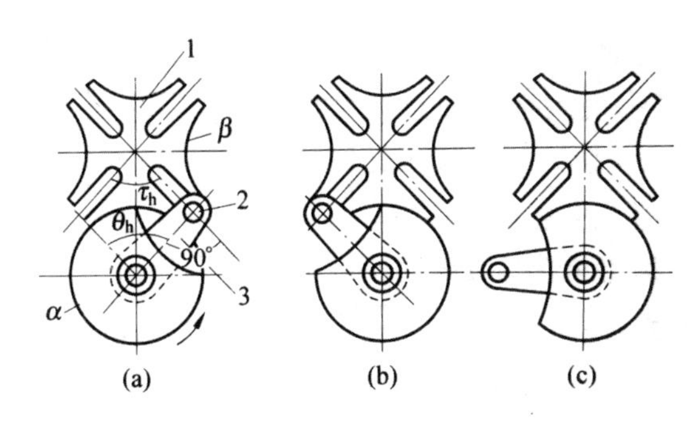

图2-35　槽轮机构工作原理图

(a)拨杆进入槽内；(b)拨杆出槽；(c)拨杆空转

1—槽轮；2—拨销；3—拨杆

1. 工作原理

当拨杆转过 θ_h 角，拨动槽轮转过一个分度角 τ_h，由图2-35(a)所示的位置转到图2-35(b)所示的位置时，拨销退出轮槽；接下来拨杆空转，直至拨销进入槽轮的下一个槽内时才又重复上述的循环。这样，拨杆(主动件)的等速(或变速)连续(或周期)运动，就转换为槽轮(从动件)时转时停的间歇运动。

2. 特点与工程应用

槽轮机构结构简单，工作可靠，机械效率高，而且能准确控制转角，工作平稳性较好，能够较平稳地间歇转位，但因为运动行程(槽轮的转角)是固定的，不可调节，而且拨销突然进入与脱离径向槽时传动存在柔性冲击，所以不适合用于高速场合。此外，槽轮机构比棘轮机构复杂，加工精度要求较高，制造成本更高。

槽轮机构一般应用于转速不高的场合，如自动机械、轻工机械、仪器仪表等。例如，应用在电影放映机上作为送片机构。

3. 运动计算分析

为了弄清楚槽轮机构的工作原理，并熟练地应用于自动机械设计，首先需要详细了解各部分的运动关系以及如何应用槽轮机构进行自动机械设计。

1)拨杆转动一周的时间 T_C

拨杆转动一周的时间实际上就是槽轮完成一个工作循环的时间，所以有

$$T_C=\frac{60}{n_0} \tag{2-5}$$

式中：n_0——拨杆转速，r/min。

2)槽轮运动时间 T_h

$$T_h = \frac{\theta_h T_C}{2\pi} = \frac{30(S-2)}{n_0 S} \tag{2-6}$$

式中：θ_h——对应槽轮运动的拨杆转角，rad；

S——轮槽数量。

3)槽轮停顿时间 T_0

$$T_0 = \frac{\theta_h T_C}{2\pi} = \frac{30(S+2)}{n_0 S} \tag{2-7}$$

式中：θ_0——对应槽轮静止的拨杆转角，rad。

4)槽轮的工作时间系数 K_t

$$K_t = \frac{T_h}{T_C} = 1 - \frac{4}{S+2} \tag{2-8}$$

间歇输送机构广泛应用在自动机械中作为送料驱动机构，送料过程所需要的时间属于辅助操作时间。为了提高机器的生产效率，一般希望送料过程越快越好，即间歇输送机构的运动过程越快越好。

间歇输送机构每完成一个输送及停止的运动循环，机器也相应完成一个生产周期。机器每个循环周期内完成一件产品的加工或装配，该时间周期也称为机器的节拍时间。

对式(2-8)进行分析可知：

(1)槽轮的工作时间系数 K_t始终小于1，即槽轮机构中槽轮的运动时间始终小于槽轮停顿时间。

(2)对于槽数 S 一定的槽轮机构，其运动时间与停顿时间成固定的比例关系。槽数 S 越多，槽轮运动时间与停顿时间的比值越大，即机器花费在转位分度过程的时间越长，机器的生产效率越低。因此，当采用槽轮机构来进行间歇分度时，槽轮的槽数 S 一般不宜太多，一般都缩短作为机器辅助操作时间的槽轮运动时间，来提高机器的生产效率。

(3)可以证明槽轮的槽数越小，槽轮的最大角速度及最大角加速度越大，槽轮的运动越不均匀，运动平稳性越差。而增大槽轮的槽数，虽然可以提高槽轮机构的运动平稳性，但槽轮的尺寸增大，转位时槽轮的惯性力矩也随之增大，加大了系统的负载。考虑到上述各种因素，通常将槽轮的槽数 S 设计在 4～8 之间，最典型的槽数为 4、5、6、8。

2.5.3　棘轮机构的结构与应用

棘轮机构也是一种类似于槽轮机构的沿圆周方向的间歇输送装置，主要由棘轮和棘爪两部分组成，其中棘爪为主动件，棘轮为从动件。典型的棘轮机构如图 2-36 所示。

图 2-36　棘轮机构示意图

1. 工作原理

为了说明棘轮机构的工作原理，下面先介绍工程上典型的棘轮机构的组成。图 2-37 为工程上常用的外啮合棘轮机构，主要由主动棘爪 1、摆杆 2、棘轮 3、弹簧 4、止回棘爪 5、轴 6 等部件组成。棘轮 3 通常为锯齿形，并与轴 6 固定连接，主动件摆杆 2 上安装有主动棘爪 1，并通过转动副 A 连接，而摆杆 2 则空套在轴 6 上。

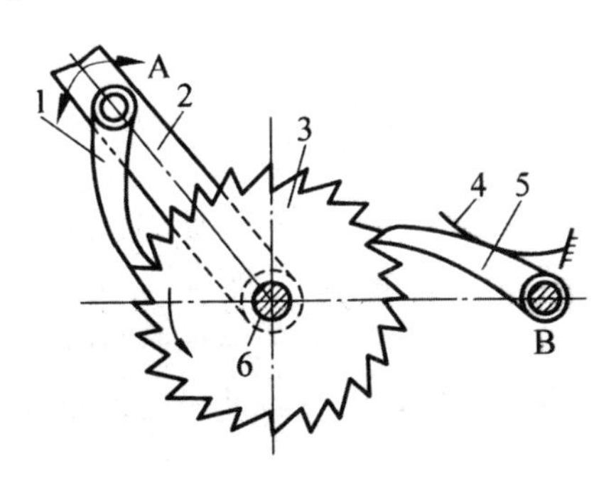

图 2-37　典型的棘轮机构

1—主动棘爪；2—摆杆；3—棘轮；4—弹簧；5—止回棘爪；6—轴

图 2-37 所示棘轮机构的工作过程如下：

(1)摆杆 2 连同棘爪 1 逆时针转动一定的角度时，棘爪 1 插入棘轮的相应齿槽，推动棘轮 3 连同与棘轮连接在一起的执行机构同步转动相同的角度。摆杆的驱动机构既可以是偏心轮，也可以是气动连杆机构。

(2)当摆杆摆动到左侧极限位置时，再掉转方向返回，向顺时针方向摆动。此时，棘爪 1 在棘轮的齿背上滑过，这时弹簧 4 迫使止回棘爪 5 插入棘轮的相应齿槽，防止因为外界因素使棘轮反转而静止不动，直至摆杆摆至右侧极限位置完成一个循环。为了使棘爪 1 与棘轮可靠啮合，在摆杆 2 与棘爪 1 的连接处通常也安装有弹簧。

这样，当主动件摆杆 2 连续往复摆动时，棘轮 3 就可以带动与其连接在一起的执行机构实现沿逆时针方向单向、周期、不可逆的间歇转动。

2. 结构特点

棘轮机构的优点为结构简单，转角大小调节方便。缺点为棘爪、棘轮刚接触时有一定冲击和噪声，使机构运动平稳性较差。此外，机构磨损快、精度较低，只能用于低速、转角不大或需要改变转角传递动力不大的场合，如自动机械的送料机构与自动计数等。

3. 应用实例

棘轮机构广泛应用在一些对输送精度要求不高的自动机械送料机构，图 2-38 为由棘轮机构驱动的皮带间歇输送系统实例，其工作原理如下：

(1)曲柄摇杆机构作为驱动动力，曲柄 1 是主动件，在电机驱动下连续转动时，曲柄 1 带动摇杆 2 做周期性的摆动。

(2)链轮 7 在摇杆 2、链条 3 的作用下作周期性的左右转动，拉伸弹簧 9 为摇杆 2 提供回转的动力，链轮 7 与皮带轮 6 的传动轴之间是活动配合，链轮在传动轴上可以自由转动。链轮上安装有棘爪。

(3)棘轮 8、皮带轮 6 与传动轴之间都通过键固定连接在一起，即棘轮 8、皮带轮 6 与传动轴是同步转动的，棘轮转动一定的角度，则皮带轮也同步地转动相同的角度。

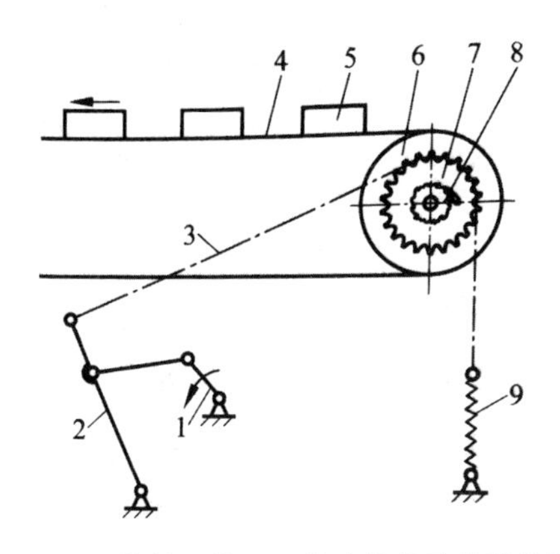

图 2-38　棘轮机构驱动的皮带间歇输送装置

1—曲柄；2—摇杆；3—链条；4—输送皮带；5—工件；

6—皮带轮；7—链轮；8—棘轮机构；9—拉伸弹簧

(4)由于棘轮的运动是间歇性的转动，因而皮带轮的转动也是间歇性的转动，最后皮带轮上的皮带获得间歇性的直线运动，皮带上的工件也随之以固定的步距间歇性地直线运动。工件的移动步距可以根据棘轮的转动角度及皮带轮的直径计算，具体如下：

$$L=\frac{\varphi \pi D}{360^{\circ}} \tag{2-9}$$

式中：L——工件的移动步距，mm；

φ——棘轮的转动角度，(°)；

D——皮带轮外径，mm。

在工程上，这种皮带间歇送料的间歇输送系统，主要用于远距离的间歇输送，如卷烟生产线等。

棘轮机构既可以采用电机驱动，也可以采用气缸驱动。图 2-39 为采用气缸驱动的棘轮机构实例，气缸通过棘轮机构驱动平顶链输送线的链轮单向间歇回转，从而带动平顶链作直线方向的间歇输送。其中链轮与棘轮是在一根传动轴上连接在一起的。如果将链轮改为皮带轮则变成了皮带间歇输送系统，平顶链或皮带每次移动的步距取决于气缸的工作行程及活塞杆在摇杆上的连接点位置。

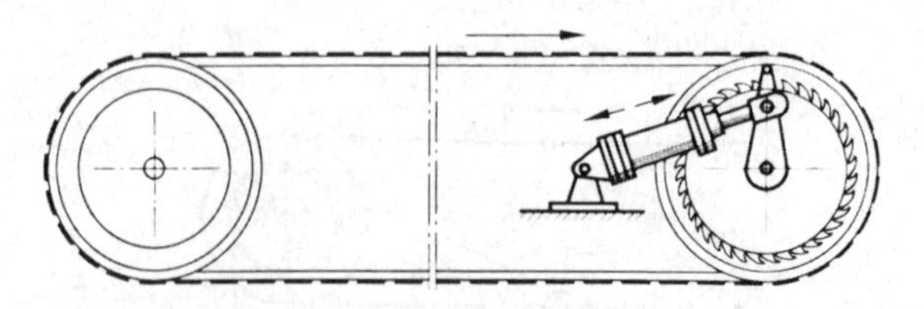

图 2-39 气缸及棘轮机构驱动的平顶链间歇输送系统

2.5.4 棘爪机构的结构与应用

在采用间歇输送的多工位自动化专机中，工位的安排有两种非常典型的方式。

一种方式为将各工位安排在圆周方向上，如采用前面所介绍的槽轮机构、棘轮机构来驱动转盘间歇转动，在转盘转动停止的时间间隔内，各工位都同步完成装配等工序操作。凸轮分度器也可以实现这种间歇输送。

另一种方式为将各工位安排在直线方向上，间歇输送机构在直线方向上实现间歇输送，在输送停止的时间间隔内各工位同步完成装配等工艺操作。

在直线方向上实现间歇输送是一种非常重要的自动机械设计方式，也是结构最简单、最容易实现的机构，因为直线方向上的驱动依靠普通的标准气缸就可以实现，机构简单，制造成本低廉，工件移动的步距也非常容易调整，只要通过行程挡块调整气缸的工作行程就可以了，而圆周方向上的间歇输送装置则要复杂得多。棘爪机构就是一种非常典型的直线方向间歇输送机构。

棘爪机构实际上是棘轮机构的一种变形，其工作原理与棘轮机构是类似的，只不过棘轮机构一般实现的是圆周方向的间歇转动，而棘爪机构一般用于实现直线方向上的间歇运动。图 2-40 为一典型的棘爪间歇送料机构。

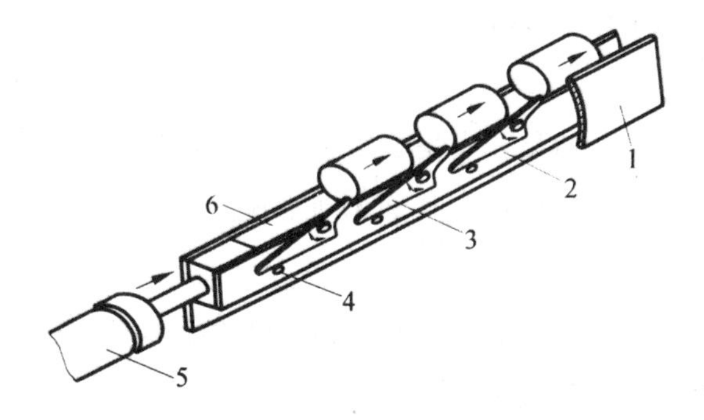

图 2-40 典型的棘爪间歇送料机构

1—导轨；2—往复杆；3—棘爪；4—限位销；5—气缸；6—支承板

1. 工作原理

图 2-40 所示的棘爪间歇送料机构工作原理如下：

(1)工件支承在往复杆 2 上方的支承板 6 上，支承板是静止的，而往复杆是往复运动的，支承板与往复杆 2 之间有一定的间隙，只有当棘爪推动工件时工件才会在支承板上向前运动；

(2)气缸 5 推动与气缸活塞杆连接的往复杆作直线方向的往复运动；

(3)往复杆上设置有一系列的棘爪 3，棘爪可以绕其轴销作一定转动，由于棘爪是倾斜安装的，在自身重力的作用下，除非有外力作用，棘爪始终位于图示的倾斜状态，棘爪上方露出支承板表面；

(4)气缸活塞杆伸出带动往复杆向前运动时，在限位销 4 的作用下，各棘爪仍然能够保持图 2-40 的状态，推动相应位置的工件在直线方向上向前移动相同的步距；

(5)当气缸活塞杆缩回带动往复杆向后返回时，棘爪在相邻的后一个工件的重力作用下被压至支承板的支承面以下，从该工件下方滑过，工件仍然能保留在原来的位置上不受影响，滑出后的棘爪在其自重的作用下又自动转动到图 2-40 的状态，往复杆完成一次送料循环。

在实际工程中，为了使该机构工件更可靠，还可以在棘爪转动轴销处设置一个刚度较小的扭转弹簧，当没有外力作用时，使棘爪可靠地位于图示状态，而往复杆带动棘爪返回时，棘爪上方工件的重力可以克服上述扭转弹簧的扭力，使棘爪在工件下方滑过。

2. 应用

棘爪机构结构非常简单，占用空间很小，成本低廉，可以安排在空间很小的机构内，一般将棘爪设计在某些活动推板的内部，棘爪只露出很小一部分头部来推动工件。

棘爪机构的缺点是工件被推送时因为惯性而不容易准确定位，因而只适合使用在输送速度较低的间歇送料场合。

2.5.5 凸轮分度器的原理与应用

1. 凸轮分度器的功能

凸轮分度器是一种高精度回转分度装置。其外部包括两根互相垂直的轴，一根为输入轴，由电机驱动；另一根为输出轴，用于安装工件及定位夹具等负载的转盘就安装在输出轴上。

凸轮分度器在结构上属于一种空间凸轮转位机构，在各种自动机械中主要实现以下功能：

- 圆周方向上的间歇输送；
- 直线方向上的间歇输送；
- 摆动驱动机械手输出摆动与直线的复合运动。

凸轮分度器是一种典型的间歇输送装置，既可以在圆周方向上进行间歇输送，也可以通过机构变换应用在输送线上，完成直线方向上的间歇输送。

摆动驱动机械手属于凸轮分度器的一种派生产品，也是一种空间凸轮转位机构，输出轴输出的是由旋转摆动运动与轴向直线运动组成的复合运动，因而在功能上实际上是一种两坐标摆动式机械手。

槽轮机构、棘轮机构等都属于普通的圆周方向间歇分度机构，精度有限，通常只应用在对输送精度及装配精度要求不高的一般场合。与这些机构不同的是，凸轮分度器是一种专业化的、高精度的回转分度间歇输送装置，是一种为适应高度自动化、高速化、高精度生产装配场合而专门设计开发的自动机械核心部件。在凸轮分度器上加装圆盘形状的转盘、各种装配执行机构、上下料装置及控制系统后，就组成了一台高效率、高精度的自动化装配或检测专机。

凸轮分度器广泛应用于半导体芯片、电子、电器、五金、轻工、食品、饮料等不同行业的自动化生产与装配。

2. 凸轮分度器的工作原理

1)凸轮分度器的内部结构

凸轮分度器是利用空间凸轮机构的原理进行工作的，外部有两根轴，一根为输入轴，另一根为输出轴。输入轴由电机直接驱动，或者通过皮带驱动。输出轴则与作为负载的转盘或链轮连接在一起，带动转盘或链轮旋转。

凸轮分度器在内部结构上主要分为两种结构类型，图 2-41 表示了常用的两种类型的凸轮分度器内部结构，其中图 2-41(a)为蜗杆式凸轮转位机构，图 2-41(b)为圆柱式凸轮转位机构。图 2-42 为蜗杆凸轮分度器的内部结构。

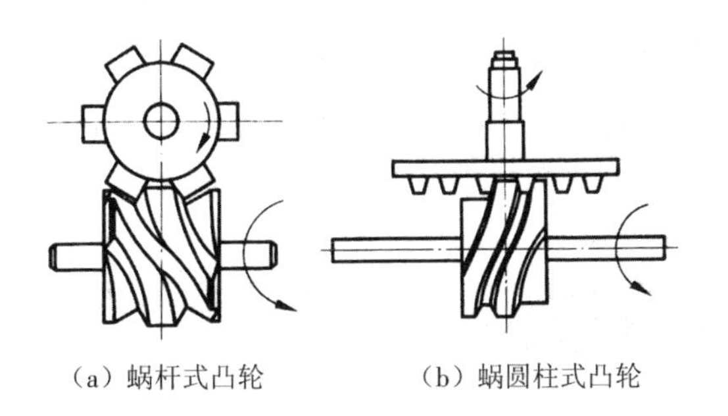

(a) 蜗杆式凸轮　　(b) 蜗圆柱式凸轮

图 2-41　凸轮分度器结构类型

图 2-42　蜗杆式凸轮分度器的内部结构

2)凸轮分度器的工作过程

下面以最常用的蜗杆式凸轮分度器为例说明其工作过程：

(1)电机驱动系统带动凸轮分度器的输入轴转动，由于输入轴与蜗杆凸轮是一体的，所以蜗杆凸轮与分度器输入轴是同步转动的。在工作中，输入轴一般是连续转动的。

(2)凸轮分度器的输出端为一个输出轴或法兰，输出轴内部实际就是一个转盘，转盘的端面上均匀分布着圆柱形或圆锥形滚子，蜗杆凸轮的轮廓曲面与上述圆柱形或圆锥形滚子切向接触，驱动转盘转位或停止。当蜗杆凸轮轮廓曲面具有升程时，转盘就被驱动旋转；当蜗杆凸轮轮廓曲面没有升程时，转盘就停止转动。

(3)蜗杆凸轮的轮廓曲面由两部分组成，一部分为轴向高度没有变化的区域(即凸轮转动时曲面没有升程)，在此区域内由于蜗杆凸轮无法驱动转盘端面上的滚子，所以转盘在此对应的时间内停止转动；另一部分是轴向高度连续变化的区域(即凸轮转动时曲面具有升程)，在此区域内蜗杆凸轮驱动转盘端面上的滚子，使转盘在此对应的时间内连续转动一定角度。

(4)蜗杆凸轮转动一周即完成一个周期，一个周期后转盘端面上的滚子与凸轮脱离接触，下一个相邻的滚子又与凸轮的轮廓曲面开始接触，进入第二个循环周期。如此不断循环，从而将输入轴(蜗杆凸轮)的连续周期转动转变为输出轴时转时停、具有一定转位时间/停顿时间比的间歇回转运动，而且每次都转动相同的角度。

(5)输入轴(蜗杆凸轮)每转动一周(360°)称为一个周期，在此周期时间内，凸轮分度器输出轴完成一个循环动作，包括转位和停顿两部分，两部分动作时间之和与输入轴转动一周的时间相等。上述一个工作周期也就对应机器的一个节拍时间。

3)凸轮分度器典型工作循环

凸轮分度器的工作循环方式主要有如图 2-43 所示的两种：

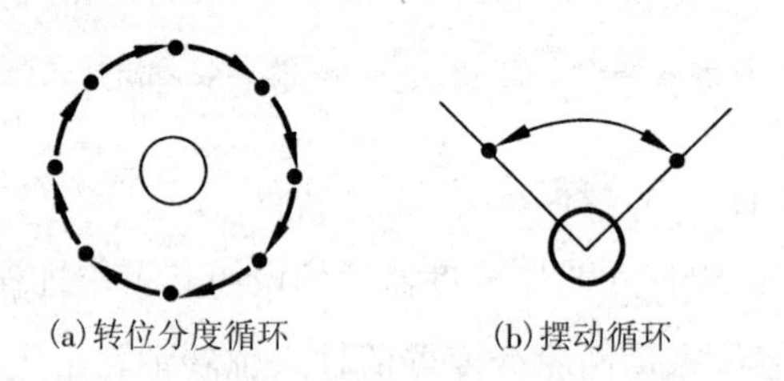

(a)转位分度循环　　(b)摆动循环

图 2-43　凸轮分度器典型工作循环示意图

- 转位分度循环；
- 摆动循环。

图 2-43(a)为转位分度循环，它是工程上最典型而且大量采用的工作方式，箭头表示转位过程，黑点表示分度器停止一段时间，对应的分度器也称为转位分度循环驱动器。通常所说的凸轮分度器就是指这种产品。

图 2-43(b)为摆动循环，箭头表示输出轴的往复摆动过程，黑点表示分度

器停止一段时间，在摆动的起点及终点，输出轴做上下往复运动。摆动角度及上下运动行程可以根据设计需要进行设定、调整，也可以根据需要在摆动行程的中间点进行停留。摆动循环驱动器在功能上实际就是一种典型的摆动式搬运机械手。

3. 凸轮分度器典型工程应用

凸轮分度器作为自动机械核心部件，大量使用在各种自动化装配专机、自动生产线上。下面分别举例说明。

(1)转盘式多工位自动化装配专机。图2-44为8工位转盘式自动化专机分度装置，图2-45为采用大直径中空转盘的回转分度装置。

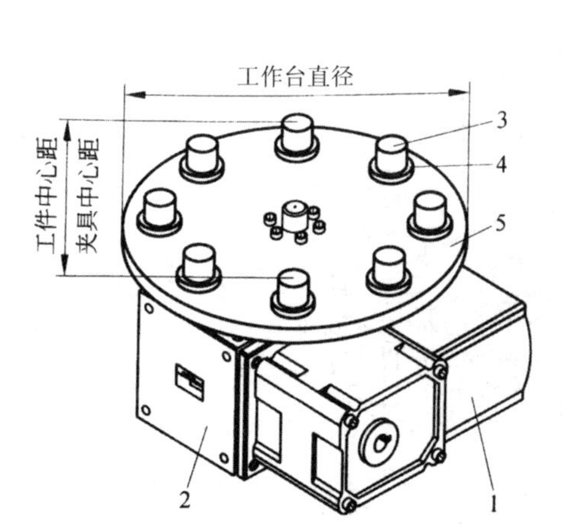

图2-44　8工位自动化专机分度装置

1—电机及减速器；2—凸轮分度器；3—工件；4—定位夹具；5—转盘

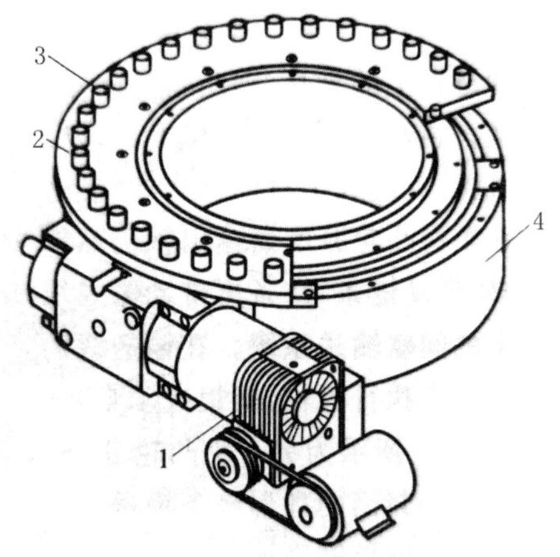

图2-45　采用大直径中空转盘的回转分度装置

1—减速器；2—大型中空转盘；3—定位夹具及工件；4—凸轮分度器

(2)凸轮分度器与皮带或链条输送线组成的直线方向间歇输送自动生产线(见图2-46、图2-47、图2-48)。

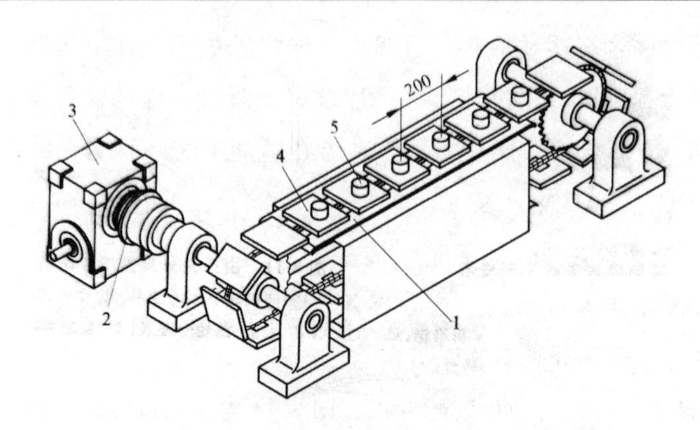

图 2-46　使用凸轮分度器的自动生产线实例一

1—链条输送线；2—离合器；3—凸轮分度器；4—工装板；5—工件

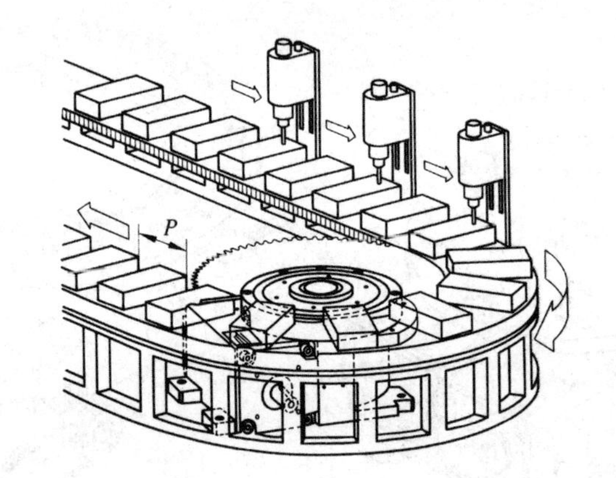

图 2-47　使用凸轮分度器的自动生产线实例二

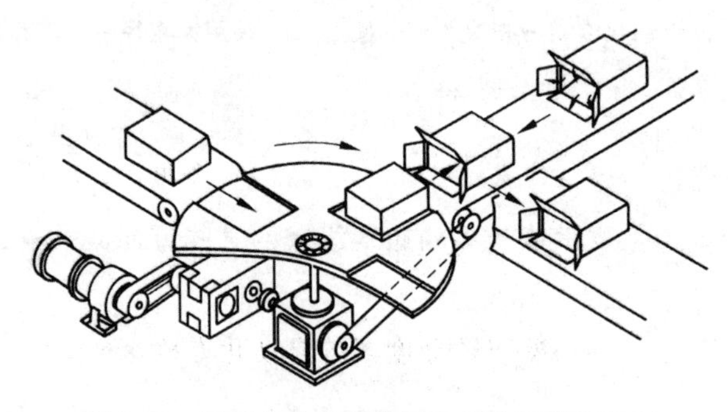

图 2-48　使用凸轮分度器的自动生产线实例三

(3)自动化间歇送料机构。图 2-49 为大型冲床自动间歇送料机构，图 2-50 为线材校直自动送料分切机构。

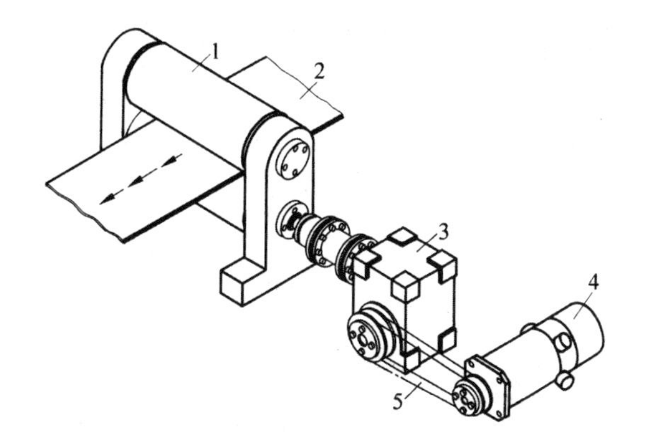

图 2-49　大型冲床自动间歇送料机构

1—驱动滚筒；2—金属带料；3—凸轮分度器；4—电机；5—同步带

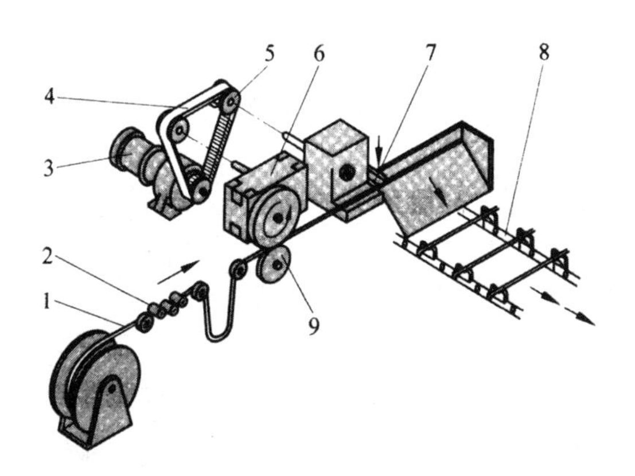

图 2-50　线材校直自动送料分切机构

1—线材；2—校直滚轮；3—电机；4—同步带；5—张紧轮；

6—凸轮分度器；7—切刀；8—链条输送线；9—驱动滚轮

2.6　工件的分隔

2.6.1　工件的暂存

在自动生产线上，大量采用了各种皮带输送、链条输送、振盘输送等连续输送方式，工件在上述输送装置上经常是连续排列的，即相邻的工件紧贴一起。而对工件的工序操作是逐个进行的，因此需要在连续排列的工件中每次移送一个工件到装配或加工位置。使某个特定工件暂时停留在某一固定位置，以方便对该工件进行后续的取料、装配或加工等操作，这一处理过程通常称为工件的暂存。

在自动化专机及自动生产线上，各种装配(或加工)操作通常以下列典型方式进行：

(1)在输送线上进行；

对于某些简单的工序操作，并不需要工件处于静止状态，可以直接在输送过程中进行，例如喷码打标、条码贴标等，因此也就不需要设计阻挡机构使工件在输送线上停留。对于另外某些简单工序，当对工件定位没有很高的要求，也不需要对工件进行夹紧时，通常就直接在输送线上设计阻挡机构使工件停留，然后进行工序操作，例如激光打标等。

(2)将工件从输送线上移送到各专机上进行；

大多数的工序操作对定位都有较严格的要求，而且很多情况下还需要对工件进行夹紧，因此必须采用专门的工作站来进行，将工作站设计在输送线的上方。最典型的结构就是在工作站上使用上、下料机械手，将工件从输送线上抓取后移送到工作站上的定位夹具上进行工序操作，工序完成后又将工件送回输送线。

(3)将工件从振盘输料槽上移送到专机的工序操作位置进行工序操作。

这种方式是自动化专机的典型结构方式，通常将工件的定位夹具设计成活动的结构，在气缸的驱动下夹具在两个位置之间直线运动或摆动，一个位置为夹取材料位置，另一个位置为工序操作位置(例如装配位置)。图 2-51 为这种结构的原理示意图。

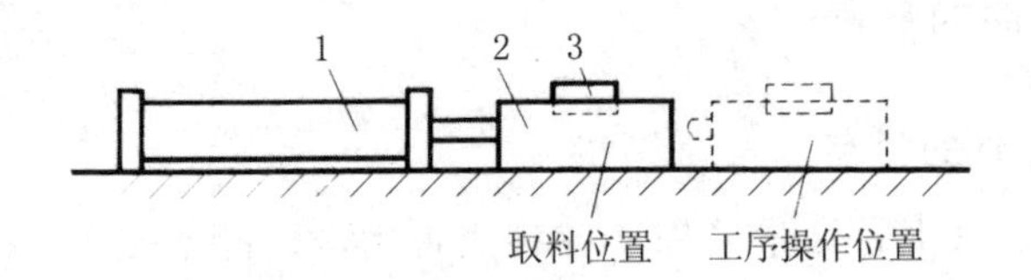

图 2-51　自动化专机的取料位置与工序操作位置示意图

1—气缸；2—定位夹具；3—工件

在自动机械中最典型的暂存位置主要有以下两类：

(1)在振盘输料槽的末端设置阻挡块。

振盘送料装置一般通过一个外部输料槽将工件向外连续输送。在外部输料槽的末端设置一个挡块就可以使工件停止向前运动，然后机械手直接从上述暂存位置抓取工件送入装配位置，如图 2-52 所示。

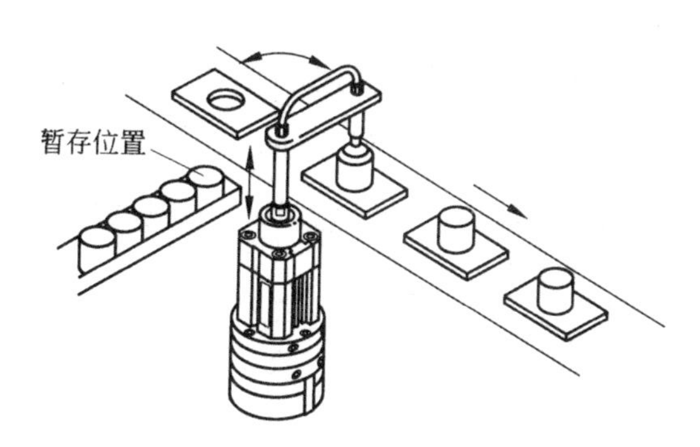

图 2-52　振盘输料槽末端的暂存位置实例一

(2)在输送线上设置阻挡机构。

在输送线上设置阻挡机构是非常普遍的方式。通常在皮带输送线、链条输送线、滚筒输送线上设置阻挡机构，使随输送线运动的工件停止前进。

在皮带输送线或平顶链输送线的上方设置一个挡块或挡条，就可以在输送线继续运行的情况下实现工件的暂停。在倍速链输送线及滚筒输送线上，一般在输送线的中央设置一种专用的阻挡气缸，阻挡气缸伸出时使输送线上的工装板或工件停止运动，供人工或自动进行工序操作；当工序操作完成后，阻挡气缸缩回，工装板或工件继续向前运动。

显然，为了使控制系统确认阻挡机构所在的暂存位置是否存在暂存的工件，必须在暂存位置设置相应的传感器，只有当暂存位置存在工件时机械手才会按 PLC 程序进行抓取工件的动作，否则将一直等待工件进入暂存位置。根据工件材料的区别，可以设置电感式接近开关、电容式接近开关或光电开关。

根据工件在该位置是否还需要继续向前运动，挡块或挡条分为以下两类：

(1)固定挡块。

如果工件在暂存位置被某台专机抓取，完成一定的加工或装配操作后不再需要沿原输送线继续向前输送，在输送线该部位的挡块就可以设计成固定的形式，通常称为固定挡块，工程上也简称为“死挡块”。

(2)活动挡块。

如果工件在该暂存位置被某台专机抓取，完成一定的加工或装配操作后仍然需要继续沿原输送线向前输送，工件在该位置的停留只是临时的，在输送线该部位的挡块就不能设计成固定的形式，而必须设计成活动的形式，通常称为活动挡块。

图 2-53 为工程上应用在某皮带输送线上的一种典型活动挡块实例。

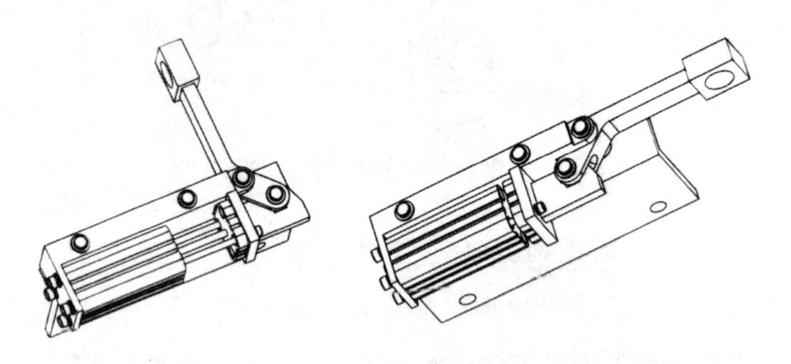

图 2-53　某皮带输送线上的典型活动挡块实例

该机构实际上就是由一只气缸驱动的杠杆机构，在气缸驱动下，杠杆可以摆动 90°。由于需要与其他机构组成一个完整的控制系统，所以在活动挡块上一般都需要设置检测、确认工件的接近开关传感器。

2.6.2　工件的分隔

使用气动手指夹取工件时，在输送线或振盘输料槽上进入暂存位置的只能是单个工件，而从振盘或输送线上输送过来的工件经常是连续的，为此必须采用一种特殊的分料机构，将连续排列的工件进行分隔，逐个放行工件，这样就可以保证进入暂存位置的工件只有一个。

通常在实际应用中，工件的形状、尺寸是各不相同的，不同形状的工件采用的分料机构可能完全不同。因此，为了解决工程设计中的实际问题，需要掌握对常见形状的工件进行分隔的方法。

1. 圆柱形工件的分隔方法

(1)采用分料气缸分料。

为适应分料的需要，气动元件制造商专门设计开发了一种分料气缸，因为是标准元件，用户采购回来后只需在气缸上加装两块片状挡片，使其能够顺利插入到相邻的两个工件之间后即可直接使用。图 2-54 为双手指 MIW 系列分料气缸的外形示意图，图 2-55 为该系列分料气缸的应用实例。

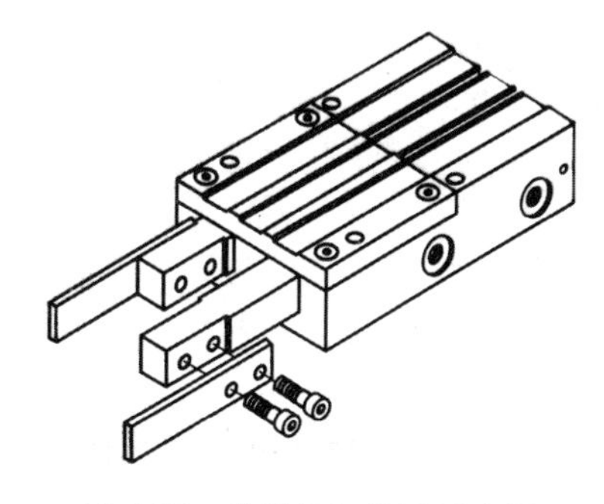

图 2-54　分料气缸外形示意图

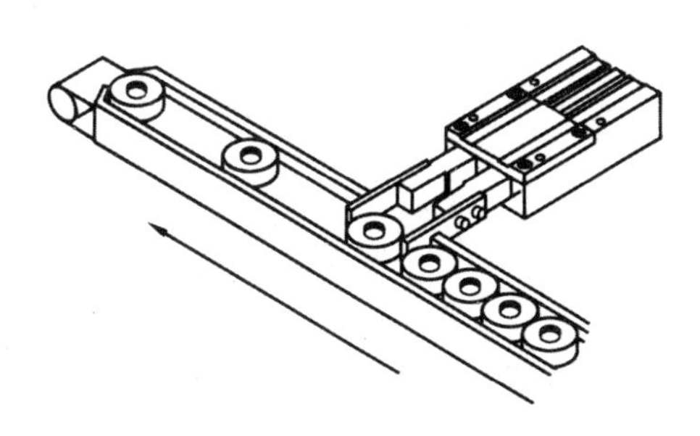

图 2-55　分料气缸应用实例

(2)采用分料机构分料。

为了进一步降低制造成本，工程上经常采用一些设计巧妙而且结构简单的分料机构。

图 2-56 为一种圆柱形工件的典型分料机构，气缸每完成一个缩回、伸出的动作循环，机构就只放行一个工件。由于只采用单个气缸，因而降低了制造成本，可以作为一种标准的机构模块使用。

该机构巧妙地利用了工件的自重，工件的输送不需要外力，只需利用工件所受的重力即可。该机构分料的对象既可以是圆柱形工件，也可以是矩形工件，只不过对圆柱形工件分料时夹头应设计成弧形的，而对矩形工件分料时夹头应设计成平面形状。

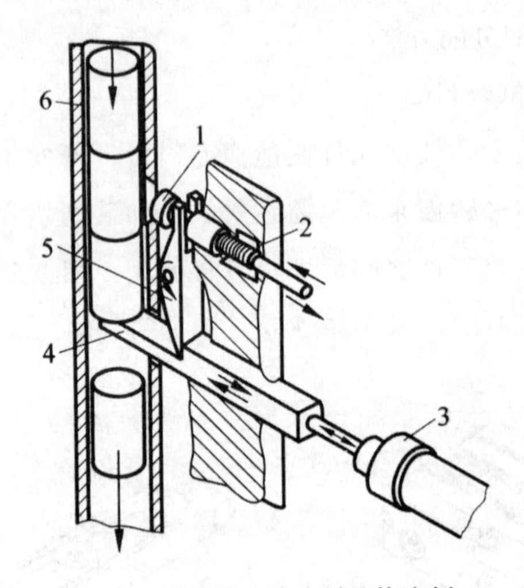

图 2-56　圆柱形工件分料机构实例一

1—夹头；2—压缩弹簧；3—气缸；4—挡杆；5—杠杆；6—料仓

图 2-57 为圆柱形工件的另一种分料机构。该机构采用了凸轮，凸轮在气缸驱动下每进行一次往复运动放行一个工件。图示状态为机构放行一个工件而将下一个工件阻挡住。该机构具有结构简单、使用方便、成本低廉等特点。

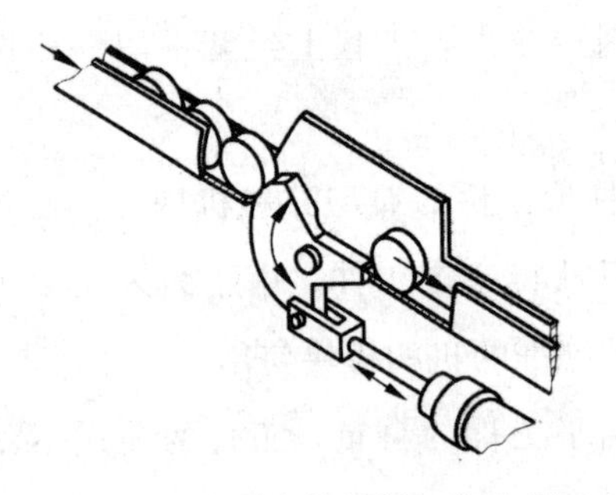

图 2-57　圆柱形工件分料机构实例二

2. 矩形工件的分料方法

当矩形工件在输送线上输送时，工件经常是连续排列的，工件之间是平面与平面接触，相邻的工件之间无空间间隔。如果采用机械手对这样紧密排列的工件进行抓取，经常会出现机械手末端的气动手指无法抓取的情况，因此必须先对紧密排列的工件进行分隔处理，让一个工件单独停留在暂存位置。在这种情况下，依靠类似于圆柱形工件的插片式分料气缸是难以进行的，必须针对此类工件采用专门的分料机构才能进行分料。图 2-58 为工程上一种典型的矩形工件分料机构。

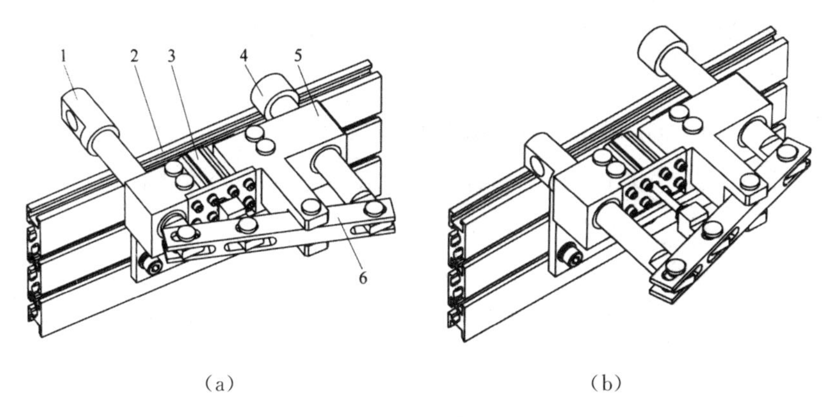

图 2-58　典型的矩形工件分料机构实例

1—挡料杆；2—铝型材机架；3—薄型气缸；4—夹料杆；5—安装座；6—连杆

图 2-58 所示分料机构主要由挡料杆 1、铝型材机架 2、薄型气缸 3、夹料杆 4、安装座 5、连杆 6 组成。其中，挡料杆 1 实现对工件进行阻挡及放行；铝型材机架 2 通常是组成皮带输送线或链输送线的结构材料，直接将分料机构通过螺钉从侧面安装在输送线两侧铝型材的安装槽孔中；气缸为驱动元件，驱动连杆 6 摆动，从而带动挡料杆 1 及夹料杆 4 在安装座的导向孔中交替前后反向运动。

当挡料杆的放料动作完成后，气缸上的磁感应开关向 PLC 发出确认信号，PLC 控制器又向电磁换向阀发出信号使其动作，从而控制气缸又缩回，机构又回到图 2-58(a)所示的挡料准备状态，被夹料杆从侧面夹紧的工件在输送线的驱动下自动前进到挡料杆的位置，等待下一次工作循环。

该机构可以大量应用在由皮带输送线、平顶链输送线组成的自动化装配检测生产线上。应用时，可将该机构安装在输送线的侧面。

3. 片状工件分料机构

除圆柱形工件、矩形工件外，另一类典型的工件为厚度较小的片状类工件，例如通常的钣金冲压件。

片状类工件的特点为厚度较小、重量较轻，而且经常采用振盘进行自动送料，所以对此类工件的分料经常是在振盘外部的输料槽上进行的，其分料机构的设计非常灵活，需要根据具体工件的形状特点进行设计。所采用的分料机构动作行程往往很小，所采用的气缸一般也是尺寸较小、输出力较小的微型气缸。

如图 2-59(a)(b)所示分别为分料机构动作、工件被放行的状态。在分料机构的前方通常还设计有一个暂存工位，供其他机构拾取工件后再送往后续工位。

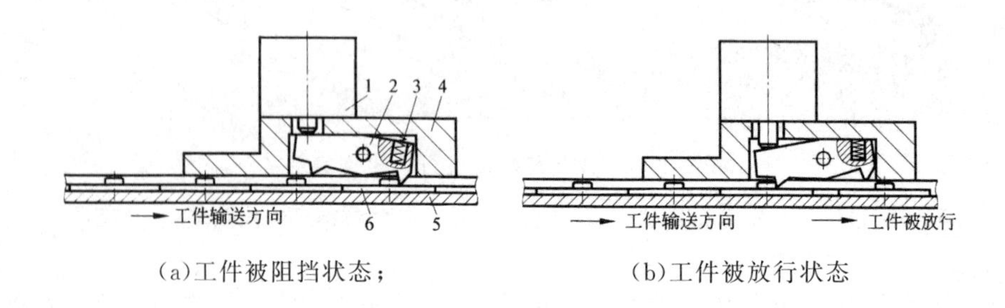

(a)工件被阻挡状态；　　(b)工件被放行状态

图 2-59　片状工件分料机构实例

1—气缸；2—挡料爪；3—压缩弹簧；4—安装座；5—振盘输料槽；6—工件

机构工作原理：图 2-59 所示机构巧妙地利用了工件上方的凸起部分，工件在振盘输料槽 5 内紧密排列向前输送。在输料槽的上方，根据工件形状专门设计了一个特殊的、两端带倒钩的挡料爪 2，挡料爪可以绕固定销转动。挡料爪的一端由安装在其上方的气缸 1 驱动，另一端由一压缩弹簧 3 驱动。图 2-59(a)为气缸缩回状态，在压缩弹簧 3 的作用下，挡料爪前方的倒钩正好挡住工件上方凸起将要通过的位置，工件在输料槽中运动到此位置被挡住。

当分料机构前方暂存工位上的一个工件被取走后，PLC 向与气缸相连的电磁换向阀发出输出信号，电磁换向阀动作，压缩空气驱动气缸伸出，挡料爪克服压缩弹簧阻力转动到图 2-59(b)所示的状态。在挡料爪转动的过程中，前方的倒钩避开工件凸起的部位，第一个工件被放行，同时后方的倒钩同步地向下运动挡住紧挨着的下一个工件。当工件被放行移动一段距离后，PLC 通过电磁换向阀驱动气缸缩回，这时后面的工件又自动向前运动到图 2-59(a)

所示的状态，准备下一次循环。

4. 机械手一次抓取多个工件时的分隔与暂存

一般情况下，机械手一次抓取一个工件，只要在暂存位置保留一个工件就可以了，即只在输送线上设置一个暂存位置，同时在输送线上暂存位置的前方设置一套分料机构。

但工程上也经常有一台专机同时对多个工件进行加工或装配的情况，采用机械手上下料时也相应一次抓取多个工件，即在机械手末端同时设置多个气动手指，同时抓取或释放多个工件。

在这种情况下，为了使机械手顺利地一次同时抓取多个工件，必须保证以下条件：

· 依次设置多个暂存位置，各个暂存位置之间的间隔距离与机械手上各个气动手指之间的间隔距离相等；

· 设法使工件逐个输送到各个暂存位置，保证每个暂存位置上只存放一个工件。

为了保证上述条件，必须首先在输送线上机械手取料暂存位置的前方设置一套如图 2-59 所示的分料机构，然后在输送线上机械手各个气动手指对应的抓取位置依次设置多个挡块。由于工件需要逐个通行，所以上述挡块需要设计成类似于图 2-53 所示的活动挡块。

5. 其他分料机构

与前面讲述的连杆式分料机构原理类似，图 2-60 为另一种连杆式分料机构，只要工件上带有台阶形状，无论是圆柱形工件还是矩形工件，都可以使用。

图 2-60 所示状态为气缸缩回状态，工件在皮带输送线上输送，前方的挡杆将工件放行，后方的挡杆同步地将紧挨着的下一个工件挡住。

当工件被放行后，气缸再伸出，前方的挡杆又伸出准备第二次挡料，后方的挡杆同步地缩回，将被挡住的下一个工件放行，让其进入前方挡杆的挡料位置。如此循环，将连续排列的工件逐个放行到暂存位置。

对于尺寸较小的带台阶的圆柱形工件，例如电器制造行业的银触头、铆钉等，在这类工件的自动化铆接装配中，银触头或铆钉通常都是由振盘来自动送料的，工件从振盘出口出来时都是紧密排列的，需要再通过一段输料槽输送到装配部位。在这段输料槽中只能一次放行一个工件，因此经常采用图2-61所示的分料机构。

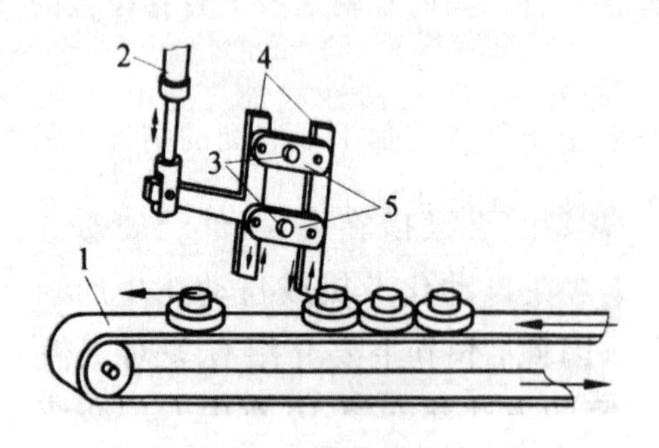

图 2-60　带台阶工件的连杆式分料机构

1—皮带输送线；2—气缸；3—固定铰链；4—挡杆；5—连杆

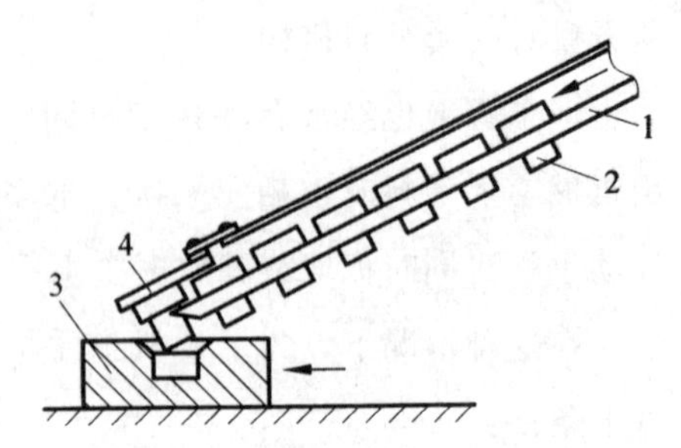

图 2-61　银触头或铆钉分料机构

1—输料槽；2—工件；3—夹具；4—弹簧片分料器

在图2-61所示的分料机构中，工件2经过振盘自动送出，在自身重力的作用下，工件沿一倾斜的输料槽1下滑。在输料槽1的末端设计了一块阻挡弹簧片4，所以工件都依次紧密排列在一起。由于每次装配循环只需要一个工件，所以在弹簧片下方的适当位置设计了一件夹具3，当夹具向前方运动时自动克服弹簧片4的压力，使工件自动套入夹具中，因此当夹具每单向通过一次时就自动套入一个工件。

2.7　工件的定位与夹紧

2.7.1　工件的定位

1. 定位的基本原理

使工件具有确定的姿态方向及空间位置的过程称为定位。对单个工件而言，工件多次重复放置在定位装置中时都能够占据同一个位置；对一批工件而言，每个工件放置在定位装置中时都必须占据同一个准确位置。定位是进行各种加工、装配等操作的先决条件，没有定位，对工件的加工或装配就难以准确地按要求进行。因而定位精度直接影响装配或加工精度，工件定位的一致性直接影响产品尺寸与性能的一致性，这是大批量生产条件下的基本要求。

对工件定位的过程实际上就是使工件具有确定的空间位置与方向的过程。在设计定位机构时，要保留需要的自由度，限制不需要的自由度。有些自由度是由定位机构限制的，而有些自由度则是由夹紧机构限制的，定位与夹紧是紧密结合在一起的整体。

使工件相对于机器的执行机构具有正确的、确定的空间位置，并在工序操作中保持该空间位置的装置，通常称为定位机构或定位装置，工程上也简称为定位夹具。

定位夹具通常由定位元件、夹紧元件、导向及调整元件等部分组成。

对工件进行定位，主要是为了在各种加工、装配或检测工序操作中满足工件尺寸的需要，实现尺寸精度的要求，约束工件的自由度，使工件上料及卸料更容易。

2. 定位的基本方法

1)利用平面定位

对于具有规则平面的工件，通常都简单、方便地采用平面来定位。一个平整的平面可以采用 3 个具有相等高度的球状定位支承钉来定位。

2)利用工件轮廓定位

对于没有规则平面或圆柱面的工件，通常利用工件的轮廓面来定位。

(1)采用一个具有与工件相同的轮廓、周边配合间隙都相同的定位板来定位，这是一种较粗略的定位方法，如图 2-62 所示。

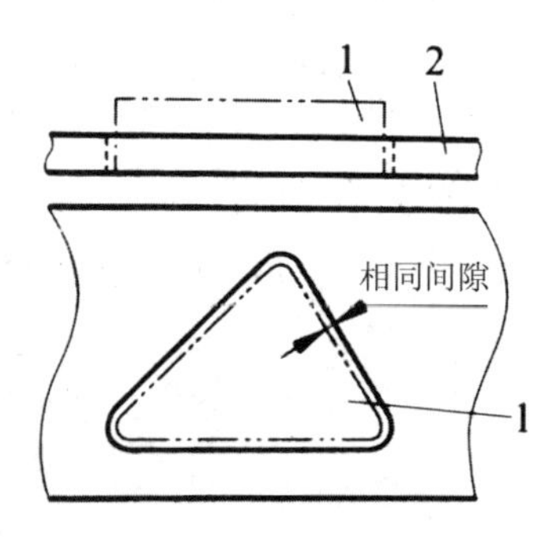

图 2-62　利用工件轮廓定位

1—工件；2—定位板

(2)采用定位销来对工件轮廓或圆柱形工件进行定位，在工件轮廓的适当部位设置定位销，如图 2-63 所示。

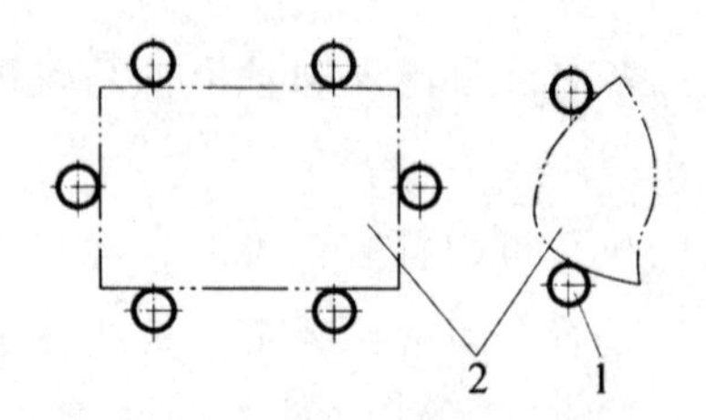

图 2-63　利用定位销对工件轮廓定位

1—定位销；2—工件

(3)采用一种可以转动调整的偏心定位销来定位，使定位机构适应不同工件尺寸上的变化，如图 2-64 所示。

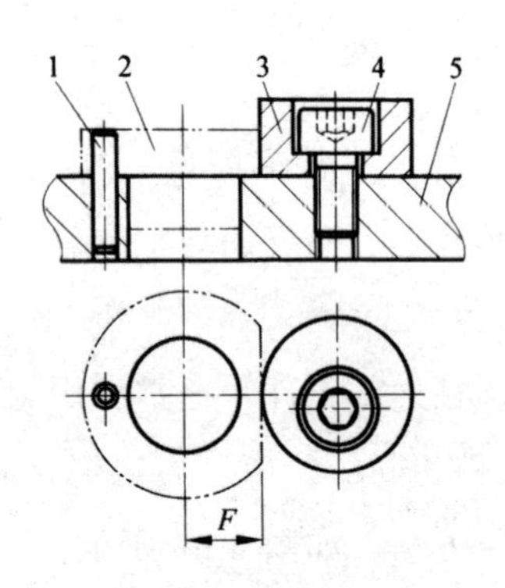

图 2-64　利用可调偏心定位销对尺寸有变化的工件进行定位

1—定位销；2—工件；3—可调偏心定位销；4—螺钉；5—夹具底板

(4)采用定位板对工件轮廓定位，如图 2-65 所示。定位板既可以与工件的全部轮廓相匹配，如图 2-65(a)所示，也可以与工件的部分轮廓相匹配，如图 2-65(b)所示。

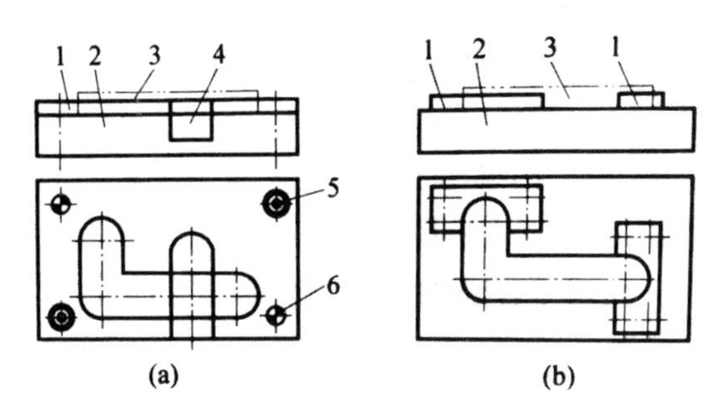

图 2-65　利用定位板对工件轮廓进行定位

(a)全部轮廓定位；(b)部分轮廓定位

1—定位板；2—夹具底板；3—工件；4—卸料槽；5—螺钉；6—定位销

3)利用圆柱面定位

利用工件上的圆柱面进行定位是轴类、管类、套筒类工件或带圆孔的工件最常用的，也是最方便的定位方式。

(1)利用圆柱销对工件的内圆柱孔进行定位，如图 2-66 所示。

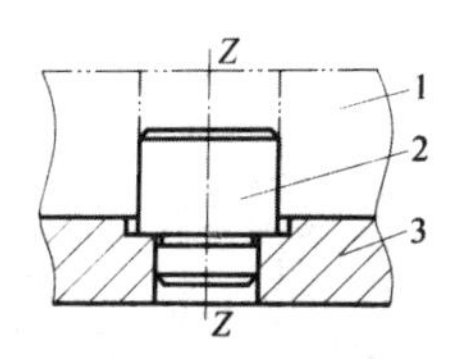

图 2-66　利用圆柱销对工件的内孔定位

1—工件；2—定位销；3—夹具底板

(2)利用圆柱孔对工件的外圆柱面进行定位，如图 2-67 所示。

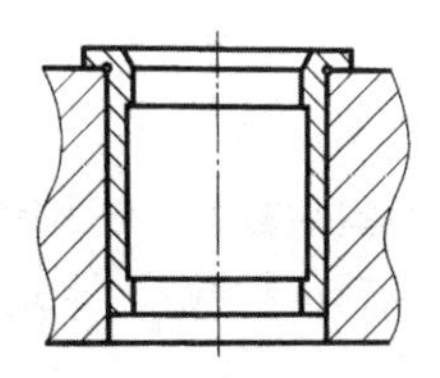

图 2-67　利用圆柱孔对工件的外面定位

(3)利用 V 形槽对工件的外圆柱面进行定位，如图 2-68 所示。

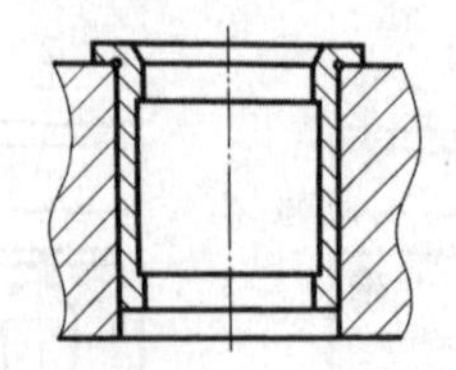

图 2-68 利用圆柱孔对工件的外面定位

1—V 形槽；2—定位销；3—螺钉；4—工件；5—夹具底板

2.7.2 工件的夹紧

1. 夹紧机构的原理

对工件进行机械加工、装配等操作时，大多数情况下会对工件产生一定的附加力或力矩，为防止附加力破坏定位精度以及安全方面的需要，需对装配工具、加工刀具等进行可靠夹紧。

在各种自动化装配或加工操作中(以图 2-69 为例)，一般的工作循环流程为：输送→自动上料→定位→夹紧→加工或装配操作→夹紧机构放松→卸料。定位与夹紧是上述工作循环中的重要环节。

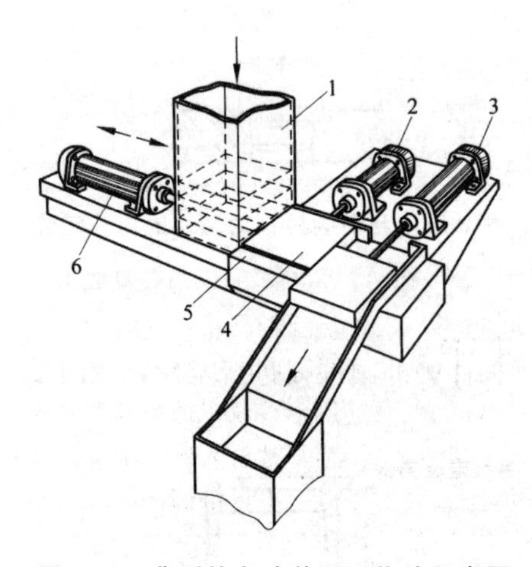

图 2-69 典型的自动装配工作站示意图

1—料仓；2—夹紧气缸；3—卸料气缸；4—工件；5—定位块；6—送料气缸

2. 自动机械中的典型夹紧方法与机构

在自动生产线中，对工件的夹紧一般都是采用各种夹紧机构自动完成的。在加工或装配操作之前对工件进行定位与夹紧，在加工或装配操作完成之后还需要将工件松开。因此，夹紧机构需要完成自动夹紧和自动放松两个动作。根据驱动方式的不同，工程上采用的自动夹紧机构主要以下几种类型。

1)气动夹紧机构

由于气动夹紧机构结构简单、成本低廉、维护简单，因而在工件体积不大或质量较轻、附加操作力不大的场合大量使用这种夹紧机构。

(1)通过连杆机构改变夹紧力的方向、作用点或夹紧力的大小。

由于在工程应用中工件的形状、大小、需要夹紧的部位、夹紧方向等经常是各不相同的，受到夹紧方向、夹紧部位、气缸安装空间等因素的限制，经常需要改变夹紧力的方向、作用点或作用力的大小，所以需要根据实际情况灵活地设计夹紧机构。图 2-70 为几种典型的气动夹紧机构。其中，图 2-70(a)(b)为气缸直接夹紧，图 2-70(c)～(f) 采用连杆机构，使夹紧机构避开自动机械上的其他机构(如执行机构等)，以方便其他重要机构的设计。

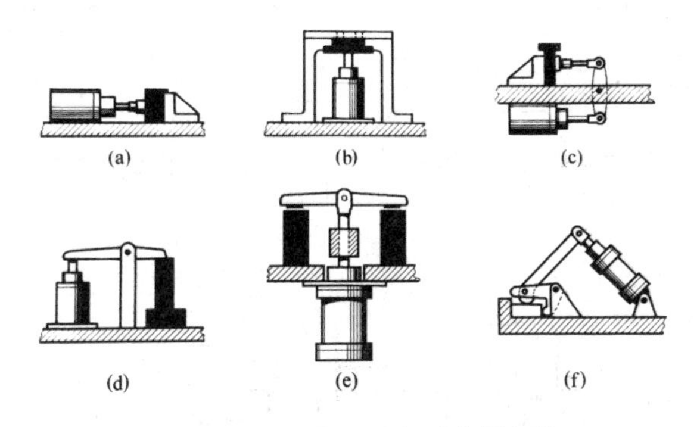

图 2-70　几种典型的气动夹紧机构

(a)(b)水平及竖直方向夹紧；(c)(d)通过杠杆机构改变气缸作用力方向进行夹紧；(e)将气缸安装在工件的下方使气缸缩回时对工件进行夹紧，可节省结构空间；(f)偏心夹紧机构，气缸缩回时对工件的两个方向进行夹紧

图 2-71 为自动机械中广泛使用的一种力放大机构，利用机构的传力特性，改变气缸 1A 输出力的方向、力的作用点，同时大幅度地提高机构的输出力。

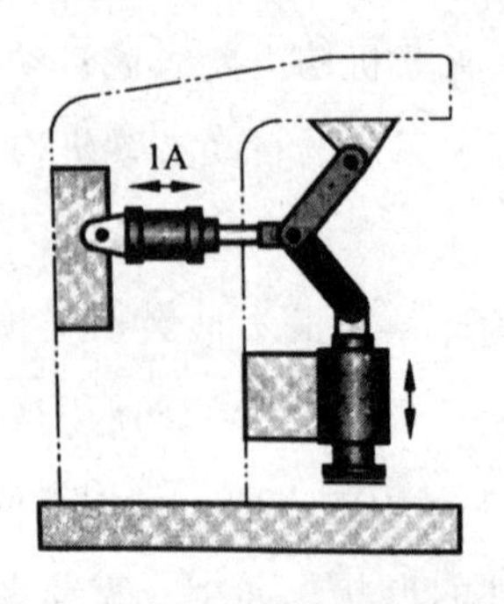

图 2-71　自动机械中的典型夹紧机构

图 2-72～图 2-75 所示是利用对机构输出力放大的工作原理进行气动输出力放大的应用实例。

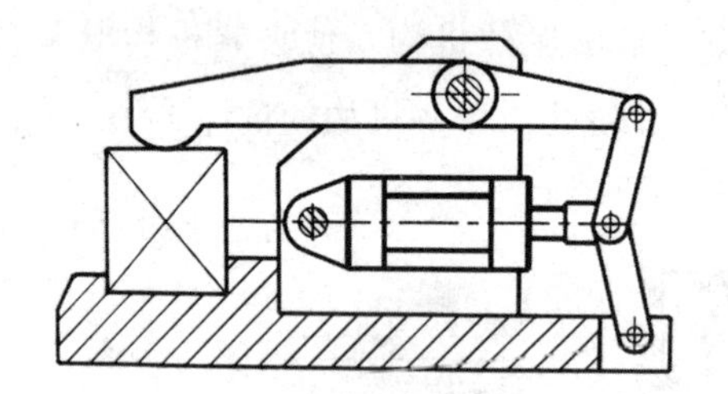

图 2-72　典型气动夹紧机构实例一

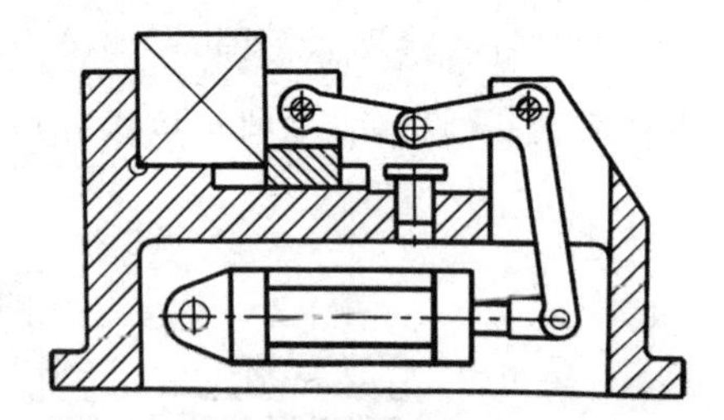

图 2-73　典型气动夹紧机构实例二

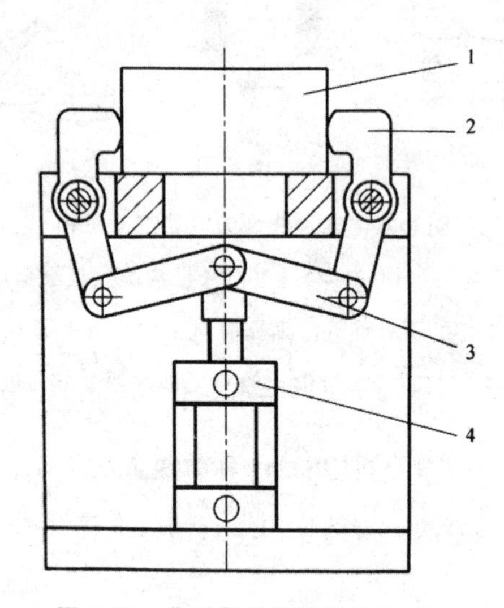

图 2-74　典型气动夹紧机构实例三

1—工件；2—夹紧杆；3—连杆；4—夹紧气缸

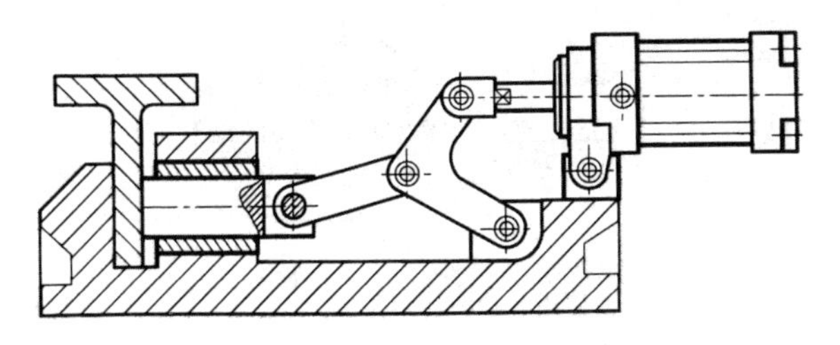

图 2-75　典型气动夹紧机构实例四

(2)工件较宽时的夹紧。

图 2-76 为较长工件的气动夹紧机构实例。工作时，将两个气缸活塞杆与一定宽度的挡板连接，通过挡板在平面上进行夹紧。由于两个气缸工作时需要同步动作，因此这种情况下的气动回路就是典型的同步气动控制回路，两个气缸的进气口和排气口分别与同一个节流调速阀连接在一起，如图 2-77 所示。

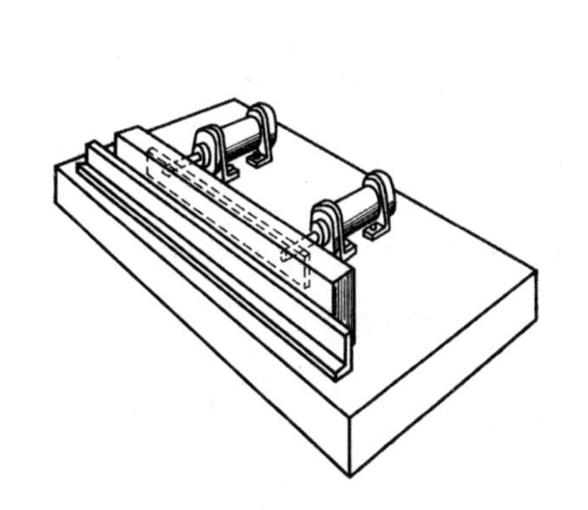

图 2-76　适合于长工件的气动夹紧机构

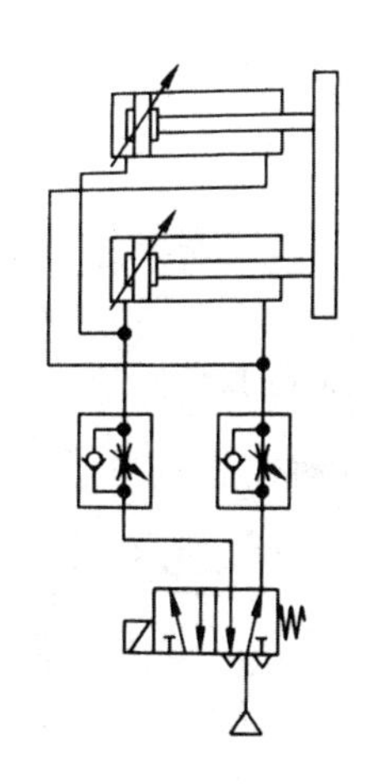

图 2-77　同步气动控制回路

(3)自对中夹紧。

图 2-78 为典型的矩形工件自对中夹紧机构，它可以将工件尺寸的变化均匀地分配到夹紧机构的两侧。

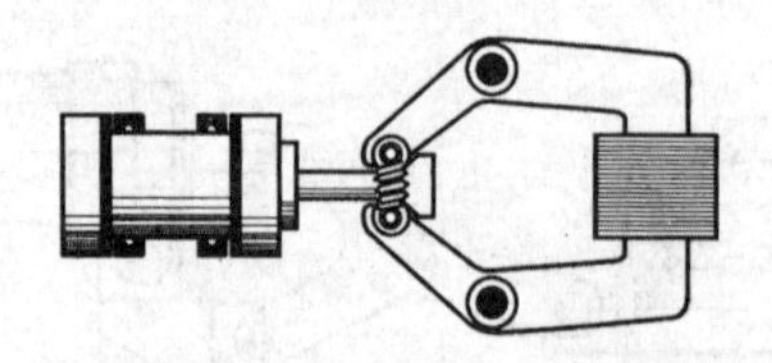

图 2-78　矩形工件自对中夹紧机构实例

自对中夹紧机构最典型的例子就是圆柱形工件的夹紧。圆柱形工件的中心是对工件进行加工或装配时的定位基准，必须保证工件的中心在需要的位置。图 2-79 为自对中夹紧机构消除工件外径尺寸偏差影响的实例。

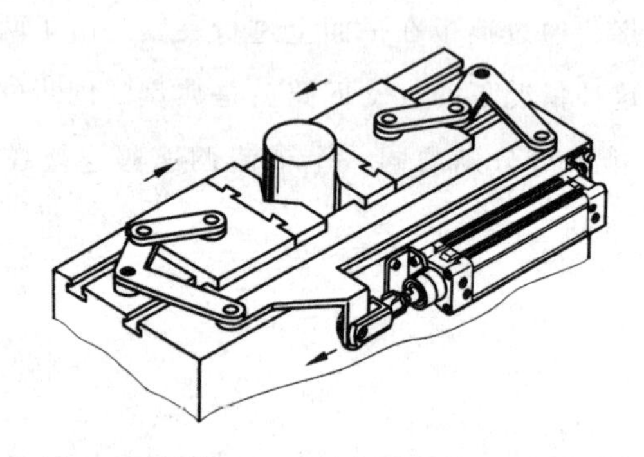

图 2-79　圆柱形工件的自对中夹紧机构实例

(4)轴套类工件的自动夹紧机构。

在自动化加工过程中，大量使用了各种回转类工件，例如轴类、管类、套筒类等工件，通常采用弹簧夹头作为典型自动夹紧机构。图 2-80 所示为典型的弹簧夹头外形示意图。

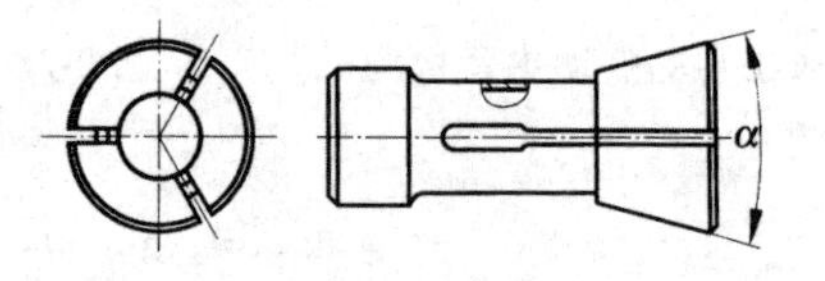

图 2-80　典型的弹簧夹头外形示意图

弹簧夹头是一种典型的自动定心夹紧装置，它同时对工件实现定位与夹紧。通过工件的外圆进行定位，在外圆上夹紧。弹簧夹头必须与夹具体、操作元件装配在一起才能使用，图 2-81 所示为弹簧夹头使用的原理示意图。

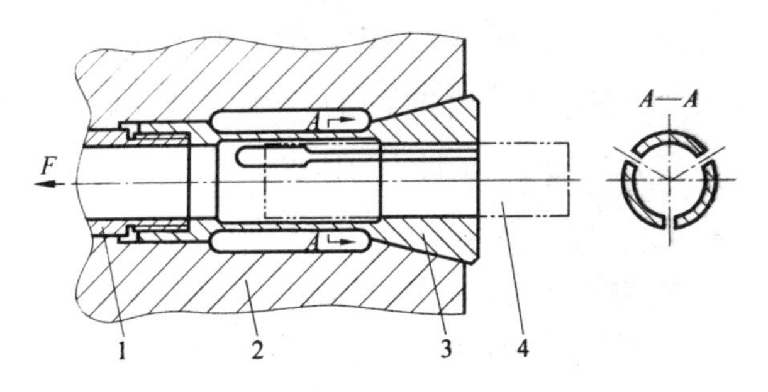

图 2-81　弹簧夹头使用原理示意图

1—操作元件；2—夹具体；3—弹簧夹头；4—工件

(5)斜楔夹紧机构。

斜楔夹紧机构是利用斜面楔紧的原理来夹紧工件的。斜楔夹紧机构的原理如图 2-82 所示，其中图 2-82(a)表示采用斜楔直接夹紧工件，图 2-82(b)表示斜楔通过过渡件间接夹紧工件。

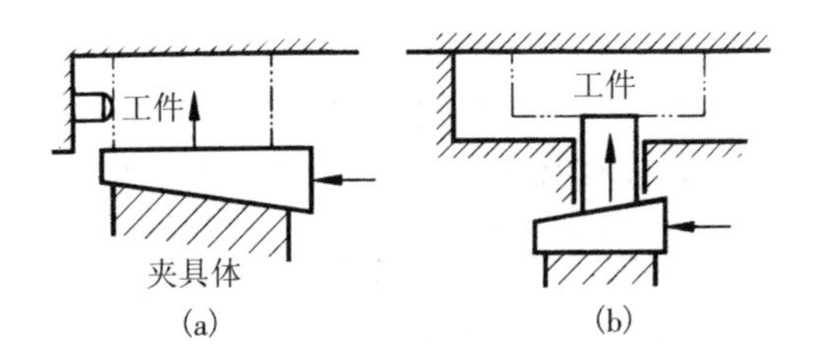

图 2-82　斜楔夹紧机构工作原理示意图

斜楔夹紧机构结构紧凑，占用空间小，夹紧可靠，成本低廉，因而在自动化设备中应用非常广泛。图 2-83 为几种典型的斜楔夹紧机构。

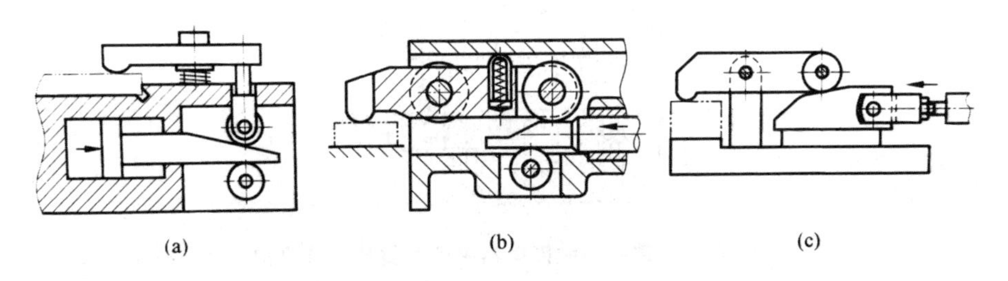

图 2-83　典型的斜楔夹紧机构实例

斜楔夹紧机构的主要优点之一是通过改变驱动元件作用力的方向和作用

点，使夹紧机构占用的空间减少到最小。此外，斜楔夹紧机构可以将驱动元件(如气缸)的输出力进行放大，因而采用较小缸径的气缸就可以获得较大的夹紧力，既降低了成本，又减小了机构的体积。

2)液压夹紧机构

在某些行业，由于工件的质量较大或者加工装配过程中产生的附加力较大，需要夹紧机构具有更大的输出夹紧力，如果采用气动机构可能无法满足工艺要求，这种情况下就可以采用液压缸或气液增力缸作为夹紧机构的驱动元件。最典型的应用例子如机床、大型机械加工、注塑机、压铸机、建筑机械、矿山机械等。

3)弹簧夹紧机构

在工程上也大量采用简单的弹簧对工件进行夹紧，最典型的例子就是冲压模具中对工件材料的预压紧机构、铆接模具中对工件的预压紧机构。在冲压和铆接过程中都必须首先对材料或工件进行夹紧，然后才进行冲压和铆接动作，防止材料及工件移位。

图 2-84 为某控制开关自动铆接专机铆接模具的上模结构，其中就采用了典型的弹簧预压紧机构，该铆接模具常用于某电器部件的自动化装配检测生产线。

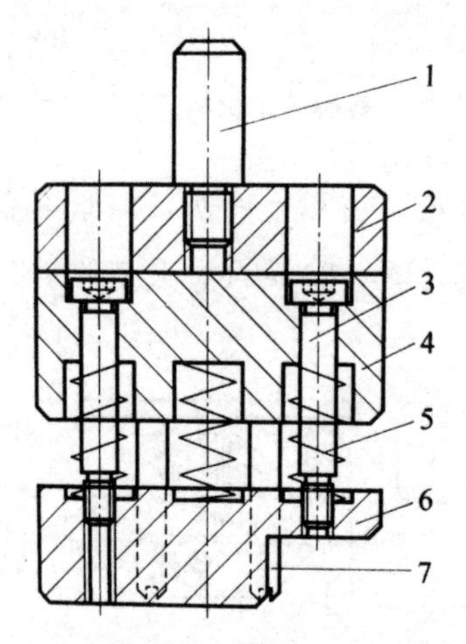

图 2-84　某自动铆接模具中的弹簧预压紧机构

1—模柄；2—连接板 A；3—导柱；4—连接板 B；

5—预压压缩弹簧；6—压紧块；7—铆接刀具

4)各种手动或自动快速夹具

除在机械加工及自动化装配行业大量使用气动夹紧机构及液压夹紧机构外，还有一些行业大量使用人工操作或自动操作的快速夹紧夹具，用于对工件或产品进行快速夹紧，例如电子制造、五金等行业。

快速夹具既有用于手动操作的手动夹紧系列，也有用于自动操作的气动及液压驱动系列。其中，手动夹紧系列广泛应用于各种对夹紧力要求不高的场合，而气动及液压驱动夹具广泛应用于制造行业中的机械加工工序，如钻孔、铣削、磨削、安装等。

思考题与习题

2.1　皮带输送系统中主动轮与从动轮在结构、功能方面有哪些区别?

2.2　倍速链输送线上工件是如何输送的? 工件如何放置?

2.3　振盘料斗底部工件的方向是杂乱无章的，工件为什么能按规定的方向自动输送出来? 一般采用了哪些方法或机构?

2.4　机械手在自动生产线上一般主要完成什么工作?

2.5　如何在料仓送料机构、棘爪送料机构中解决工件运动惯性的影响?

2.6　采用凸轮分度器组成的回转分度类自动化专机是如何工作的? 简述这种自动化专机的工作过程。

2.7　当机械手需要在输送线上一次同时抓取多个工件时，如何进行工件的分隔与暂存?

2.8　工程上有哪些基本的定位方法?

第3章　自动生产线案例分析

3.1　晶圆片清洗自动生产线设计

该自动生产线要完成4英寸(1英寸=2.54cm)和6英寸2种规格的晶圆片自动清洗。设计的自动生产线包括推料机构、仓料提升机构、传输机构、毛刷清洗机构、挡片机构、翻转机构、卸料机构和喷淋系统。装配图如图3-1所示。

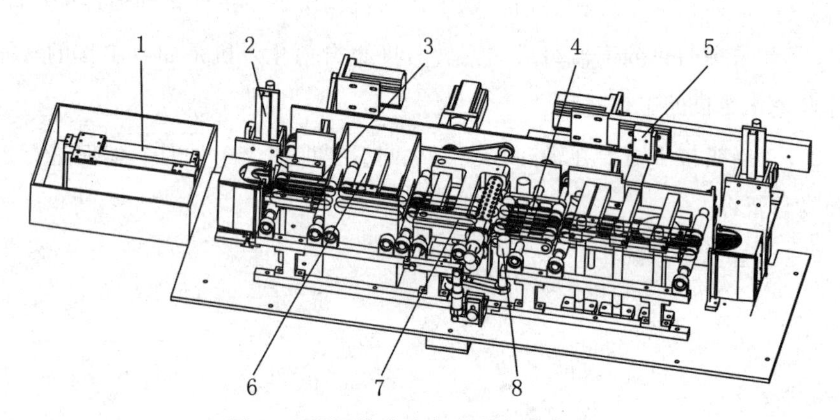

图3-1　晶圆片清洗自动生产线装配图

1—推料机构；2—仓料提升机构；3—传输机构；4—翻转机构；
5—卸料机构；6—喷淋系统；7—毛刷清洗机构；8—挡片机构

推料机构(见图3-2)通过无杆气缸1连接推料片2，将晶圆片4从仓料盒3中推到传输机构(见图3-4)的传输带4上，接着无杆气缸1退回原位，仓料提升机构(见图 3-3)利用伺服电机 6 驱动滚珠丝杠 4 和托架 5，沿着直线导轨 3 将仓料盒 1 和晶圆片 2 向上提升一个间距，为下一次推料做准备。

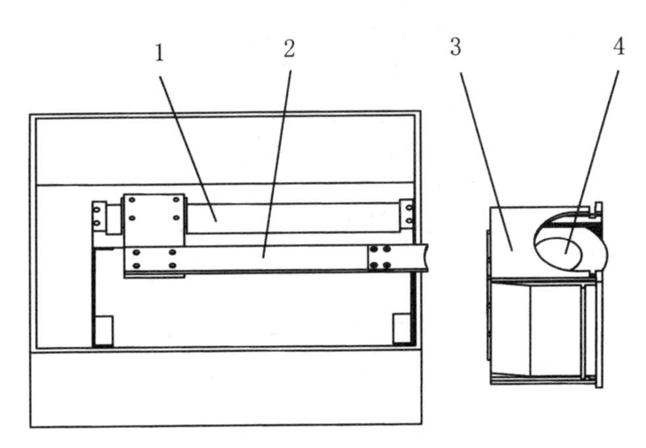

图 3-2　推料机构装配图

1—无杆气缸；2—推料片；3—仓料盒；4—晶圆片

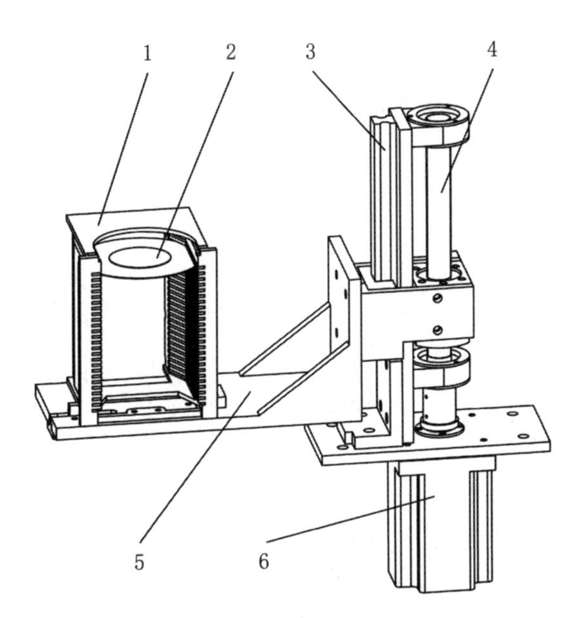

图 3-3　仓料提升机构装配图

1—仓料盒；2—晶圆片；3—直线导轨；4—滚珠丝杠；5—托架；6—伺服电机

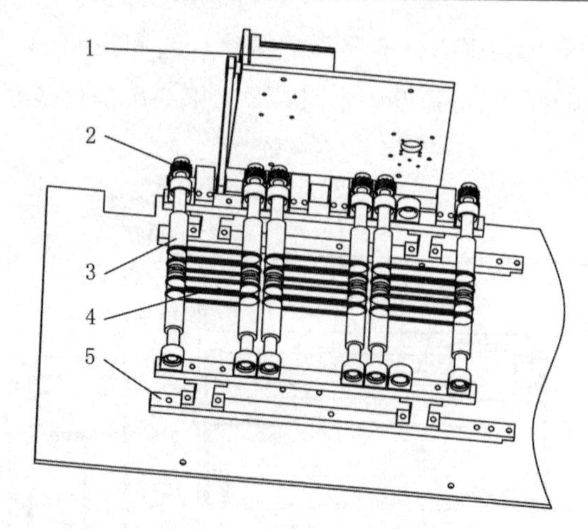

图 3-4　传输机构装配图

1—伺服电机；2—斜齿轮；3—传动轴；4—传输带；5—支架

在传输机构(见图 3-4)中，晶圆片是利用伺服电机 1、同步带、配对斜齿轮 2、传动轴 3，带动传输带 4 实现向前移动的。为节省空间，一个伺服电机带动 3 组传输带、6 根传动轴。晶圆片在此期间有喷淋系统给晶圆片上下面都喷上洗涤剂，并传输到毛刷清洗机构(见图 3-5)进行高速清洗。

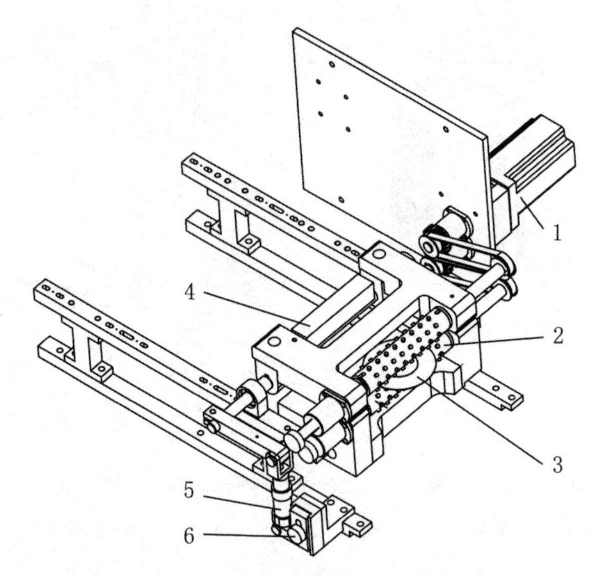

图 3-5　毛刷清洗机构装配图

1—伺服电机；2—清洗毛刷；3—晶圆片；4—清洁剂喷头；5—提升气缸；6—压力调整旋钮

在毛刷清洗机构(见图 3-5)中伺服电机 1 驱动一个齿轮，经过同步带驱动其中一根毛刷轴，通过配对齿轮驱动，经过同步带驱动另一根毛刷轴，两个毛刷轴转向相反。在晶圆片 3 进入清洗毛刷之前以及清洗完之后，上毛刷轴需要有抬升动作，让晶圆片顺利进入和清洗完离开。由提升气缸 5 带动上毛刷架和毛刷轴实现抬升动作，通过压力调整旋钮 6 调整两个毛刷之间的压力。毛刷清洗的同时，清洁剂喷头 4 喷射一定量的清洁剂。

晶圆片在毛刷清洗机构中清洗时，为防止晶圆片受到上、下毛刷的摩擦力作用而脱离毛刷，设计了挡片机构(见图 3-6)。在晶圆片清洗完之后需要离开毛刷清洗机构时，两侧的挡料杆 5 通过气缸 1、2 和连杆 3 的作用而撑开。由于需要清洗 4 英寸和 6 英寸两种规格的晶圆片，挡料杆 5 的工作位置不同。清洗 6 英寸的晶圆片时只需要双杆气缸 2 动作，清洗 4 英寸的晶圆片时需要 2 个双杆气缸 1、双杆气缸 2 同时动作。

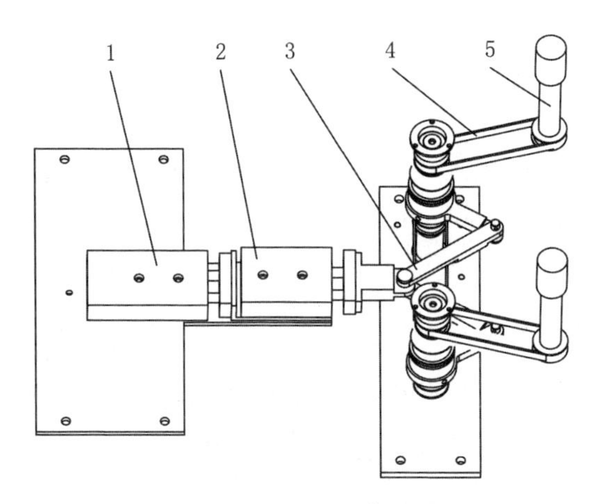

图 3-6　挡片机构装配图

1—双杆气缸 1；2—双杆气缸 2；3—连杆；4—同步带；5—挡料杆

由于空间结构的限定，在清洗晶圆片时挡料杆会与翻转机构(见图 3-7)的传输轴 4 干涉。为避免干涉情况，一般将清洗后的传输机构设计成可翻转的。清洗晶圆片时，翻转机构垂直放置；清洗结束后挡料杆在双杆气缸的驱动下放置在两侧极限位置，不与翻转机构干涉，翻转机构水平放置，可以将晶圆片传输到下道工位。

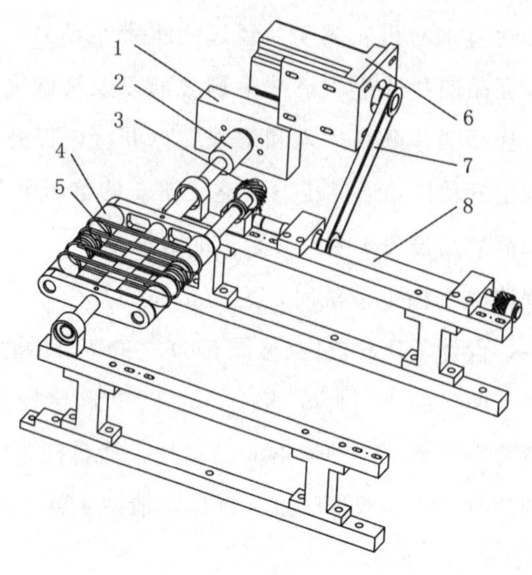

图 3-7 翻转机构装配图

1—旋转气缸；2—联轴器；3—斜齿轮；4—传输轴；
5—传输带；6—伺服电机；7—同步带；8—传动轴

整个翻转机构的翻转通过联轴器 2 由旋转气缸 1 提供动力，使整个机构进行翻转。传输带的传输由伺服电机 6、同步带 7、传动轴 8、配对斜齿轮 3 实现动力传递。

经过毛刷清洗后晶圆片上还会残留清洁剂，需进一步清洗才能放入收纳盒。在翻转机构(见图 3-7)后面设计一套与图 3-4 相同的传输机构，也是一个伺服电机驱动多组传输带和传动轴，可将晶圆片向前传送。同时，晶圆片的上、下方设置若干个清水喷淋头进行清洗。清洗结束后，卸料机构(见图 3-8)将晶圆片 4 传送到收纳的仓料盒中。卸料时，无杆气缸 2 实现向右动作，滑台气缸 1 实现向上动作。每收纳一个晶圆片仓料盒下降一个间距。仓料盒提升机构同图 3-3 所示机构具有一样的结构。

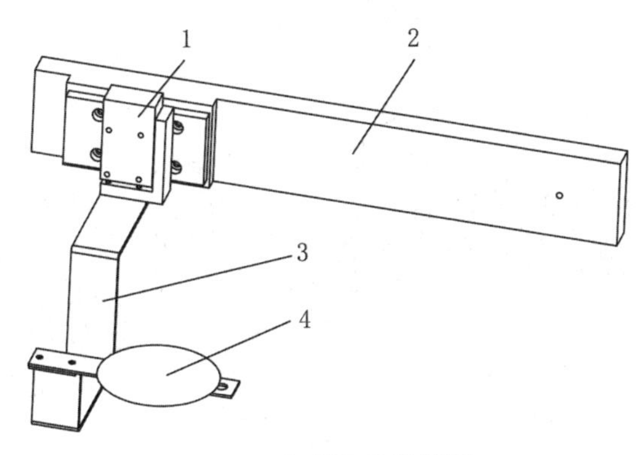

图 3-8　卸料机构装配图

1—滑台气缸；2—无杆气缸；3—托架；4—晶圆片

3.2　锁体加工自动生产线设计

3.2.1　锁体下料工序自动生产线设计

锁体下料工序是锁体加工的第一道工序，根据企业图纸要求，需要截取 60～120mm 共 9 种规格的坯料，供后续工序做准备，预留 1mm 余量。原始毛坯料为 3 000mm 长的整料，下料后的零件如图 3-9 所示。

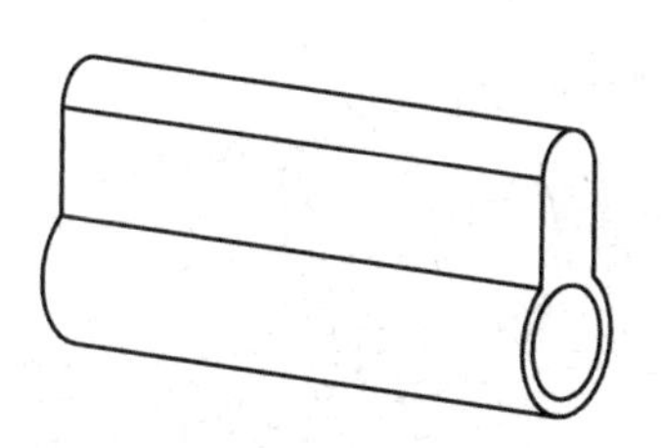

图 3-9　锁体下料后的零件

所设计的锁体下料工序自动生产线包括分料机构、挡料机构、进料机构、切料机构、卸料机构、机架。总装配图如图 3-10 所示。

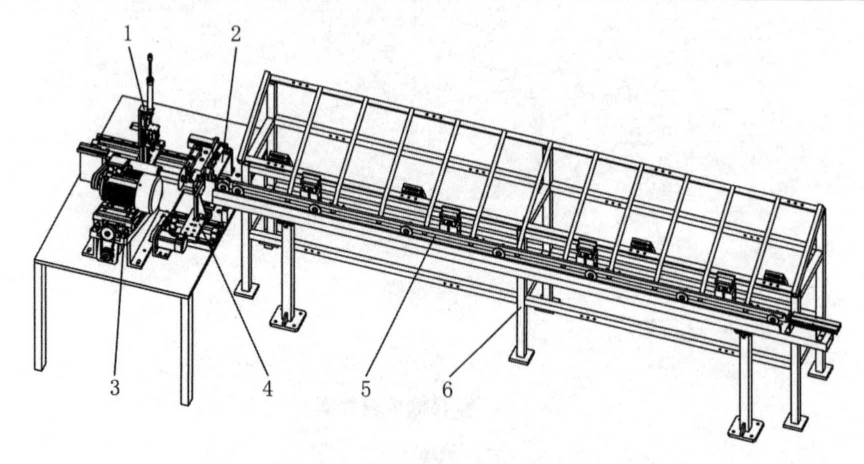

图 3-10　锁体下料工序总装配图

1—卸料机构；2—挡料机构；3—切料机构；4—进料机构；5—分料机构；6—机架

首先由人工按规定的方向放置，将锁体的零件毛坯料 5 放在分料机构上(见图 3-11)，由上挡料气缸 1(见图 3-12)和下挡料气缸 4(见图 3-13)通过 PLC 控制程序实现配合动作进行分料动作。零件毛坯料 5 通过分料后只有 1 根坯料落到导向轮组 3(见图 3-14)上，下料准备工作就绪。

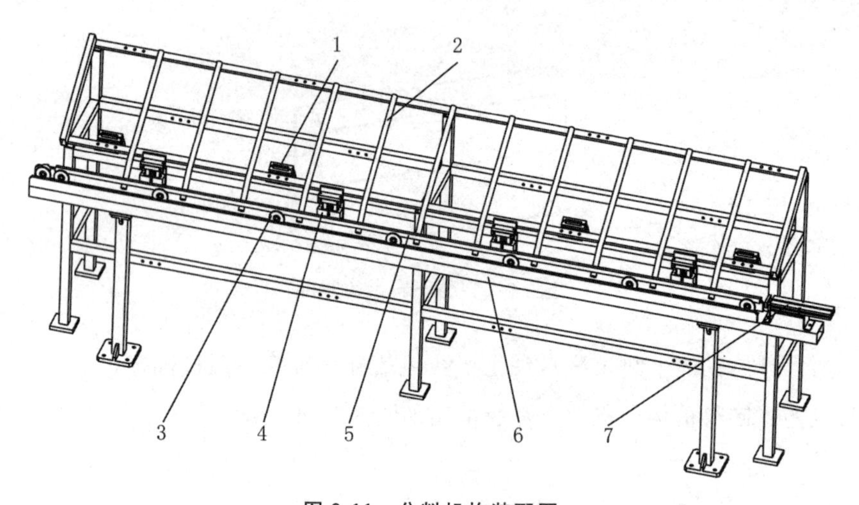

图 3-11　分料机构装配图

1—上挡料气缸；2—引导条；3—导向轮；4—下挡料气缸；

5—零件毛坯料；6—支架；7—推料气缸

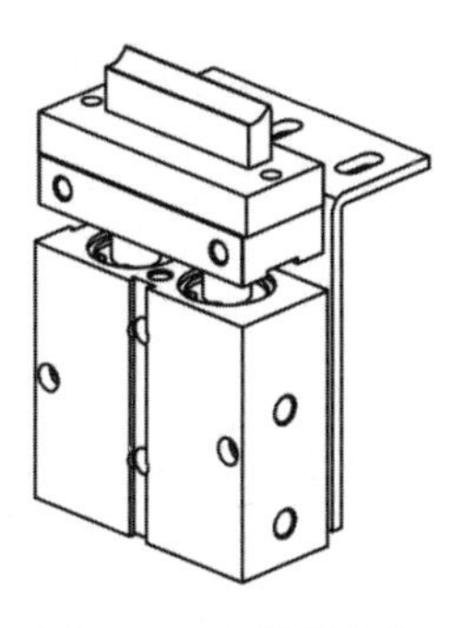

图 3-12　上挡料气缸

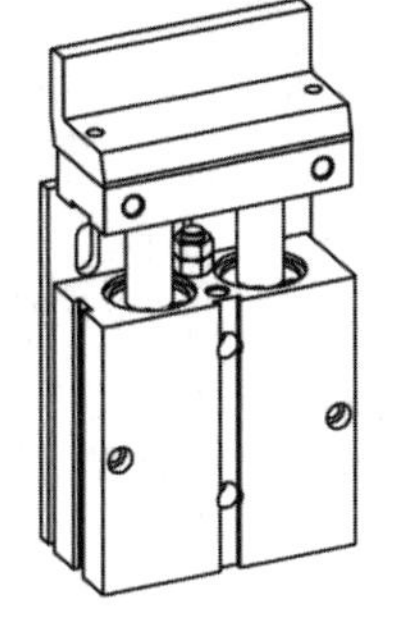

图 3-13　下挡料气缸

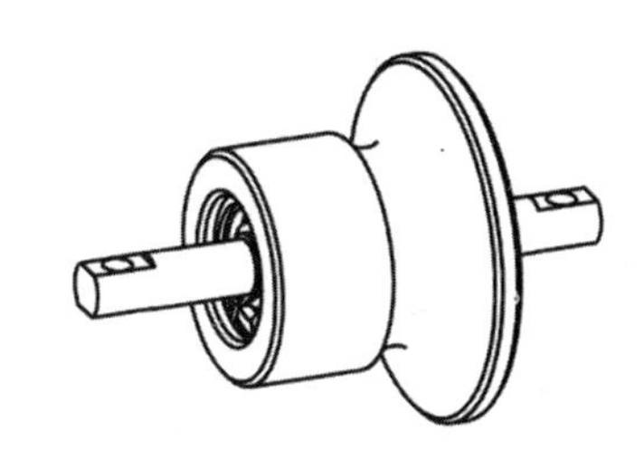

图 3-14　导向轮

挡料机构(见图 3-15)中挡料气缸 2 动作，使挡料块 1 放下，暂时挡住零件毛坯料 4，使毛坯料有确定位置。接着，分料机构(见图 3-11)上的推料气缸 7 动作，使零件毛坯料 4 左端与挡料块 1 右侧接触。零件毛坯料 4 接触定位后，挡料气缸 2 后退，使挡料块 1 抬起，能确保零件毛坯料 4 向前移动。进料机构(见图 3-16)中，伺服电机 1 驱动直线导轨滑台模组 6，通过支架 2 带动夹料气缸 3 夹取零件毛坯料 4 向左移动需求规格长度的距离。

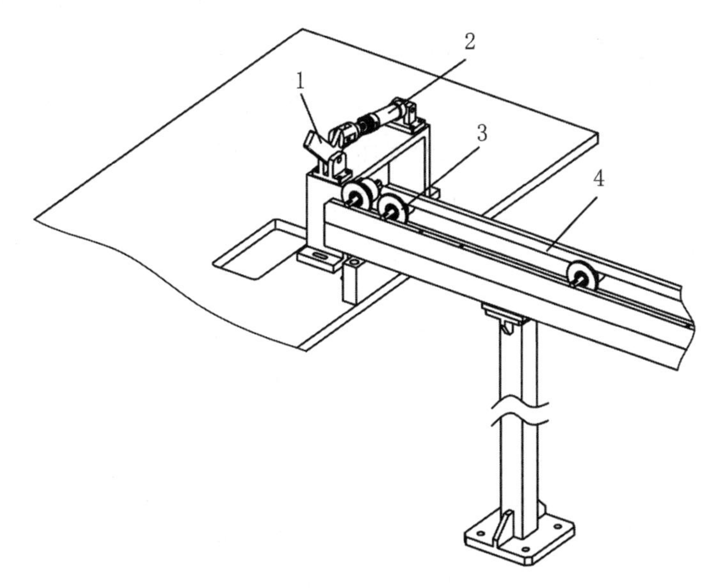

图 3-15　挡料机构装配图

1—挡料块；2—挡料气缸；3—导向轮；4—零件毛坯料

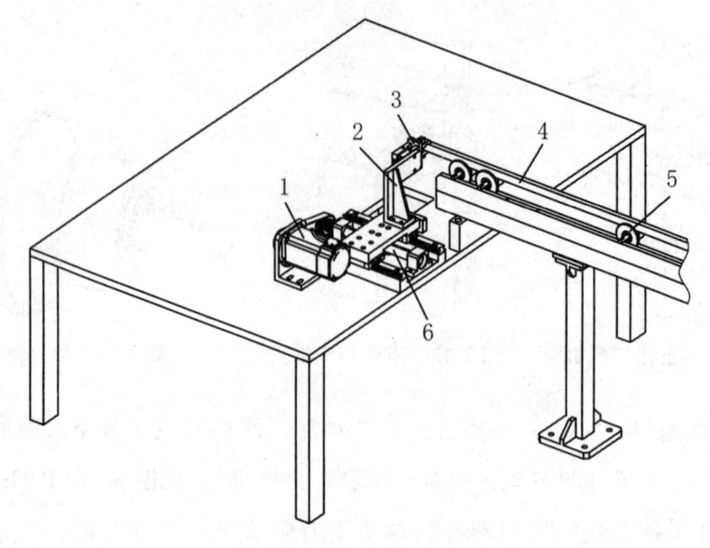

图 3-16 进料机构装配图

1—伺服电机；2—支架；3—夹料气缸；
4—零件毛坯料；5—导向轮；6—直线导轨滑台模组

切料机构(见图 3-17)中夹紧气缸 4 工作，通过压板 3 和定位块 7 夹紧零件毛坯料，准备切料。同时，卸料机构(见图 3-18)中伺服电机 7 驱动直线导轨滑台模组 8，带动夹持机构(见图 3-19)移动到预定的位置，防止切下来的料掉落，夹紧气缸 1 夹持住预切削的零件。切料机构(见图 3-17)中伺服电机 5 驱动直线导轨滑台模组 6、电动机 1 与锯片铣刀 2，对零件毛坯料按规定的长度进行切割。切割完后，电动机 1 与锯片铣刀 2 快速后退到初始位置。

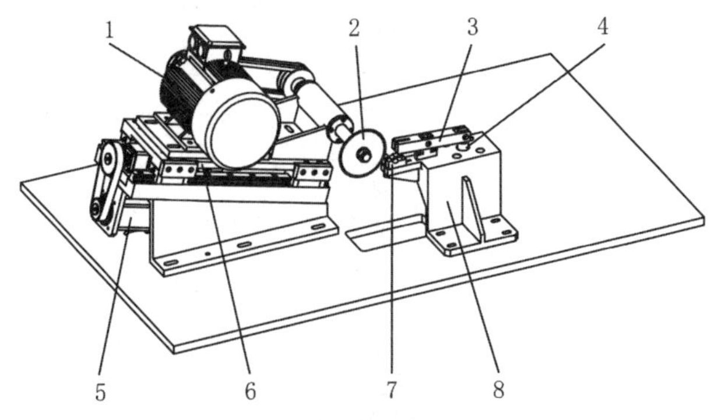

图 3-17　切料机构装配图

1—驱动电机；2—锯片铣刀；3—压板；4—夹紧气缸；
5—伺服电机；6—直线导轨滑台模组；7—定位块；8—支架

下料结束后，卸料机构(见图 3-18)中提升气缸 3 通过直线导轨 4 的引导，带动夹紧气缸 1 和加工零件上升，高于切料机构(见图 3-17)中的铣刀动力轴，防止切下来的零件与其碰撞。伺服电机 7 驱动直线导轨滑台模组 8，带动夹持机构(见图 3-19)移动到卸料槽 6 的正上方，提升气缸 3 下降，夹紧气缸 4 气动手指松开，将加工零件 2 放置在卸料槽 6 上，以备下道工序取料。

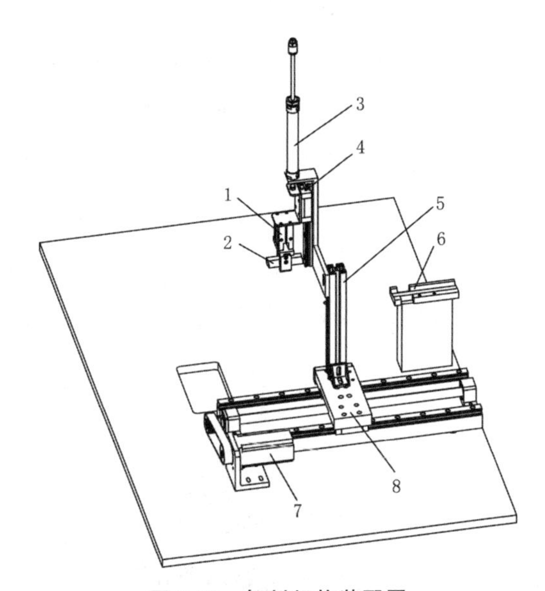

图 3-18　卸料机构装配图

1—夹紧气缸；2—加工零件；3—提升气缸；4—直线导轨；
5—支架；6—卸料槽；7—伺服电机；8—直线导轨滑台模组

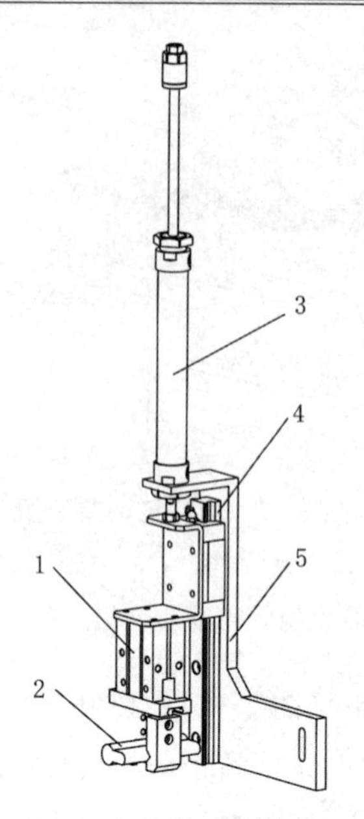

图 3-19 夹持机构装配图

1—夹紧气缸；2—加工零件；3—提升气缸；4—直线导轨；5—连接支架

3.2.2 锁体铣端面工序自动生产线设计

锁体铣端面工序是在完成前道下料工序的基础上进行的加工。锁体端面长度的公差决定了锁体的装配精度。机械弹子锁安全等级要求高，但传统精铣锁体端面装置耗时耗力，加工精度虽高，加工效率却很低。而且传统加工时，一台设备不能实现多种规格尺寸的锁体精铣，不同规格尺寸的锁体要更换不同的加工夹具，企业生产成本会很高。本设计可加工一定范围内不同规格长度的锁体，调整夹具使效率提高。加工成型后的零件如图 3-20 所示。

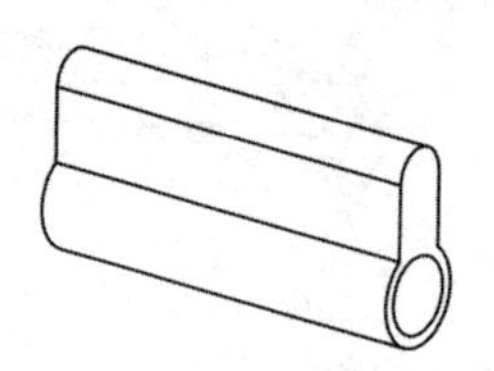

图 3-20 加工后成型零件

所设计的自动生产线包括底座、导料机构、换位机构、加工机构、卸料机构。导料机构分为送料机构和卸料机构。送料机构在推料气缸和顶升气缸的共同作用下，使推料块带动拨爪在直线导轨上水平滑动，把锁体送至定位送料气缸的放料槽，并且在运送锁体的同时实现分隔。此时，定位送料机构中的夹紧机构在夹紧气缸的作用下夹紧待加工锁体，在伺服电机的带动下，通过滚珠丝杠带动直线导轨，滑台在导轨上使锁体向前移动。送料机构在送料过程中，由于拨爪拨动锁体所产生的惯性力，因此锁体位置并不理想，所以在锁体向前运动的过程中，会稍作停顿，夹紧块松开锁体，在定位送料机构设置的定位机构中的右侧定位气缸工作，推动锁体，位于左侧的挡板挡住锁体，完成定位。夹紧气缸再次工作，夹紧块夹紧锁体，锁体继续向前运动至加工位置。加工机构在电机的驱动下，两侧铣刀对待加工锁体进行精铣，其中，右侧加工装置为可调节装置，通过滚珠丝杠和伺服电机可以实现对不同规格的锁体进行精铣。加工完成以后，伺服电机带动丝杠退回进料位置，卸料装置把加工好的锁体送至下一工位。与此同时，送料装置把待加工锁体送至进料槽。如此循环，就实现了锁体的全自动精铣，各机构互不干涉，提高了生产效率，整个精铣工艺自动化程度高，可以实现锁体分隔和不同规格锁体的精铣，减少企业设备投入，有利于降低生产成本。总装配图如图 3-21 所示。

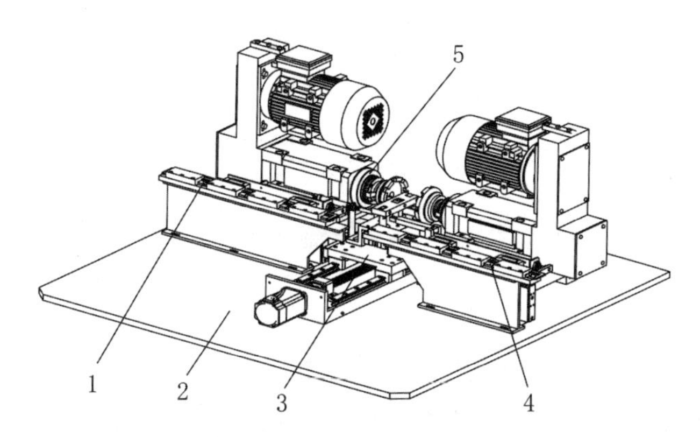

图 3-21　铣端面总装配图

1—送料机构；2—底座；3—换位机构；4—卸料机构；5—加工机构

送料机构(见图 3-22)由直线导轨 1、滑块 2、拨爪 3、推料块 4、推料气缸 9、顶升气缸 8、固定块 6、导料架 7、导料槽 5 等组成。分左、右两部分，左部分为送料机构，右部分为卸料机构。拨爪 3 连接推料块 4，推料块 4 固定在推料气缸 9 上，滑块 2 连接直线导轨 1。送料机构在推料气缸 9 和顶升气缸 8 的作用下，使拨爪 3 上行，滑块 2 在直线导轨 1 上向右移动到合适位置下落，带动拨爪 3，使待加工锁体在导料槽 5 中向前滑动。固定块 6 与锁体之间还有一定距离，仅仅是增加锁体在导料槽 5 中的位置稳定性。导料架 7 固定在机座上，直线导轨 1 与拨爪 3 相连。

卸料机构结构与送料机构结构相同，在锁体精铣完成后退回送料位置。送料机构和卸料机构同时工作，卸料机构中的拨爪 3 把锁体带到下一工位，送料机构把新的待加工锁体送至放料槽中。

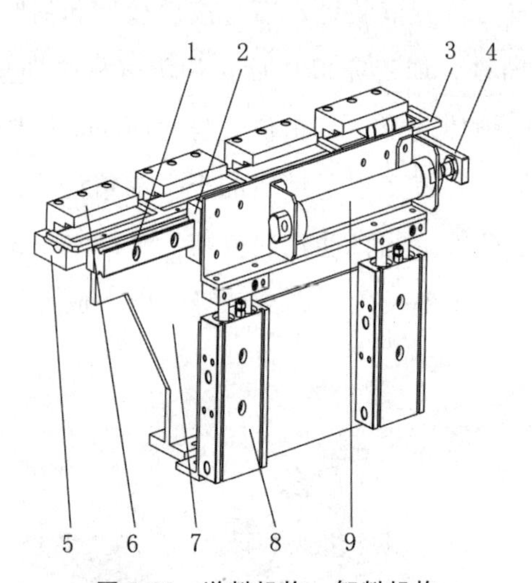

图 3-22　送料机构、卸料机构

1—直线导轨；2—滑块；3—拨爪；4—推料块；5—导料槽；
6—固定块；7—导料架；8—顶升气缸；9—推料气缸

换位机构(见图 3-23)由定位气缸 1、夹紧块 2、直线导轨 3、伺服电机 4、固定板 5、定位块 6、滚珠丝杠 7、夹紧气缸 8、放料槽 9 和滑台 10 等组成。夹紧气缸 8 固定在滑台 10 上，滑台 10 与直线导轨 3 相连。夹紧块 2 向下夹紧放料槽 9 中的锁体，伺服电机 4 带动滚珠丝杠 7 实现滑台 10 的移动。定位气缸 1 和定位块 6 固定在固定板 5 上，固定板 5 与机座相连。在滑台 10 向前移动经过定位气缸 1 时，夹紧块 2 松开锁体，定位气缸 1 工作，推动锁体，右侧定位块 6 挡住锁体实现定位。随之，夹紧气缸 8 工作，夹紧块 2 夹紧锁体，滑台 10 在伺服电机 4 的作用下把待加工锁体送至加工位。

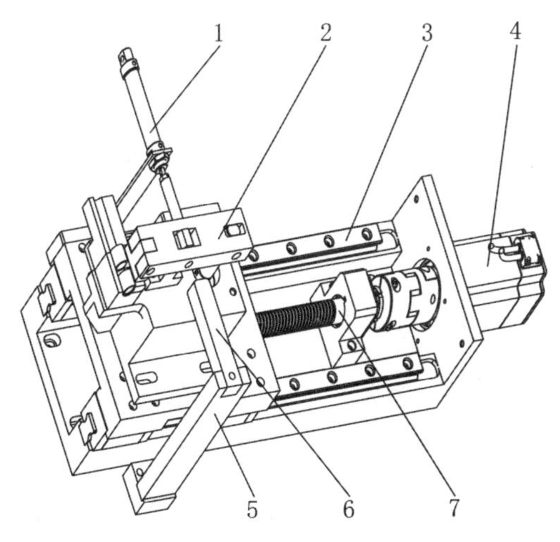

(a)换位机构侧视图

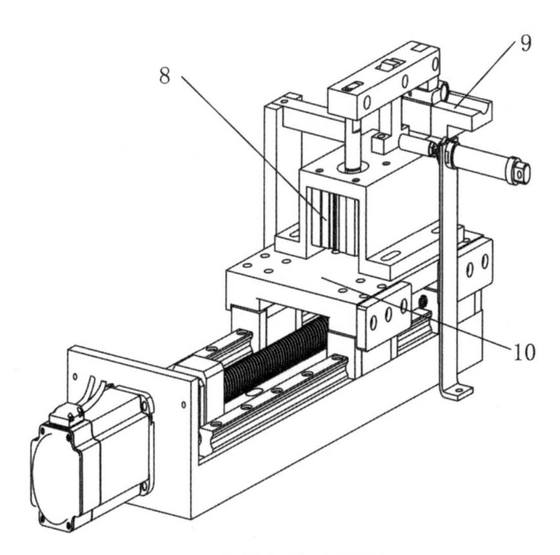

(b)换位机构后视图

图 3-23　换位机构

1—定位气缸；2—夹紧块；3—直线导轨；4—伺服电机；5—固定板；6—定位块；7—滚珠丝杠；8—夹紧气缸；9—放料槽；10—滑台

加工机构(见图 3-24)由面铣刀 1 和 2、驱动电机 3 和 12、底座 4、直线导轨 6、滚珠丝杠 7、伺服电机 8、同步带 9、同步带轮 10、滑台 11 组成。左侧驱动电机 3 固定在底座 4 上，底座 4 固定在机座 5 上。左侧由驱动电机 12 驱动的动力组件底部与滑台 11 相连，伺服电机 8 通过滚珠丝杠 7 使得滑台 11 在直线导轨 6 上滑动，驱动电机 3 和 12 工作，使在动力头上安装的铣刀对待加工锁体进行精铣。锁体精铣完成以后，在换位机构伺服电机的驱动下，退回原位置。

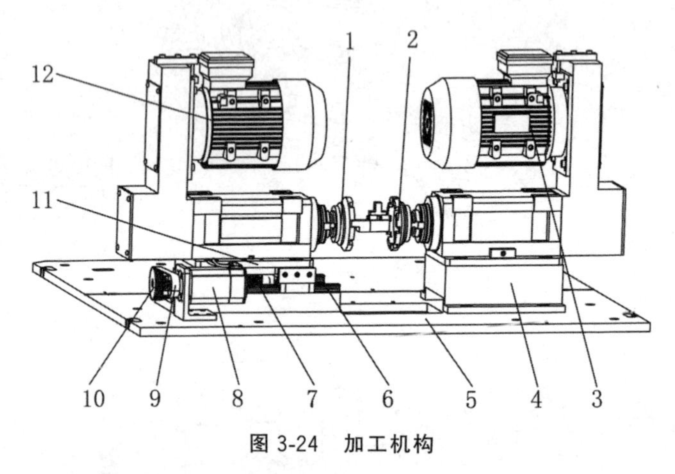

图 3-24　加工机构

1、2—面铣刀；3、12—驱动电机；4—底座；5—机座；6—直线导轨；7—滚珠丝杠；8—伺服电机；9—同步带；10—同步带轮；11—滑台

整个铣端面工序自动生产线的工作过程如下：

步骤一：送料机构中的顶升气缸工作，带动拨爪和直线导轨向上运动，然后推料气缸推动挡块，带动拨爪向后运动到锁体的后方，落下拨爪，推动待加工锁体向前方运动，送至定位送料机构的放料槽，等待加工完成以后，定位送料机构退回原位置，进行下一次进料。

步骤二：换位机构在送料机构把待加工锁体送至放料槽以后，滑台上的夹紧气缸工作，夹紧块向下夹紧放料槽中的待加工锁体，伺服电机工作，滑台在直线导轨上向前移动至定位机构中间，稍作停顿，夹紧块松开待加工锁体，定位气缸推动锁体，右侧定位块挡住锁体，即可以完成定位。随之，夹紧气缸使夹紧块夹紧锁体，继续向前移动至加工位。

加工机构右侧的加工装置为可调节装置，通过电机下方加装滑台、伺服电机、滚珠丝杠、直线导轨的方式实现对不同规格锁体端面的精铣。定位送料机构把待加工锁体送至加工位置后，右侧伺服电机带动滑台在直线导轨上向左侧移动。移动到位后，左右两侧电机同时工作，对待加工锁体端面进行精铣。精铣完成以后，定位送料机构退回原位置，与导料槽在同一直线上。

卸料机构和送料机构结构相同，是同时工作的。完成端面精铣的锁体退回原进料位置，卸料机构的拨爪把精铣完成的锁体送至下一工位，同时，送料机构把一个新的待加工锁体送至放料槽，循环往复，实现全自动锁体端面精铣。

3.2.3　锁体钻胆孔工序自动生产线设计

锁体钻胆孔工序是在完成前道下料、铣端面工序的基础上进行的加工。整个锁装配时是将锁芯装配到锁体的胆孔中，它们之间的装配精度决定了锁的最终精度等级。为保证锁体胆孔的精度，先要对胆孔进行粗加工，预留一定的余量，最后再精加工。本小节介绍的就是胆孔的粗加工工序，但由于锁体长度较长，钻胆孔时间就比较长，为了不延长整个生产线的节拍，对锁体进行双工位、两头同时钻孔，以达到提高生产效率的目的。加工成型后的零件如图3-25所示。

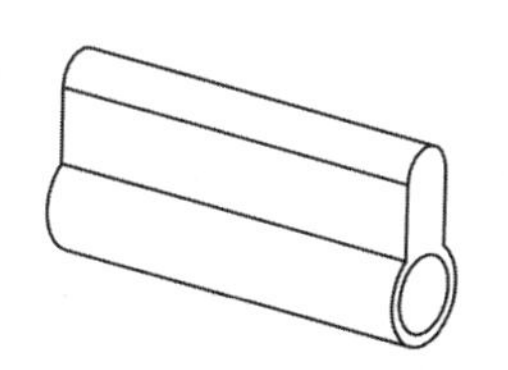

图3-25　加工后成型零件

所设计的自动生产线包括导料机构、送料机构、卸料机构、前换位机构、后换位机构、钻孔加工机构、底座等。钻孔机构被配置为钻孔工作站，导料机构自动将工件输送至钻孔工作站，钻孔工作站可对锁具工件进行钻孔。为提高生产效率，钻孔机构至少分为两组，钻孔机构对称平行分布在导料机构两侧，且垂直于换位机构运动方向放置，这种放置布局可以减少换位机构输送距离，避免钻孔机构和换位机构碰撞，可提高生产效率。每个钻孔工作站包括两台对称布置的钻孔加工机构，钻孔加工机构的钻头轴心在同一直线上，可保证工件两边孔轴心在同一直线，没有偏离，这样能提高加工精度。总装配图如图 3-26 所示。

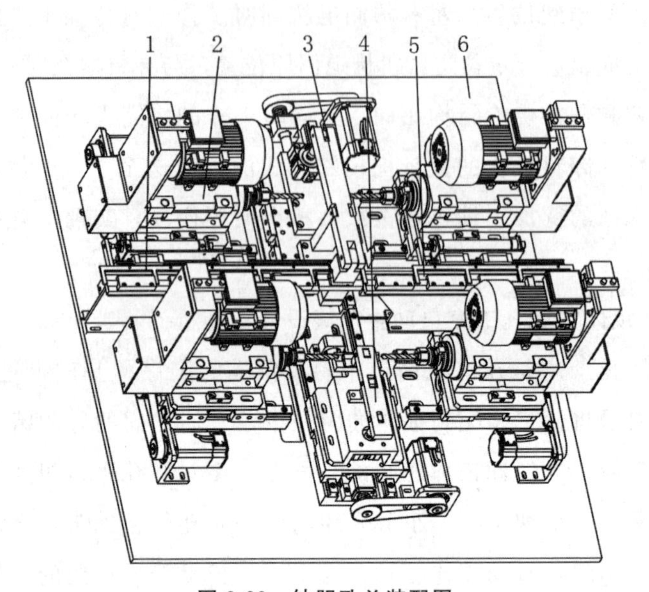

图 3-26　钻胆孔总装配图

1—送料机构；2—钻孔加工机构；3—前换位机构；

4—后换位机构；5—卸料机构；6—底座

送料机构(见图 3-27)由直线导轨 5、滑块 1、拨爪 3、推料块 6、推料气缸 7、顶升气缸 6、固定块 4、导料架 9、导料槽 2 等组成。分左、右两部分，左部分为送料机构，右部分为卸料机构。拨爪 3 连接推料块 8，推料块 8 固定在推料气缸 7 上，滑块 1 连接直线导轨 5。送料机构在推料气缸 7 和顶升气缸 6 的作用下，使拨爪 3 上行，滑块 1 在直线导轨 5 上向右移动到合适位置下落，带动拨爪 3，使待加工锁体在导料槽 2 中向前滑动。固定块 4 与锁体之间还有一定距离，仅仅是增加锁体在导料槽 2 中的位置稳定性。导料架 9 固定在机座上，直线导轨 5 与拨爪 3 相连。

卸料机构与送料机构结构相同，在锁体钻完胆孔后退回送料位置。送料机构和卸料机构同时工作，卸料机构中的拨爪 3 把锁体带到下一工位，送料机构把新的待加工锁体送至放料槽中。

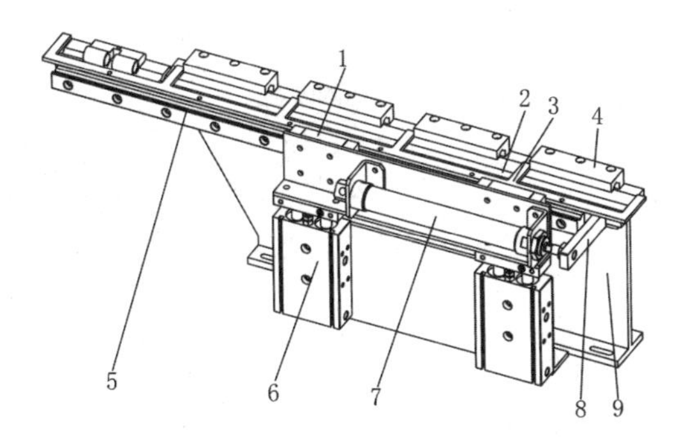

图 3-27　送料机构、卸料机构

1—滑块；2—导料槽；3—拨爪；4—固定块；5—直线导轨；

6—顶升气缸；7—推料气缸；8—推料块；9—导料架

换位机构分前换位机构(见图 3-28)和后换位机构(见图 3-29)，包括压紧气缸 5、杠杆 4、压紧块 2、支撑块 1、支架 3、伺服电机 7、线性滑台 6 等。工作时，压紧气缸 5 动作，通过杠杆 4 将压力传递给压紧块 2，压紧块 2 夹紧加工零件。支撑块的高度与送料机构、卸料机构高度等高，以确保换位时顺利进行。伺服电机 7 驱动整个线性滑台 6 在暂存位和加工位置准确移动。前换位机构和后换位机构的工作原理与主要结构相同。

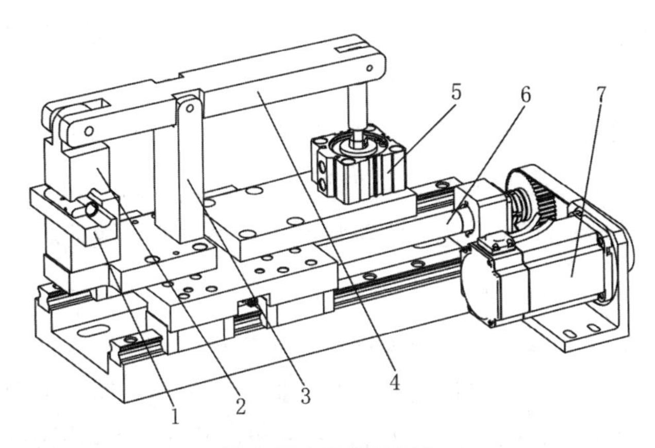

图 3-28　前换位机构

1—支撑块；2—压紧块；3—支架；4—杠杆；

5—压紧气缸；6—线性滑台；7—伺服电机

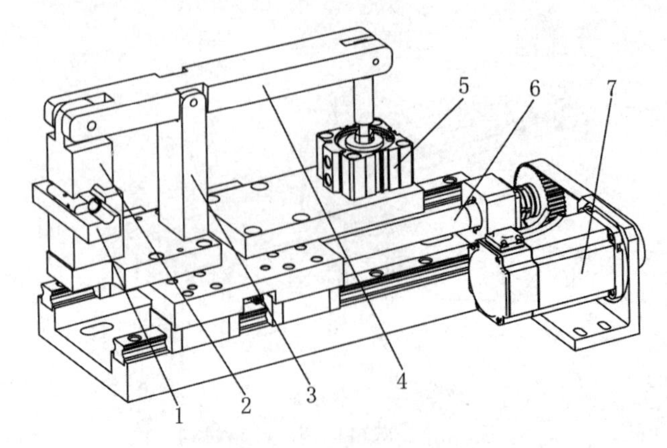

图 3-29 后换位机构

1—支撑块；2—压紧块；3—支架；4—杠杆；

5—压紧气缸；6—线性滑台；7—伺服电机

钻孔加工机构(见图 3-30)由驱动电机 1、动力头 2、线性滑台 4、伺服电机 5、底座 3、钻头 6 等组成。驱动电机 1 和动力头 2 固定在底座上，整个加工机构固定在机架上。动力头 2 底部与直线滑台 4 相连，伺服电机 5 通过滚珠丝杠使得直线滑台 4 在直线导轨上滑动，驱动电机 1 工作，使在动力头 2 上安装的钻头 6 对待加工锁体进行钻孔。锁体钻孔完成后，在伺服电机 5 的驱动下退回原位置。

4 个钻孔加工单元的结构和工作原理相同，可通过控制器控制钻孔的进给速度与位置，实现需要的钻孔深度。

送料机构的送料方向的两侧分别布局至少一个钻孔加工工作站，每两个钻孔加工工作站对应配置一个换位机构。实例中，推料气缸驱动工件沿着导料槽滑动，驱动件将工件输送至换位机构，一侧的换位机构将工件输送至钻孔加工工作站加工，另一侧的工件换位机构将下一个工件输送至另一侧的钻孔加工工作站加工。先加工好的工件被换位机构回运至转运区，此时下游方向的拨爪会将加工好的锁芯移动至下游方向的导料槽，同时上游方向的拨爪会把待加工的锁芯移动至转运区的换位机构上。如此可实现不间断循环加工。

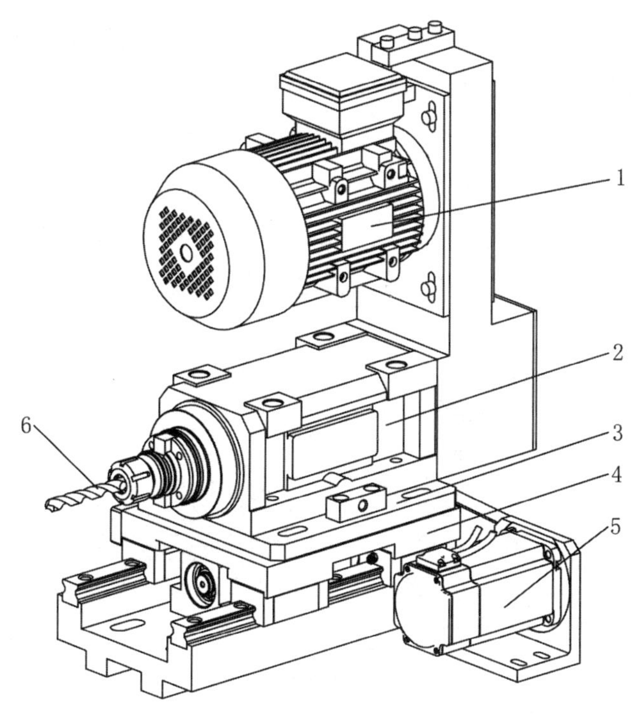

图 3-30　钻孔加工机构

1—驱动电机；2—动力头；3—底座；4—直线滑台；5—伺服电机；6 钻头

3.2.4　锁体铣中槽工序自动生产线设计

锁体铣中槽工序是在完成前道下料、铣端面、钻胆孔工序的基础上进行的加工。锁体中槽起锁芯转动限位以及上下限位的作用，它的加工精度决定了锁的轴向窜动精度。中槽处于锁体长度的中间位置，要保证其对称度；同时生产线要适应不用长度规格的锁体铣中槽要求，实现自动上料、换位、加工、卸料功能。加工成型后的零件如图 3-31 所示。

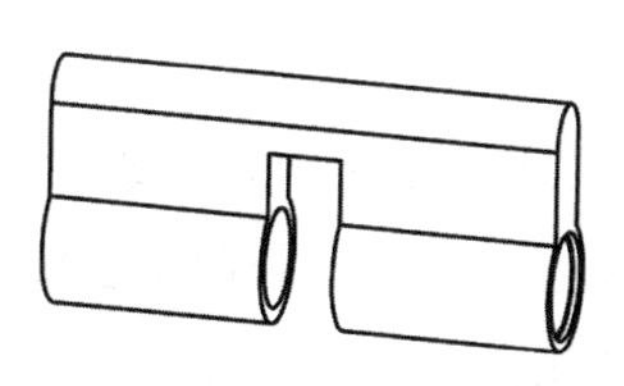

图 3-31　铣中槽零件图

所设计的自动生产线包括送料机构、换位机构、定位机构、铣槽加工机构、卸料机构、底座等。铣中槽机构被配置为铣中槽工作站，送料机构自动将工件输送至换位机构，再由换位机构输送至铣中槽工作站，铣中槽工作站可对锁体工件进行铣削。为保证铣中槽的位置精度，在换位机构将锁体移动到铣中槽加工机构的中间位置设置定位夹紧机构，对锁体进行精确定位。为适应不同规格锁体铣中槽的需要，采用伺服电机驱动线性滑台调整定位点的方式来实现，从而保证铣中槽的加工精度。总装配图如图 3-32 所示。

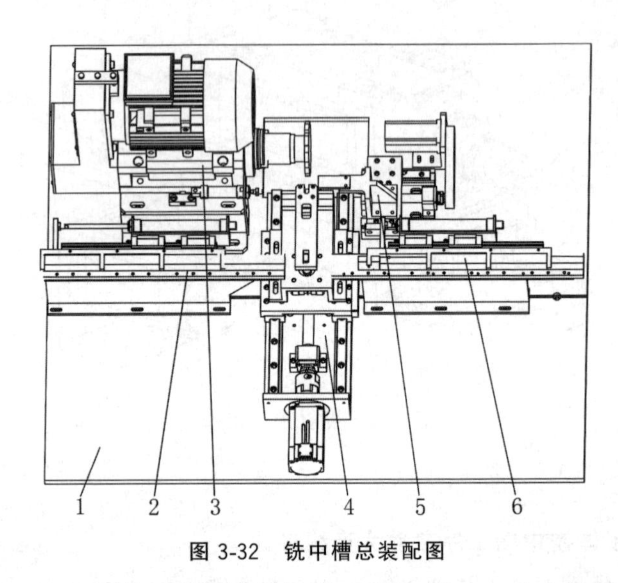

图 3-32　铣中槽总装配图

1—底座；2—送料机构；3—铣槽加工机构；4—换位机构；5—定位机构；6—卸料机构

送料机构(见图 3-33)由直线导轨 5、滑块 1、拨爪 3、推料块 6、推料气缸 7、顶升气缸 6、固定块 4、导料架 9、导料槽 2 等组成。分左、右两部分，左部分为送料机构，右部分为卸料机构。拨爪 3 连接推料块 8，推料块 8 固定在推料气缸 7 上，滑块 1 连接直线导轨 5。送料机构在推料气缸 7 和顶升气缸 6 的作用下，使拨爪 3 上行，滑块 1 在直线导轨 5 上向右移动到合适位置下落，带动拨爪 3，使待加工锁体在导料槽 2 中向前滑动。固定块 4 与锁体之间还有一定距离，仅仅是增加锁体在导料槽 2 中的位置稳定性。导料架 9 固定在机座上，直线导轨 5 与拨爪 3 相连。

卸料机构结构与送料机构结构相同，在锁体完成铣中槽后退回送料位置。送料机构和卸料机构同时工作，卸料机构中的拨爪 3 把锁体带到下一工位，送料机构把新的待加工锁体送至放料槽中。

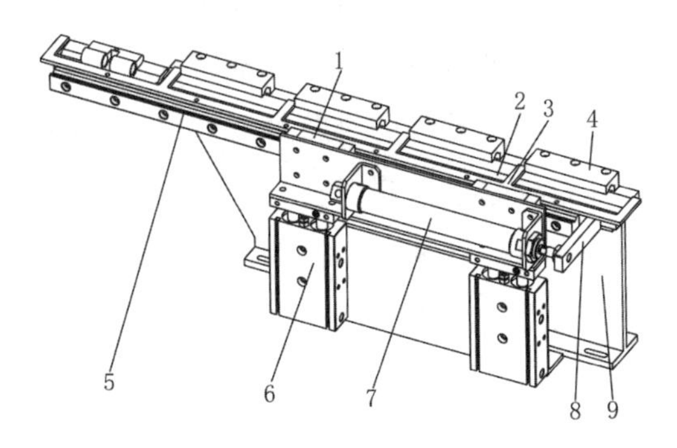

图 3-33　送料机构、卸料机构

1—滑块；2—导料槽；3—拨爪；4—固定块；5—直线导轨；

6—顶升气缸；7—推料气缸；8—推料块；9—导料架

换位机构(见图 3-34)包括压紧气缸 2、杠杆 4、压紧块 6、支撑块 7、支架 5、伺服电机 1、线性滑台 2 等。工作时，压紧气缸 2 动作，通过杠杆 4，将压力传递给压紧块 6，压紧块 6 夹紧加工零件。支撑块 7 的高度与送料机构、卸料机构高度等高，以确保换位时顺利进行。伺服电机 1 驱动整个线性滑台 2 在暂存位和加工位置准确移动。

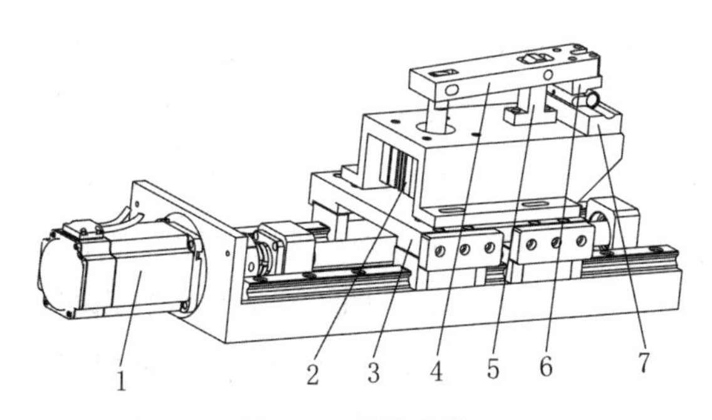

图 3-34　换位机构

1—伺服电机；2—压紧气缸；3—线性滑台；

4—杠杆；5—支架；6—压紧块；7—支撑块

定位机构(见图 3-35)包括推料气缸 1、支撑板 2、定位块 4、支架 5、线性滑台 6、伺服电机 7 等。换位机构将锁体输送至铣中槽工作站的途中，需在定位机构位置暂停，因为从送料机构传递过来的锁体零件由于惯性的原因，位置并不准确，需要准确定位才能进行铣中槽加工。锁体在定位前，先将换位机构中的压紧块松开，锁体处于自由状态。推料气缸 1 将锁体推至右侧，让锁体的右端面与定位块 4 的左端面完全接触，换位机构的压紧气缸动作，将定位好的锁体压紧，推料气缸 1 后退，让开位置，换位机构继续前进至铣中槽加工位置。对于不同规格长度的锁体，只要通过伺服电机控制线性滑台的位置就可以实现定位块的位置调整。

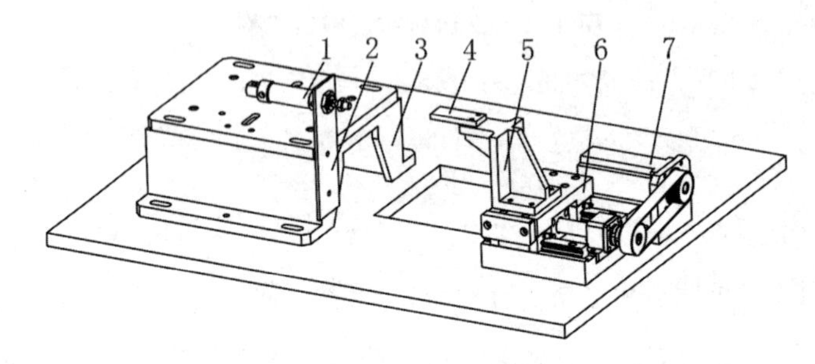

图 3-35　定位机构

1—推料气缸；2—支撑板；3—动力头机座；

4—定位块；5—支架；6—线性滑台；7—伺服电机

铣槽加工机构(见图 3-36)由驱动电机 1、动力头 2、底座 3、铣刀 4 组成。驱动电机 1 和动力头 2 固定在底座 3 上，整个加工机构固定在机架上。驱动电机 1 工作，使在动力头 2 上安装的铣刀 4 对待加工锁体进行铣槽。实例中，推料气缸驱动工件沿着导料槽滑动，驱动件将工件输送至换位机构。换位机构将工件输送至定位机构，定位机构中的推料气缸将锁体推至右侧，使锁体与定位块完全接触，夹紧气缸将锁体夹紧，换位机构继续将锁体输送到铣槽加工位置。铣槽结束后，换位机构直接将加工好的工件退回至传输主线中，由卸料机构的拨爪将工件传输至下一个工位。如此可实现不间断循环加工。

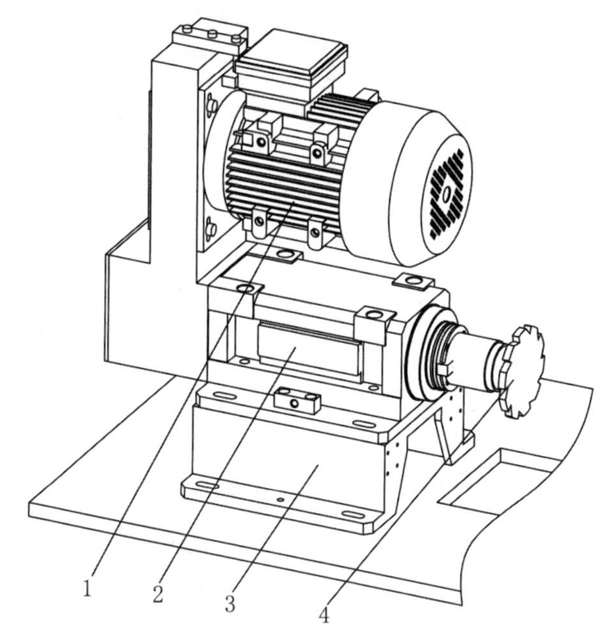

图 3-36 铣槽加工机构

1—驱动电机；2—动力头；3—底座；4—铣刀

3.2.5 锁体铰台阶孔工序自动生产线设计

锁体铰台阶孔工序是在完成前道下料、铣两端面、钻胆孔、铣中槽工序的基础上进行的加工。锁体台阶孔是珠孔加工的定位基准，也是锁体与锁芯的装配基准，其加工精度直接影响到后续工序加工的精度以及锁体装配精度和成品锁的安全等级。由于弹子锁锁体两端台阶孔都需要加工，因此需与中槽两侧保证一定精度的距离。传统加工方法往往对两端台阶孔分别掉头加工，这样很难保证加工精度，且多为人工操作加工，生产效率低，质量稳定性差。本小节介绍的生产线可克服上述存在的缺陷，实现锁体铰台阶孔自动化加工，大大提高生产效率和质量。加工成型后的零件如图 3-37 所示。

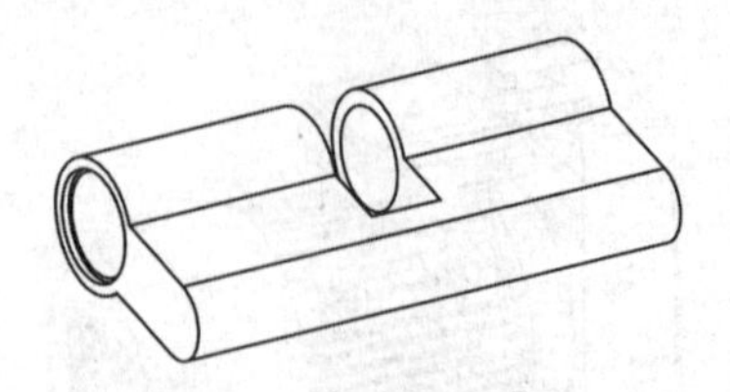

图 3-37　加工后成型零件

所设计的自动生产线包括导料机构、送料机构、换位机构、铰孔加工单元和卸料机构、机座等部分。装配图如图 3-38 所示。

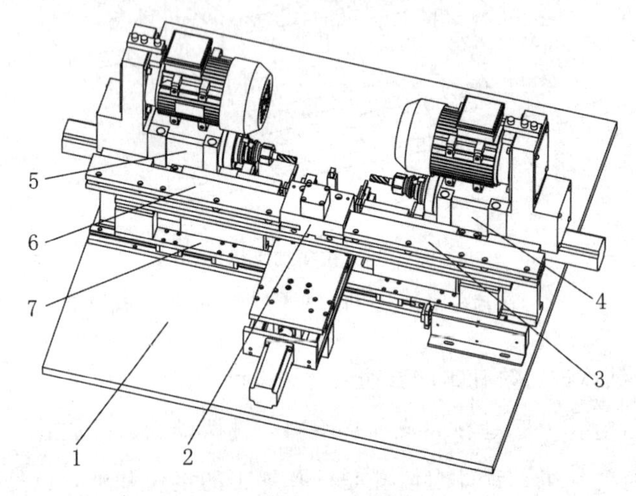

图 3-38　锁体铰台阶孔装配图

1—机座；2—换位机构；3—卸料机构；4—右铰孔加工动力头；
5—左铰孔加工动力头；6—导料机构；7—送料机构

总体工作过程为：首先由送料机构 7 把前道工序加工好的零件移动到导料机构 6，继续移动到换位机构 2。由换位机构 2 移动到加工位置，由推料气缸将加工零件移动到定位杆一侧定位，夹紧气缸进行夹紧，一侧铰孔加工动力头 4 带动铰刀进行铰孔。铰孔结束后，夹紧气缸松开，另外一侧推料气缸将加工零件移动到定位杆另一侧，夹紧气缸进行夹紧，另外一侧铰孔加工动力头 5 带动铰刀进行铰孔。铰孔结束后，换位机构 2 后退到初始导料机构 6 位置，再由送料机构 7 移动到卸料机构 3，给下一道工序加工。

下面叙述每个机构的工作原理与工作过程。

导料机构(见图 3-39)由导料板支架 1、导料板 4、机座 2 等零件组成，导料板的内腔开有导料槽，导料槽比加工零件略大，能让加工零件自由滑行通过。导料槽下方开有缺口，能让送料机构的拨爪自由通行以拨动加工零件前行。

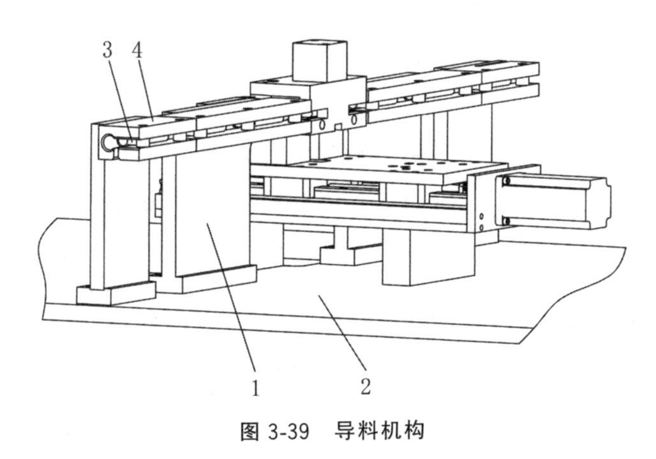

图 3-39　导料机构

1—导料板支架；2—机座；3—加工零件；4—导料板

送料机构(见图 3-40)是驱动加工零件前移的机构。驱动单元包括直线导轨 4、顶升气缸 3、拨爪横条 1 和拨爪 2。送料机构布置在导料机构的下方，驱动气缸 7 通过气缸连接块 6 带动气缸托条 5 以及两个顶升气缸 3、拨爪横条 1、拨爪 2 一起沿着直线导轨 4 实现拨爪 2 的左右移动。两个顶升气缸 3 一起动作，带动拨爪横条 1 和拨爪 2 实现拨爪的上下移动。拨爪 2 有多个，且立式间隔固定在拨爪横条 1 上。通过驱动气缸和顶升气缸的联合运动实现拨爪的前行—上升—后退—下降的循环动作。拨爪上升后插入加工零件的中槽中，通过拨爪的运动实现加工零件的移动。

由送料机构把加工零件从前道工序的卸料机构通过导料机构送入换位机构，由换位机构将零件送到加工位置进行铰孔。

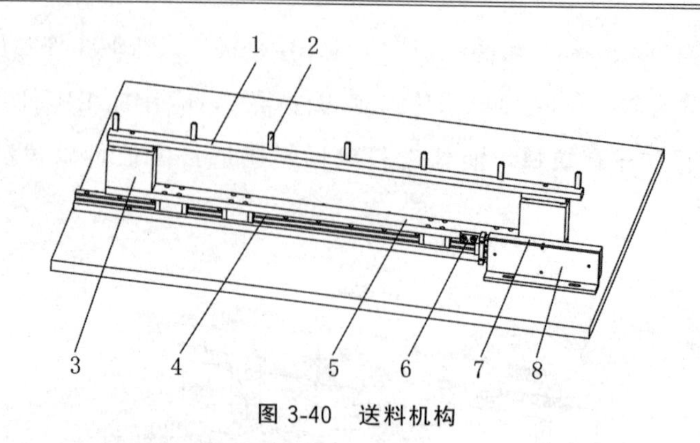

图 3-40　送料机构

1—拨爪横条；2—拨爪；3—顶升气缸；4—直线导轨；
5—气缸托条；6—气缸连接块；7—驱动气缸；8—气缸支架

换位机构(见图 3-41)20 包括直线传动机构 1、小底板 2、导料块 3、夹紧气缸 4、压板 5、定位杆 6、定位槽 7、支撑板 8、机座 9 等部件。直线传动机构 1 固定在支撑板架 9 的上板面上，定位杆 6 固定在支撑板架 2 上，导料块 3 由直线传动机构 1 带动实现直线运动。导料块 3 的内部开设供锁体穿过的水平通道，通道的底部沿着水平长度方向开设供拨爪穿过的避让缺口。压板 5 固定在夹紧气缸 4 的活塞杆端部，夹紧气缸 4 固定在导料块 3 上，与压板 5 连接。夹紧气缸 4 能够控制压板 5 对定位元件 7 上的加工锁体产生压力。换位机构通过直线传动机构 1，将加工零件沿导轨从主传输通道移位到铰孔位置。

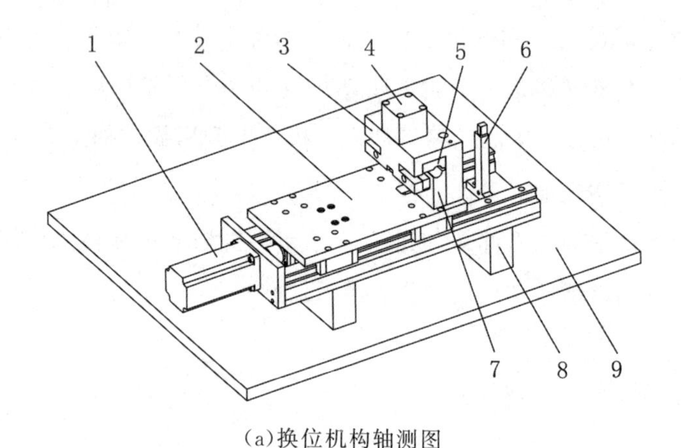

(a)换位机构轴测图

图 3-41　换位机构

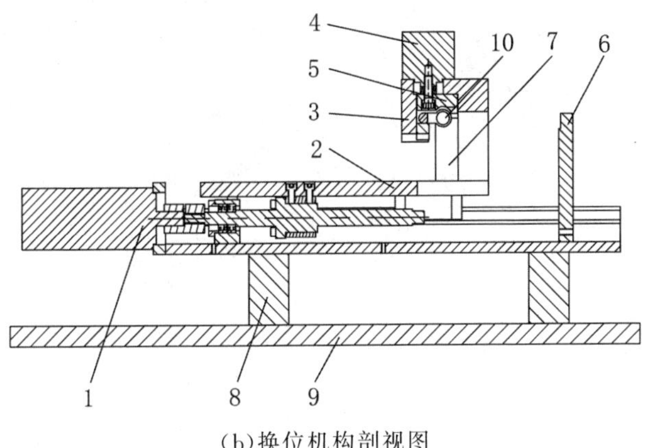

(b)换位机构剖视图

图 3-41　换位机构(续)

1—直线传动机构；2—小底板；3—导料块；4—夹紧气缸；
5—压板；6—定位杆；7—定位槽；8—支撑板；9—机座

铰孔加工单元(如图 3-42)包括左侧直线传动机构 1、右侧直线传动机构 5、左侧铰孔动力头 2、右侧铰孔动力头 4、左侧推料气缸 6、右侧推料气缸 9、左侧推料杆 7、右侧推料杆 8、定位杆 3、机座 10 等部件。

铰孔加工单元分左、右两个，且分布在换位机构的两侧，分别对锁体零件两侧的台阶孔进行铰削。直线传动机构(1、5)带动铰孔动力头(2、4)直线移动，实现铰孔进给运动。锁体零件经由换位机构移动到两个铰孔单元之间，经由两个铰孔动力头(2、4)分别对锁体零件两侧的通孔进行铰台阶孔，台阶孔完成后经由换位机构回到主传输通道上，由送料机构实现卸料。

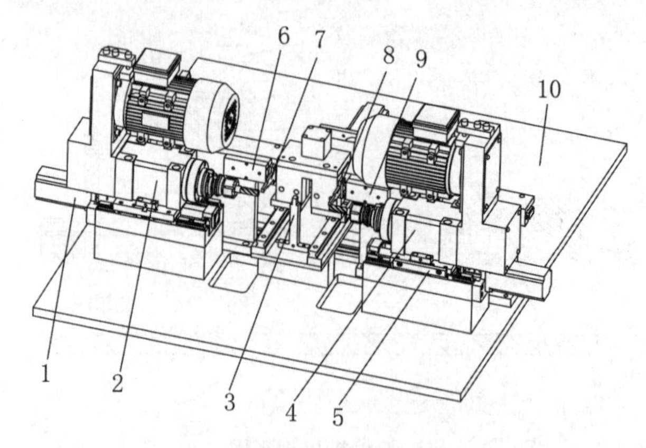

图 3-42 铰孔加工单元装配图

1—左侧直线传动机构；2—左侧铰孔动力头；3—定位杆；4—右侧铰孔动力头；
5—右侧直线传动机构；6—左侧推料气缸；7—左侧推料杆；8—右侧推料杆；
9—右侧推料气缸；10—机座

铰削左侧台阶孔时，左侧推料气缸 1 动作，左侧推料杆 2 与推料气缸连接，气缸移动带动左侧推料杆 2 将锁体零件 4 向右移动，使锁体零件中槽的左侧与定位杆 3 的左侧定位面接触。夹紧气缸带动压板，将锁体零件夹紧，左侧铰孔动力头进行铰削加工。如图 3-43 所示。

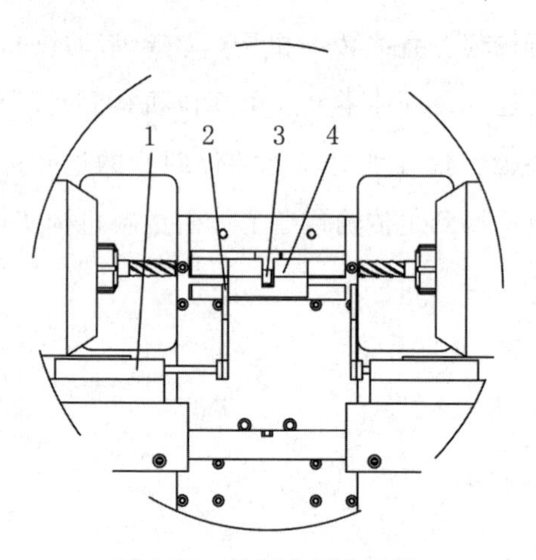

图 3-43 铰削左侧台阶孔

1—左侧推料气缸；2—左侧推料杆；3—定位杆；4—锁体零件

铰削右侧台阶孔时，右侧推料气缸 4 动作，右侧推料杆 3 与推料气缸连接，气缸移动带动右侧推料杆 3 将锁体零件 1 向左移动，使锁体零件中槽的右侧与定位杆 2 的右侧定位面接触。夹紧气缸带动压板，将锁体零件夹紧，右侧铰孔动力头进行铰削加工。如图 3-44 所示。

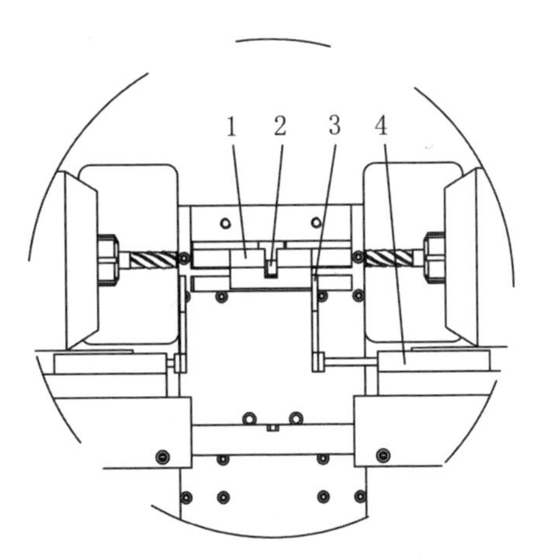

图 3-44　铰削右侧台阶孔

1—锁体零件；2—定位杆；3—右侧推料杆

卸料机构(见图 3-45)的结构和导料机构 1 的结构相同，卸料机构中的支撑单元 5 和导料机构中的支撑单元 3 布置在同一直线上。卸料机构和导料机构共用同一个驱动单元，即一个水平条板上的所有拨杆可以同时拨动导料机构中的锁体和卸料机构中的锁体。采用同一个驱动单元，可确保导料与卸料的工作节拍相同，提高生产效率。换位机构 4 布置在卸料机构的支撑单元 5 和导料机构的支撑单元 3 之间。

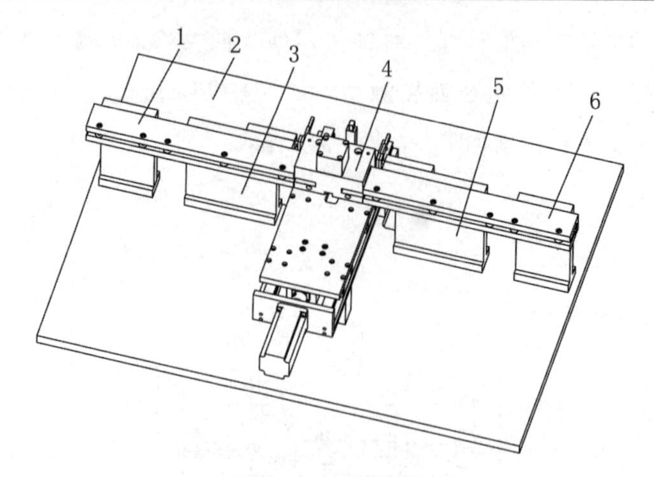

图 3-45 卸料机构

1—导料机构；2—机座；3—导料机构支撑；
4—换位机构；5—导料机构支撑；6—卸料机构

3.2.6 锁体攻丝工序自动生产线设计

锁体攻丝工序是在完成前道下料、铣两端面、钻胆孔、铣中槽、铰台阶孔工序的基础上进行的加工。机械弹子锁的螺纹用于与锁体面板孔固定，是锁起安全作用的重要方式，但攻螺纹前需完成钻螺纹底孔、倒角等工序。传统工序都是分散加工，在不同设备上加工，这样会使设备占用场地过多，锁体在不同设备之间运转麻烦，人工成本较高。本小节所设计的生产线克服了现有技术存在的缺陷，锁体螺纹钻孔、倒角、攻丝三道工序集中在一套生产线的装置中，减少了多次定位带来的定位误差，自动化程度高，生产效率高，定位准确，质量稳定。加工成型后的零件如图 3-46 所示。

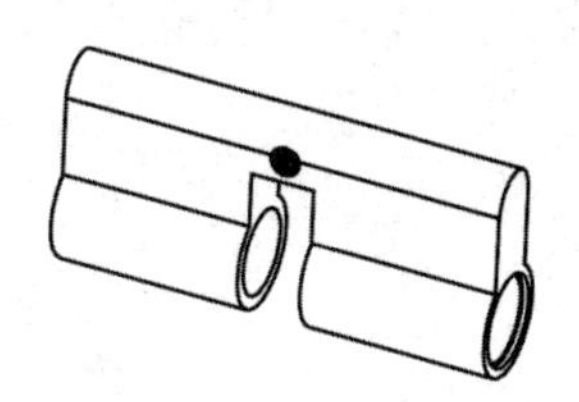

图 3-46 加工后成型零件

所设计的自动生产线包括机座、动力机构、导料机构、送料机构、翻转机构、夹紧机构、卸料机构等。总装配图如图 3-47 所示。

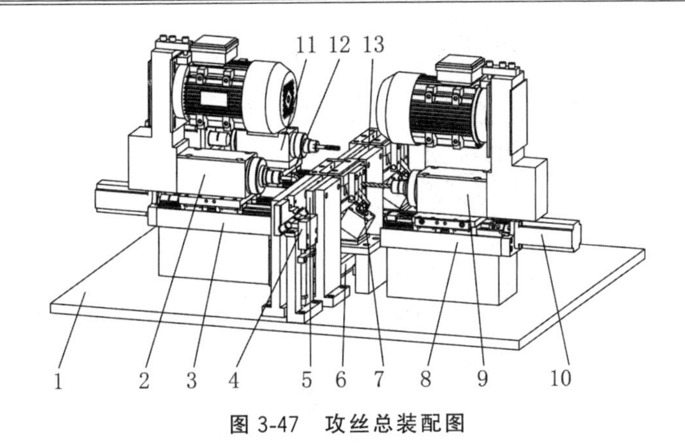

图3-47　攻丝总装配图

1—底座；2、9、11—动力头；3、8、12—线性滑台；4—翻转机构；
5—导料机构；6—送料机构；7—夹紧机构；10—伺服电机；13—卸料机构

总体工作过程为：三个伺服电机、直线滑台、动力头组合分别实现钻孔、倒角、攻丝动作。送料机构利用水平放置的双轴气缸推动直线导轨滑块带动支撑条水平滑动，支撑条带动两个薄型气缸一起移动，薄型气缸带动导料板实现垂直移动，导料板上的拨爪插入锁体的中槽，拨动锁体在导料槽中水平移动。锁体通过送料机构从导料槽引导到翻转机构，翻转机构利用气缸和斜面滑块把水平放置的锁体旋转成垂直位置，到达预定位置后由弹簧柱销锁定锁体。锁体在送料机构的带动下进入钻孔、倒角位置，利用气缸、杠杆、导料槽将锁体夹紧。加工完成后，松开夹紧机构，在导块和弹簧的作用下将夹紧块松开，通过送料机构将锁体移动到攻丝工序。攻丝工序经历钻孔、倒角等工序相同的动作，攻丝结束后由送料机构带动锁体进入卸料机构。整个生产线可实现钻孔、倒角、攻丝一体化，提高了生产效率，整个工序自动化程度高，减少了加工企业设备投入，有利于降低生产成本。

动力机构(见图3-48)由伺服电机1、7、8、11，线性滑台3、6、10，动力头2、5、9，底座4等组成。线性滑台3固定在底座4上，伺服电机1与线性滑台3连接，动力头2固定在线性滑台3底板上，动力头2夹持钻头实现钻孔动作。线性滑台10固定在底座4上，伺服电机11与线性滑台10连接，动力头9固定在线性滑台10的底板上，动力头9夹持倒角钻实现倒角动作。线性滑台6固定在底座4上，伺服电机8与线性滑台6连接，动力头5固定在线性滑台 6 的底板上。伺服电机 7 通过联轴器与动力头 7 连接，动力头 7 夹持丝锥，由伺服电机 7 和 8 配合实现攻丝的旋转与进给动作。

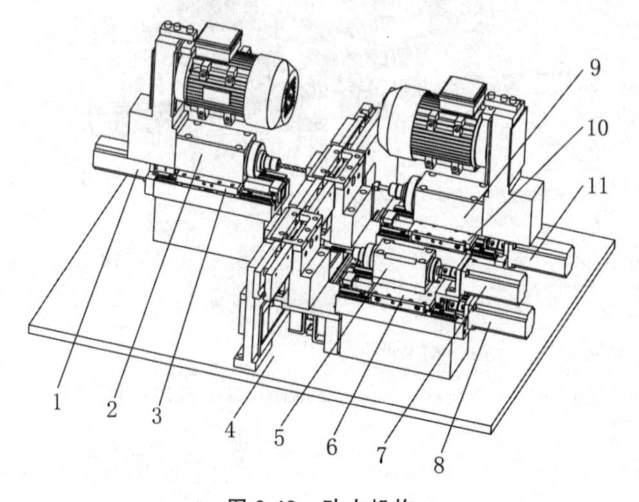

图 3-48　动力机构

1、7、8、11—伺服电机；2、5、9—动力头；3、6、10—线性滑台；4—底座

导料、卸料机构(见图 3-49)由导料槽 3、4、8，导料条 1，导料架 7，隔套 5，机座 6 等组成。导料机构分左、中、右三个部分，左部为导料机构，中间为工位传输机构，右部为卸料机构。加工锁体由送料机构的拨爪带动在导料槽 3 和 4 之间滑动。导料架 7 固定在底板 6 上，导料槽 3 和 4 由隔套 5 连接。攻丝完成后的锁体 2 经由导料槽 8 进行卸料。

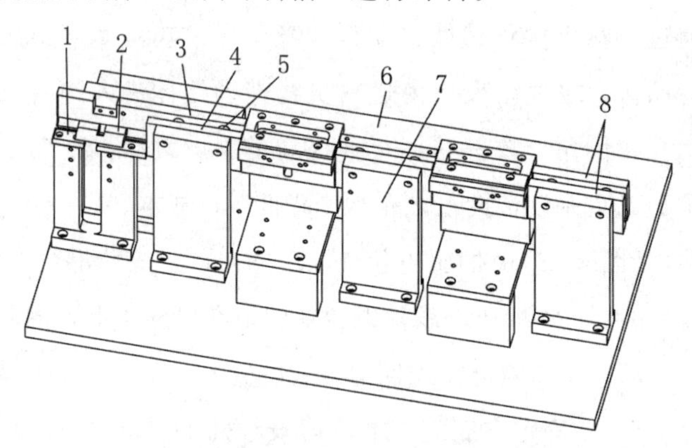

图 3-49　导料、卸料机构

1—导料条；2—加工零件；3、4、8—导料槽；5—隔套；6—机座；7—导料架

送料机构(见图 3-50)由送料气缸 2、直线导轨副 5、顶升气缸 11、送料板 7 等组成。送料气缸 2 固定在气缸支架 1 上，气缸支架 1 固定在底座 12 上，拨块 3 与送料气缸 2 接头连接，同时套在气缸托板 9 的槽孔 10 内。两个顶升气缸 11 固定在气缸托板 9 上，气缸托板 9 固定在直线导轨副 5、滑块 4 上。送料板 7 固定在两个顶升气缸 11 的接头上，可实现送料板 7 的上下运动，送料板 7 上的拨爪 8 可插入锁体零件中槽，拨动锁体零件左右移动。送料气缸 2 通过移动接头，可带动拨块 3 左右移动，带动气缸托板 9、顶升气缸 11、送料板 7 一起左右移动，从而带动锁体零件在导料槽中移动，实现送料动作。移动距离由限位块 6 决定。

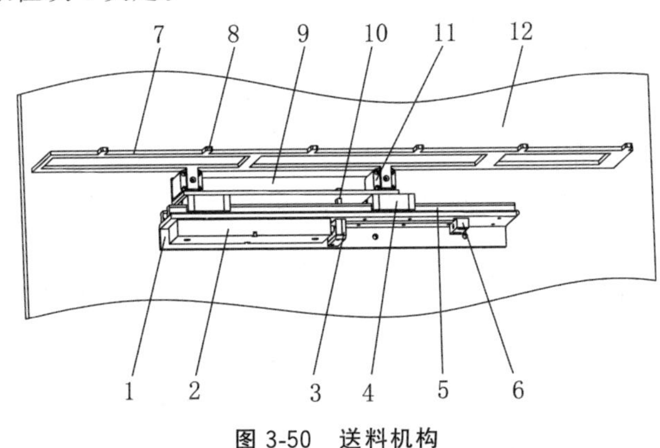

图 3-50　送料机构

1—气缸支架；2—送料气缸；3—拨块；4—滑块；5—直线导轨副；6—限位块；7—送料板；8—拨爪；9—气缸托板；10—槽孔；11—顶升气缸；12—底座

翻转机构(见图 3-51)由驱动气缸 9、斜面滑块 12、引导块 6、弹性压板 3、支架 8 等组成。驱动气缸 9 固定在气缸固定架 7 上，驱动气缸 9 与斜面滑块 12 相连，斜面滑块 12 限定在引导块 6 的槽内滑行。弹性压板 3 固定在导料槽 1 上。气缸固定架 7 固定在支架 8 上，支架 8 固定在底板 10 上。驱动气缸 9 通过动作可实现将锁体零件 2 从水平位置转成垂直位置，并由弹性压板 3 的弧面锁定。

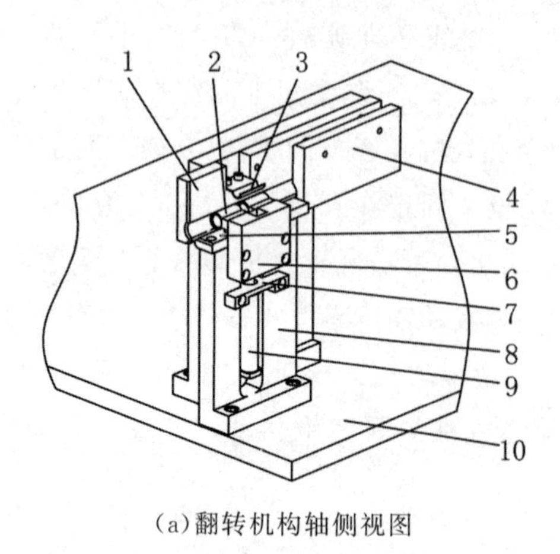

(a)翻转机构轴侧视图

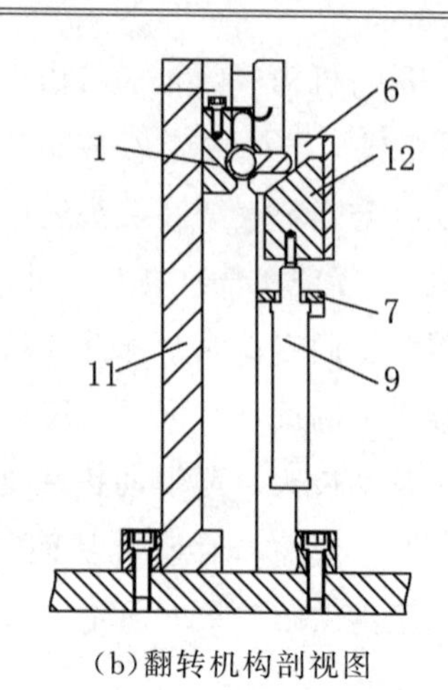

(b)翻转机构剖视图

图 3-51　翻转机构

1—导料槽；2—锁体零件；3—弹性压板；4—导料槽；5—导料条；6—引导块；
7—固定架；8—支架；9—驱动气缸；10—底座；11—导料架；12—斜面滑块

定位夹紧机构(见图 3-52)由夹紧气缸 11，杠杆 7，导料槽 2、3，滑块 5，支架 1 等组成。支架 8 固定在底板 12 上，小底板 9 固定在支架 1 上，斜面垫块 10 固定在小底板 9 上，夹紧气缸 11 固定在斜面垫块 10 上，气缸接头通过圆柱销 17 与杠杆 7 活动连接，杠杆 7 通过圆柱销 16 与支架板 6 活动连接。支架 1 固定在小底板 9 上，托架板 4 与支架 1 固定连接，导料槽 2 固定在支架 1 上，滑块 5 通过弹簧 14 和螺钉 15 与托架板 4 活动连接，导料槽 3 与滑块 5 固定连接。锁体 13 到达工位后，通过夹紧气缸 11、杠杆 7、导料槽 3 联动将加工锁体夹紧，钻孔、倒角结束后，夹紧气缸 11 退回，通过弹簧力让导料槽 3 松开，通过送料机构将锁体移动到下一工序。

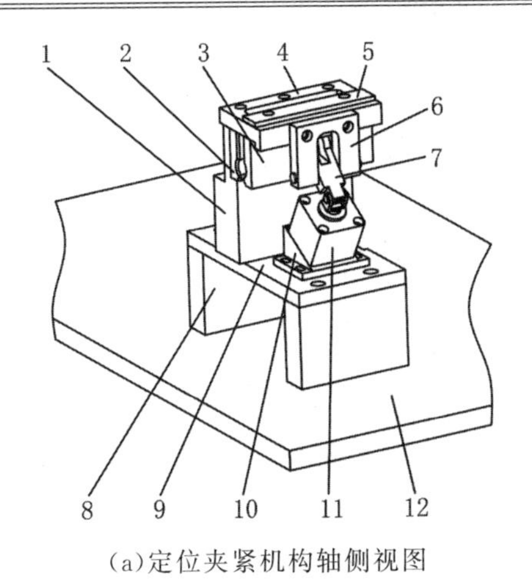

(a)定位夹紧机构轴侧视图

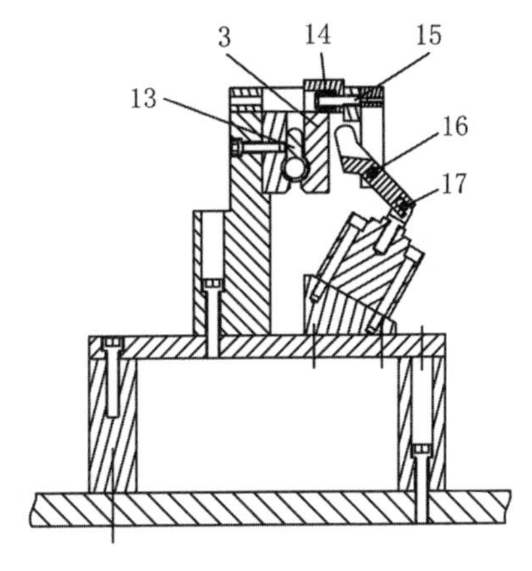

(b)定位夹紧机构剖视图

图 3-52　定位夹紧机构

1—支架；2、3—导料槽；4—托架板；5—滑块；6—支架板；

7—杠杆；8—支架；9—小底板；10—斜面垫块；11—夹紧气缸；

12—底座；13—锁体零件；14—弹簧；15—螺钉；16、17—圆柱销

3.2.7　锁体钻珠孔工序自动生产线设计

机械弹子锁的弹子孔一般比较多，有的是左右两侧都有弹子孔，弹子锁弹子孔的加工精度直接影响到弹子孔与弹子的装配精度，最终影响到锁的安全等级。由于弹子锁锁孔比较多，安全等级要求高的锁体两侧有6～8个弹子孔，加工精度高，但加工效率低，为与其他工序保持节拍平衡，需要多工位同时加工。加工完成后的零件如图3-53所示。

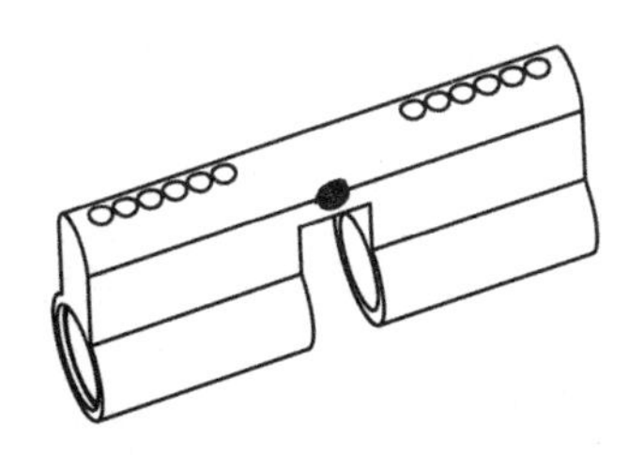

图 3-53　加工后的零件

所设计的自动生产线包括导料机构、换位机构、定位机构、夹紧机构、动力头组件、送料机构等。总装配图如图3-54所示。

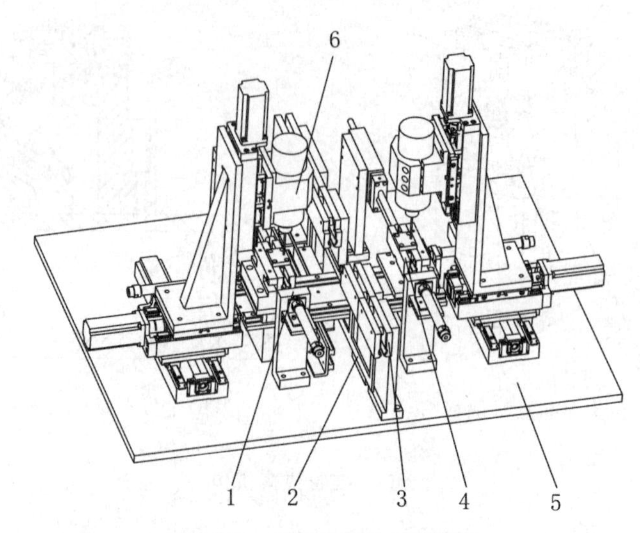

图 3-54　锁体钻珠孔总装配图

1—定位夹紧机构；2—送料机构；3—导料机构；
4—换位机构；5—底座；6—动力头组件

导料机构(见图 3-55)包括导料组件 3 和卸料组件 5 两部分，导料组件 3 和卸料组件 5 对应分列在换位机构的左、右两侧。导料组件 3 和卸料组件 5 的结构相同，均包括左导板 2、右导板 3 和导料架 1，左导板 2 和右导板 3 上方通过隔套对应连接后，其内部下侧形成与锁体零件形状适配的导槽，左右导板 2、3 连接在导料架 1 上，导料架 1 与底座 4 固定相接。

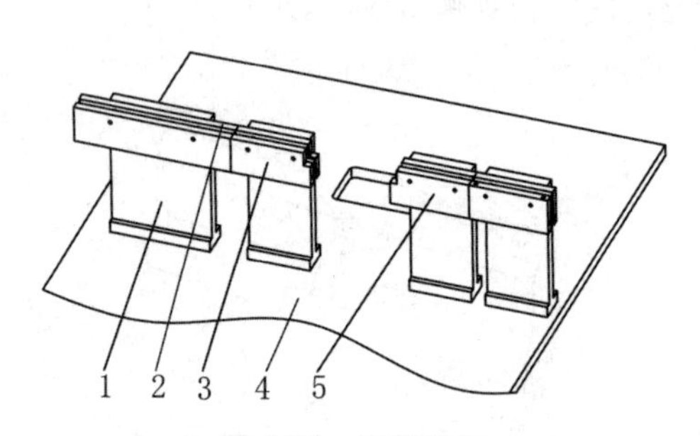

图 3-55　导料机构

1—导料架；2—左导板；3—右导板；4—底座；5—卸料组件

送料机构(见图 3-56)由送料气缸 5、直线导轨副 3、顶升气缸 1、送料板

10 等组成。送料气缸 5 固定在气缸支架 4 上，气缸支架 4 固定在底座 12 上，拨块 6 与送料气缸 5 接头连接，同时套在气缸托板 2 的槽孔 11 内。两个顶升气缸 1 固定在气缸托板 2 上，气缸托板 2 固定在直线导轨副 3、滑块 7 上。送料板 10 固定在两个顶升气缸 1 的接头上，可实现送料板 10 的上下运动。送料板 10 上的拨爪 9 可插入锁体零件中槽，拨动锁体移动。送料气缸 5 通过移动接头，可带动拨块 6 左右移动，带动气缸托板 2、顶升气缸 1、送料板 10 一起前后移动，从而带动锁体零件在导料槽中移动，实现送料动作。

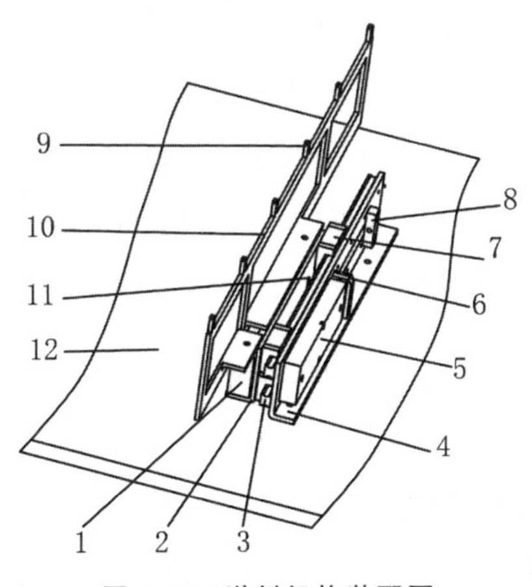

图 3-56　送料机构装配图

1—顶升气缸；2—气缸托板；3—直线导轨副；4—气缸支架；5—送料气缸；6—拨块；7—滑块；8—挡块；9—拨爪；10—送料板；11—槽孔；12—底座

换位机构(见图 3-57)是完全对称的两套机构，由推料气缸 1，直线导轨副 10，支架 2，导料槽 5、6 等组成。支撑块 8 固定在底座 7 上，支撑块 8 上设有直线导轨副 10，小底板 4 固定在直线导轨副 10 的滑块上，支架 2 固定在小底板 4 上。导料槽 5 和 6 固定在支架 2 上，两个导料槽 5、6 通过过渡板 3 相连。推料气缸 1 固定在小底板 4 上，气缸接头与小底板 4 连接，推料气缸 1 推动小底板 4，使小底板 4 上的所有部件一起沿直线导轨副 10 移动，把加工锁体 9 从导料位置送到加工预备位置。

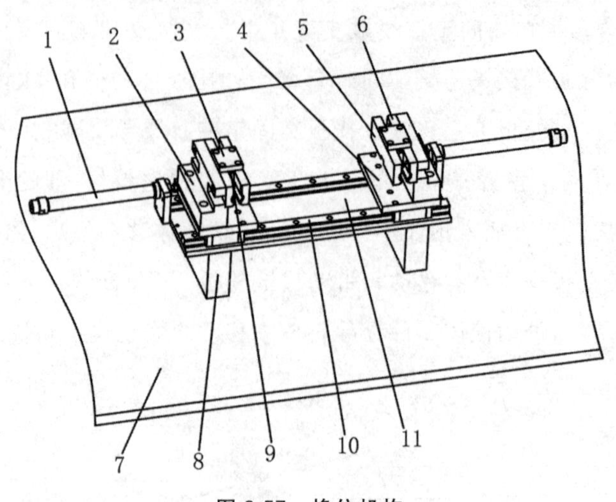

图 3-57 换位机构

1—推料气缸；2—支架；3—过渡板；4—小底板；5、6—导料槽；7—底座；8—支撑块；9—锁体零件；10—直线导轨副；11—换位平台

定位夹紧机构(见图 3-58、图 3-59)由推料气缸 7、定位销 6、夹紧气缸 5、夹紧块 2 等组成。定位架 10 固定在底板 1 上，推料气缸 7 通过支撑架 8 固定在定位架 10 上。定位销 9 固定在定位架 10 上。支架 4 固定在底板 1 上，夹紧气缸 5 固定在支架 4 上，夹紧块 2 通过过渡块 3 与夹紧气缸 5 的接头相连。钻弹子孔前，夹紧气缸 5 通过夹紧块 2 推动锁体零件 6 移动到定位销 9 上，使锁体零件 6 的内孔、端面与定位销 9 的外圆、台阶面同时接触定位，进行钻弹子孔加工。钻孔结束后，夹紧气缸 5 后退，推料气缸 7 把锁体推到换位机构的中间位置。

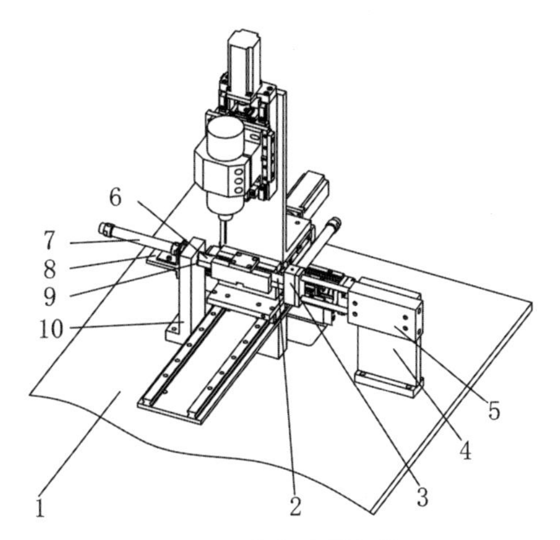

图 3-58　定位夹紧机构 1

1—底板；2—夹紧块；3—过渡块；4—支架；5—夹紧气缸；
6—锁体零件；7—推料气缸；8—支撑架；9—定位销；10—定位架

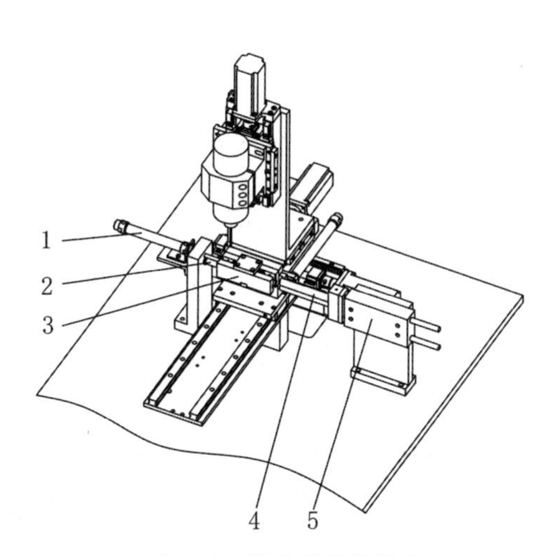

图 3-59　定位夹紧机构 2

1—推料气缸；2—锁体机构；3—换位机构；4—夹紧块；5—夹紧气缸

钻孔结束后，定位夹紧机构中夹紧气缸 5 后退，换位机构 3 中推料气缸 1 动作，将钻完孔的零件推到换位机构 3 的中间位置，使换位机构(见图 3-60)中的限位钢珠 2 在压簧 3 的弹簧力作用下刚好卡在锁体零件 1 的中槽位置，实现零件在换位机构中的定位功能。

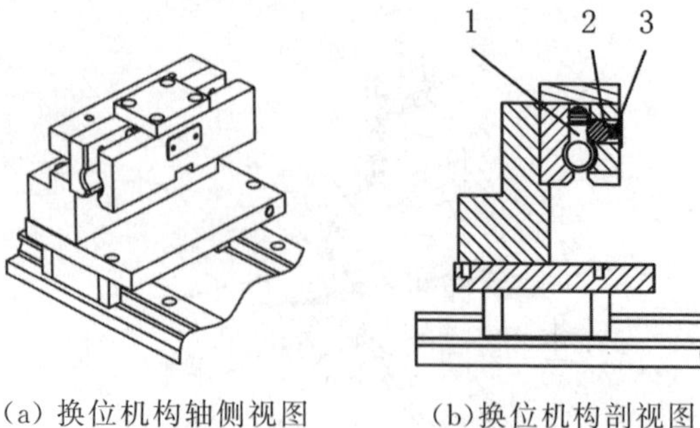

(a) 换位机构轴侧视图　　(b)换位机构剖视图

图 3-60　换位机构局部图

1—加工零件；2—限位钢珠；3—压簧

动力机构(见图 3-61)由伺服电机 5、7、2，直线滑台 6、8、1，动力头 3，支架 9 组成，两侧结构对称。直线滑台 8 固定在底座 10 上，伺服电机 7 与直线滑台 8 连接。直线滑台 6 固定在直线滑台 8 上，伺服电机 5 与直线滑台 6 连接。支架 9 固定在直线滑台 6 上，直线滑台 1 固定在支架 9 上，伺服电机 2 与直线滑台 1 连接。动力头夹紧座 4 固定在直线滑台 1 上，动力头 3 与动力头夹紧座 4 连接。三个伺服电机与三个直线滑台组合分别实现动力头 3 三个方向的直线移动，实现弹子锁的钻孔动作和钻头换位动作。

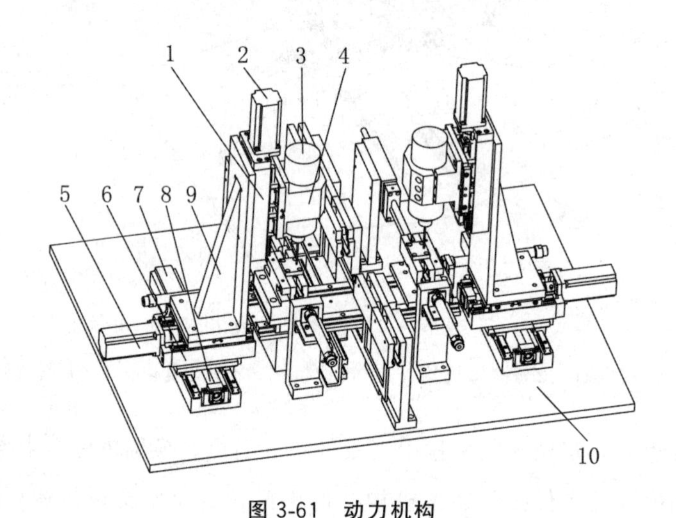

图 3-61　动力机构

1、6、8—直线滑台；2、5、7—伺服电机；

3—动力头；4—夹紧座；9—支架；10—底座

整个钻孔工序的工作过程如下：

步骤一：左侧换位机构的推料气缸推动左侧小底板，使左侧小底板上的所有部件一起沿直线导轨副移动到导料槽位置，使换位机构中的导料槽与导料机构中的导料槽对齐，等待送料机构把待加工锁体从前道工位送入左侧换位机构中。

步骤二：送料气缸接头通过拨块推动气缸托板沿直线导轨移动到前一个锁体工位位置，顶升气缸伸出推动送料板向上移动，使拨爪插入锁体中槽，送料气缸后退一个工位距离，使所要加工的锁体沿导料槽进入左侧换位机构导料槽的中间位置。顶升气缸退回，带动送料板落下，这样就实现了一个送料循环动作。

步骤三：左侧推料气缸退回，带动左侧换位机构所有部件和锁体一起沿直线导轨副移动到预备钻孔位置。左侧夹紧气缸伸出，通过左侧夹紧块推动锁体内孔插入到左侧定位销上，使锁体的内孔、端面与左侧定位销的外圆、台阶面同时接触定位，进行弹子孔钻孔加工。

步骤四：右侧换位机构的推料气缸推动右侧小底板，使右侧小底板上的所有部件一起沿直线导轨副移动到导料槽位置，使换位机构中的导料槽与导料机构中的导料槽对齐，等待送料机构把待加工锁体从前道工位送入右侧换位机构中。

步骤五：送料气缸再次进行上面介绍的送料循环动作，把下一个待加工的锁体送入右侧换位机构导料槽的中间位置。

步骤六：右侧推料气缸退回，带动右侧换位机构所有部件和锁体一起沿直线导轨副移动到预备钻孔位置。右侧夹紧气缸伸出，通过右侧夹紧块推动第二个锁体内孔插入到右侧定位销上，使第二个锁体的内孔、端面与右侧定位销的外圆、台阶面同时接触定位，进行弹子孔钻孔加工。

步骤七：左侧弹子孔钻孔结束后，左侧夹紧气缸后退，左侧推料气缸把锁体推到左侧换位机构的中间位置。推料气缸把左侧换位机构和钻好弹子孔的锁体送到导料机构位置，由送料机构的拨爪送到下一个工位，实现卸料动作，同时替换一个新的待加工锁体。如此左、右换位机构交替动作，一套机构在加工，一套机构可换位，互不干涉，能有效提高生产效率。

3.3 镇流器装配自动生产线设计

3.3.1 镇流器铁芯装配工序自动生产线设计

镇流器铁芯与线圈装配机包括底板 8、滑梯式线圈料槽 12、直立式铁芯料槽 3、铁芯下压机构 10、弹性夹板 6、夹持导向架 7、电磁阀 4 等，装配图如图 3-62 所示。底板 8 上设有暂存区和装配区，在底板 8 上对应暂存区和装配区的右侧固定有夹持导向架 7，在夹持导向架 7 的一端固定有送料气缸 13，送料气缸 13 的活塞杆伸入夹持导向架 7 中与滑块连接，滑块上连接有夹持气缸 9，夹持气缸 9 的活塞杆上连接有弹性夹板 6。在装配区的左侧固定有装配导向架，镇流器铁芯料槽 3 处于装配导向架和装配区之间，装配导向架上固定有装配气缸 1，装配气缸 1 的活塞杆伸入装配导向架中并与滑行的推块 2 连接。由推块 2 把铁芯料槽 3 中的铁芯推向位于装配区的线圈 11 完成装配，底板 8 上在暂存区和装配区固定有靠山 5，在暂存区和装配区之间设有上下伸缩的线圈放行电磁阀 4 的挡杆。

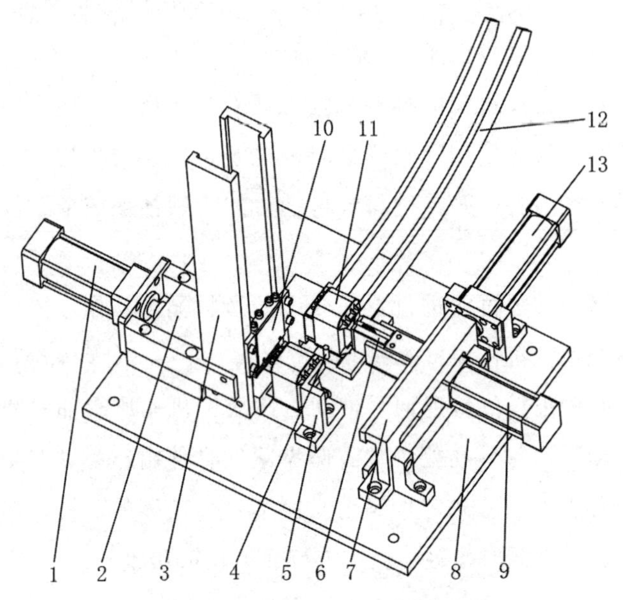

图 3-62　镇流器铁芯与线圈装配图

1—装配气缸；2—推块；3—铁芯料槽；4—电磁阀；5—靠山；
6—弹性夹板；7—夹持导向架；8—底板；9—夹持气缸；
10—铁芯下压机构；11—线圈；12—线圈料槽；13—送料气缸

本小节所设计的自动生产线能实现连续自动进料、自动分料和连续自动装配。结构简单、操作方便，由于是自动化装配，因此生产效率高，而且产品质量稳定。

在铁芯料槽的前侧面上固定了铁芯下压装置(见图 3-63)。铁芯下压装置包括盒体 3、调节弹簧 2、调节螺钉 1、限位销 4、压舌 5 等。盒体 3 的腔内具有压舌 5，盒体 3 的底部有开口，压舌 5 从中伸出，由分别处于盒体 3 下部两侧的限位销 4 对压舌 5 进行限位。盒体 3 的顶部设有两个伸入盒体腔内的调节螺钉 1，盒体腔内在两个调节螺钉 1 与压舌 5 之间连接有调节弹簧 2。

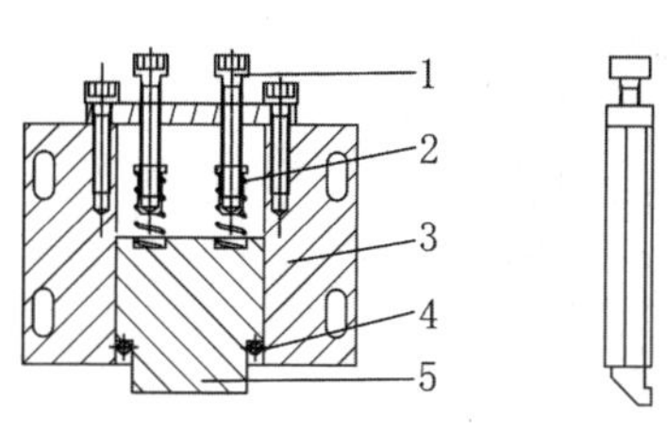

图 3-63　铁芯下压装置

1—调节螺钉；2—弹簧；3—盒体；4—限位销；5—压舌

铁芯下压机构的工作过程为：装配气缸在推动多片整流器铁芯向前移动推向线圈和线圈支架时，由于受到线圈和线圈支架的阻力可能松散。为此，采用铁芯压舌 5 使得多片铁芯不致卡滞。压力通过螺钉 1 调节弹簧 2 来实现。

弹性夹板机构(见图 3-64)包括夹具体 4、两块夹持板 2 和连接在两块夹持板 2 之间的涨紧弹簧 1，其中一块夹持板 2 与夹具体 4 固定连接，另一块夹持板通过转销 3 与夹具体 4 活动连接，所述的两块夹持板 2 插入线圈的一端四周面上都加工有倒角。夹具 7 利用夹具体 4 与夹持气缸 6 的活塞杆连接。由于夹持板 2 具有倒角，而且一块夹持板 2 与夹具体 4 是活动连接的，所以夹具 7 能很方便地插入线圈中间的空隙中，而涨紧弹簧 1 使两块夹持板 2 能牢固地夹持住镇流器线圈。夹具体 4 在夹持气缸 6 的带动下在两块导向板 5 之间移动。

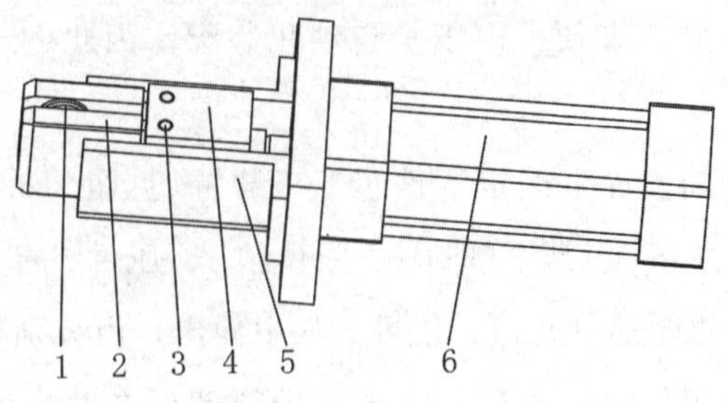

图 3-64　弹性夹板机构

1—涨紧弹簧；2—夹持板；3—转销；4—夹具体；5—导向板；6—夹持气缸

弹性夹板机构在夹持气缸 6 的带动下，插入暂存区中镇流器线圈中间的空洞中，为防止在插入过程中镇流器线圈移动，暂存区的后侧设有靠山。

夹持导向架(见图 3-65)包括送料气缸 1、滑块 3、导向条 4、夹持导向架 5、支架 2 等。夹持导向架 5 上压有导向条 4，在夹持导向架 5 的一端固定有送料气缸 1，送料气缸 1 的活塞杆伸入夹持导向架 5 中，并与在导向槽中滑行的滑块 3 连接，滑块 3 上连接有弹性夹板机构。送料气缸 1 与弹性夹板机构中的夹持气缸成十字形设置。送料气缸与支架 2 连接，并固定在整个装置的底板上。

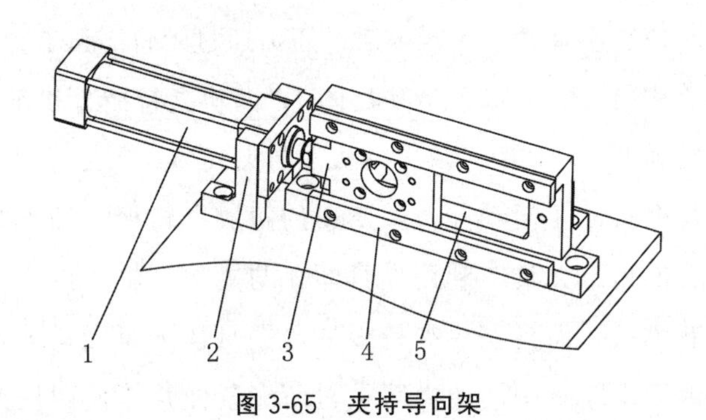

图 3-65　夹持导向架

1—送料气缸；2—支架；3—滑块；4—导向条；5—夹持导向板

分料机构(见图 3-66)包括装配气缸 1、推块 2、装配导向架 3、铁芯料槽 5 等。铁芯料槽 5 处于装配导向架 3 和装配区之间，装配导向架 3 上固定有装配气缸 1，装配气缸 1 的活塞杆伸入装配导向架 3 中，并与可在装配导向架 3 中滑行的推块 2 连接。由于是多片铁芯叠在一起，因此装配气缸 11 活塞杆上的推块 2 的高度与铁芯规定的叠片高度一致，将多片铁芯按要求的厚度进行分料。

整个机构的工作过程如下：由夹持气缸带动夹具体伸向暂存区夹持镇流器线圈，镇流器线圈放行电磁阀挡杆下缩，让出通道，镇流器线圈在送料气缸的带动下从暂存区移动至装配区，接着电磁阀放行挡杆复位，挡住下一个镇流器线圈，夹具体进入靠山的开口中，使整流器线圈处于装配导向架和靠山之间，装配气缸带动推块把铁芯料槽中的整流器铁芯通过铁芯下压装置下方的通道推向装配区。在镇流器铁芯压入线圈的过程中，靠山能阻止镇流器线圈的移动，使镇流器铁芯撞上靠山完成铁芯和线圈的安装。在此过程中，夹持气缸带动夹具体回缩，送料气缸带动夹持气缸返回起始点，完成装配的装配气缸带动推块回缩。同时，后一个镇流器线圈输送到装配区，把完成装配的成品推出装配区，进入下一道工序。为了使装配后的镇流器顺利进入下一道流水线，在底板上装配区处开孔，完成的成品可以从开孔处进入流水线的下一道工序。

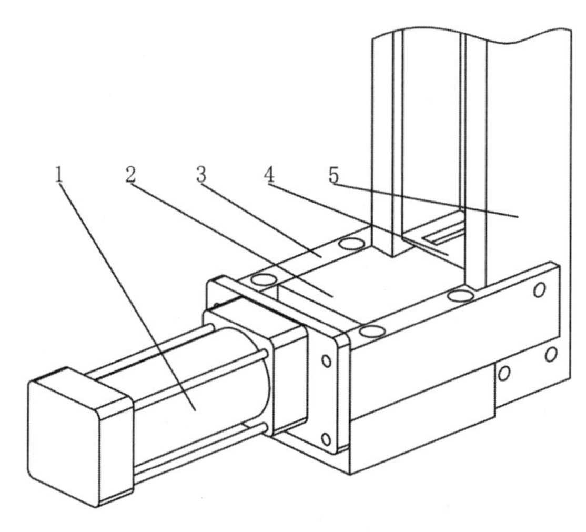

图 3-66　分料机构

1—装配气缸；2—推块；3—装配导向架；4—铁芯；5—铁芯料槽

3.3.2　镇流器刮漆工序自动生产线设计

在镇流器的生产过程中，镇流器需要整体浸漆，再把铜接头上的漆去除掉，如图 3-67 所示为镇流器示意图。

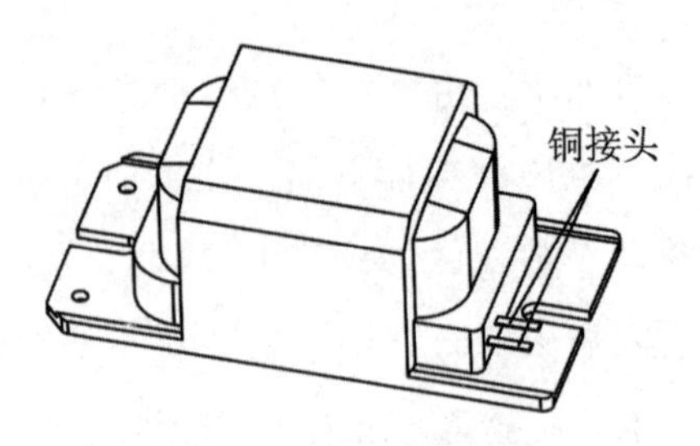

图 3-67　镇流器示意图

镇流器具有底板，铜接头处于镇流器的下部，与底板之间有距离。早期镇流器铜接头的除漆以人工刮漆较为常见，去漆不干净可能导致铜接头接电后通电不良。由于铜接头面积小且薄，强度差，因此人工刮漆不方便，且效率低。本设计可对镇流器的铜接头刮漆实现机械化操作，操作方便，工作可靠性高。由于是自动刮漆，生产效率高，可保证产品质量稳定。

本小节所设计的镇流器刮漆装置包括输送带 5、平移气缸 11、提升气缸 12、提升架 13、推刀气缸 4、刮刀 14、压刀气缸 15、移动刀座 16、推板 9、底板 3 等，如图 3-68 所示。工作时，镇流器从输送带 5 前方流入，护板 6 分别处于输送带 5 的两侧。底板 3 横跨在输送带 5 和护板 6 上，且固定在护板 6 上。两立柱 8 固定在底板 3 上，横梁 7 与两立柱 8 连接，由两立柱支撑。底板 3 上设有刮漆区，横梁上相对刮漆区的后侧固定有平移气缸 11，平移气缸 11 的活塞杆可向前伸出，同时连接提升气缸 12，提升气缸 12 的活塞杆可向下伸出且固定有一提升架 13，提升架 13 上固定有用于夹持镇流器的手指气缸 2。在底板 3 上处于刮漆区右侧设有移动刀座 16，移动刀座 16 由固定在底板 3 上的推刀气缸 4 带动移动。压刀气缸 15 固定在移动刀座 16 上，刮刀 14 固定在压刀气缸 15 的接头上，刮刀 14 可随压刀气缸 15 下压移动，与推刀气缸 4 的后退移动组合进行刮漆。

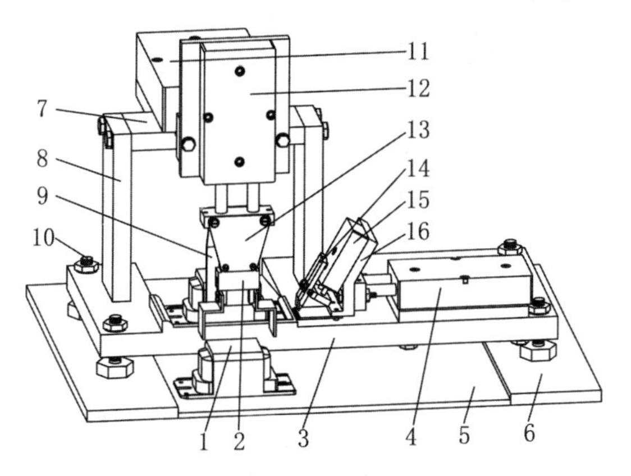

图 3-68　镇流器刮漆工序装配图

1—镇流器；2—手指气缸；3—底板；4—推刀气缸；5—输送带；
6—护板；7—横梁；8—立柱；9—推板；10—调节支脚；11—平移气缸；
12—提升气缸；13—提升架；14—刮刀；15—压刀气缸；16—移动刀座

镇流器抓取过程如下(见图 3-69)：在底板 8 上连接有悬挂在输送带 6 上方的引导板，镇流器在输送带 6 上沿着引导板和一侧的护板组成的引导槽被输送到刮漆区的前侧。引导板和左侧的护板组成引导槽，引导槽的前部为喇叭状，后部使镇流器有序排列。

生产线工作时，镇流器 5 由输送带 6 有序送至刮漆区的前侧，传感器 7 检测到镇流器到达信号，通知控制系统进行抓取动作。在平移气缸 9 和提升气缸 1 的配合下，手指气缸 4 抓取镇流器 5，把镇流器放置在底板 8 的刮漆区。

提升架 2 的后侧面上设有把刮漆区上的镇流器推到落料斜板 10 上的推板 3。当下一个镇流器由手指气缸 4 送到刮漆区时，提升架 2 上的推板 3 顺便把已经刮好漆的工件推离刮漆区。在底板 8 相对刮漆区的右侧连接有通向输送带 6 后段的落料斜板 10，工件通过落料斜板 10 落到输送带 6 的后段，由输送带 6 向前运动至下一个工作站。

整个刮漆装置放置在护板上，由四个螺钉 11 支撑。相对于输送带与护板的高度，可通过四个可调支脚 11 来调节。

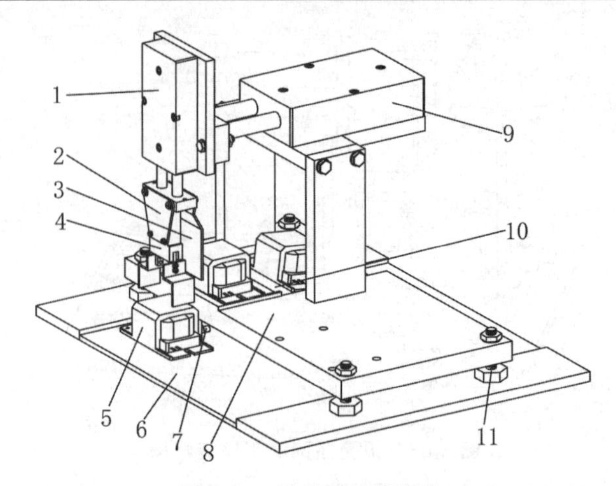

图 3-69　镇流器抓取机构

1—提升气缸；2—提升架；3—推板；4—手指气缸；5—镇流器；6—输送带；
7—传感器；8—底板；9—平移气缸；10—落料斜板；11—调节支脚

镇流器的工作过程如下(见图 3-70)：在推刀气缸 6 的推动下，移动刀座 5 带着刮漆刀 2 向刮漆区移动。当刮漆刀 2 处于两铜接头上方时，移动刀座 5 的垫板 3，插入镇流器的底板和铜接头之间，垫板 3 衬于铜接头下方。压刀气缸 4 下压刮漆刀 2，刮漆刀 2 触及镇流器的两铜接头根部，推刀气缸 6 后退，就可方便地把两铜接头上的油漆刮除。刮漆动作结束后，压刀气缸 4 抬起，刀架和刮刀 2 上抬，刮漆刀脱离铜接头，为下一个动作做准备。

压紧刮刀 2 上方有一个调节螺钉 7，刮刀 2 的高低可调整，以适应刮刀与铜接头的合适位置，不致使刮刀 2 与铜接头碰撞，或者因压力不够，影响刮漆效果。

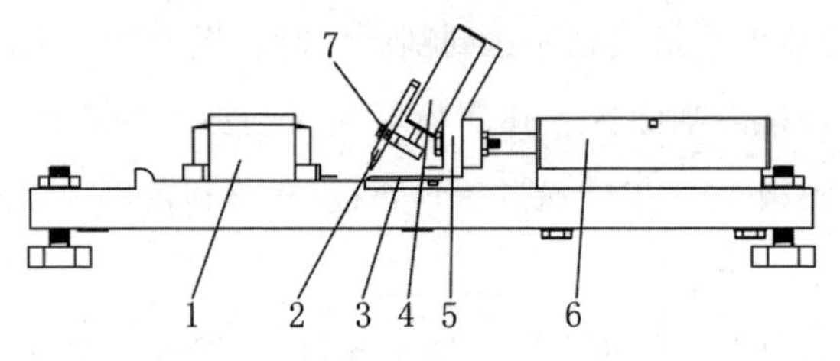

图 3-70　刮漆机构

1—镇流器；2—刮刀；3—垫板；4—压刀气缸；
5—移动刀座；6—推刀气缸；7—调节螺钉

思考题与习题

3.1　晶圆片清洗自动生产线中如何实现不同规格的晶圆片都能进行清洗？

3.2　实现垂直方向的动力传输有哪几种方法？

3.3　请设计锁体铰通孔的自动生产线结构。

3.4　请设计锁体能同时钻珠孔与攻丝的自动生产线结构。

3.5　请设计实现镇流器刮漆功能的其他机构方案。

3.6　要提高镇流器刮漆工序的生产效率有哪几种方案？

第4章　自动生产线控制实验

4.1　工业变频器

近年来，“变频”这个词被越来越多地使用在家电产品中。例如，空调中的“变频空调”已很普遍了。空调就是使用电机作为动力使制冷剂循环以调节温度的电器。如果电机只能选择最大转速或停机，就会带来要么太冷，要么太热的情况。电机如能自动控制转速，便可设定任何想要的温度了。因此，本节讨论电机变速的器件——变频器[4]。

4.1.1　鼠笼式感应电机

工业用变频器，一般用于三相鼠笼式感应电机。从公式(4-1)来看，电机的转速由供给电机的电源频率和电机极数决定。电机极数不能自由、连续改变，虽然工频电源的频率是固定(50Hz 或 60Hz)的，但若能自由改变频率，那么电机的转速也就能自由地改变了。变频器就是着眼于这一点，以自由改变频率为目的而构成的装置。

$$\text{电机转速 } N=\frac{120\times \text{频率 } f}{\text{级数 } P}(1-S)[\mathrm{r/min}] \tag{4-1}$$

为了更好地使用变频器，了解控制对象的(鼠笼式感应)电机特性是非常重要的。下面对变频器的基本特性进行简要说明。

1. 转速-转矩-电流特性

鼠笼式感应电机的基本特性与“转速和输出转矩”和“转速和电流”有关。图 4-1 所示为当电源接通后，电机从启动、加速到恒速这一过程的电机转矩以及电流的变化情况。

电流在电机启动时最大，一旦转速上升就会减小。然而，转矩在转速上升时会增大，当超过某转速点时反而会减小。当负载转矩与电机产生的转矩达到平衡点时，就会进入恒速运行状态，如图4-1所示。

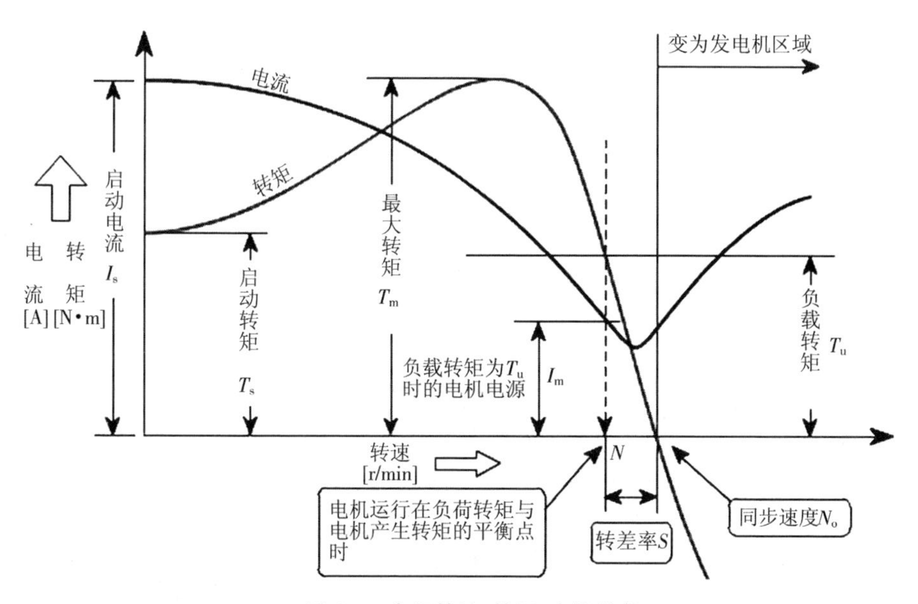

图4-1 电机转速-转矩-电流特性

2. 电机转速

电机转速除与负载转矩有关外，还取决于电源频率与电机极数。公式(4-1)中的 f 是电源的频率，P 是电机的级数。

3. 电机额定转矩

由电机产生的“力”称为转矩。在直线运动情况下，“力”的单位为“N”，但由电机轴旋转而产生的“旋转力”(即转矩)，其单位应为“N/m”。电机的额定转矩值可通过公式(4-2)计算。

$$\text{额定转矩 } T_M = 9\ 550 \times \frac{\text{电机额定功率 } P}{\text{额定转速 } N} [\mathrm{N/m}] \tag{4-2}$$

4. 转差率

当对电机转速施加负载时，转速会低于同步转速。低于同步转速的程度表示为转差率。公式(4-3)中的 S 即为转差率。

$$S=\frac{\text{同步转速 } N_{\circ}-\text{转速 } N}{\text{同步转速 } N_{\circ}}\times 100[\%] \tag{4-3}$$

4.1.2 变频器的工作原理

1. 变频器的结构

变频器就是将频率固定的交流电源转换为频率连续可调的直流电源的器件。从图 4-2 可以看出，常规的变频器由 4 部分组成。整流电路利用二极管等半导体元件，将交流转换为直流。平滑电容器具有对通过整流电路后转换为直流的电压进行平滑滤波的作用。逆变电路将直流转换为交流，取整流器(CONVERTER)的逆向转换之意，称为逆变器(INVERTER)。利用 ON/OFF 控制半导体开关元件(IGBT 等)将转换后的可变电压和频率的电源供给电机。控制电路控制逆变电路。

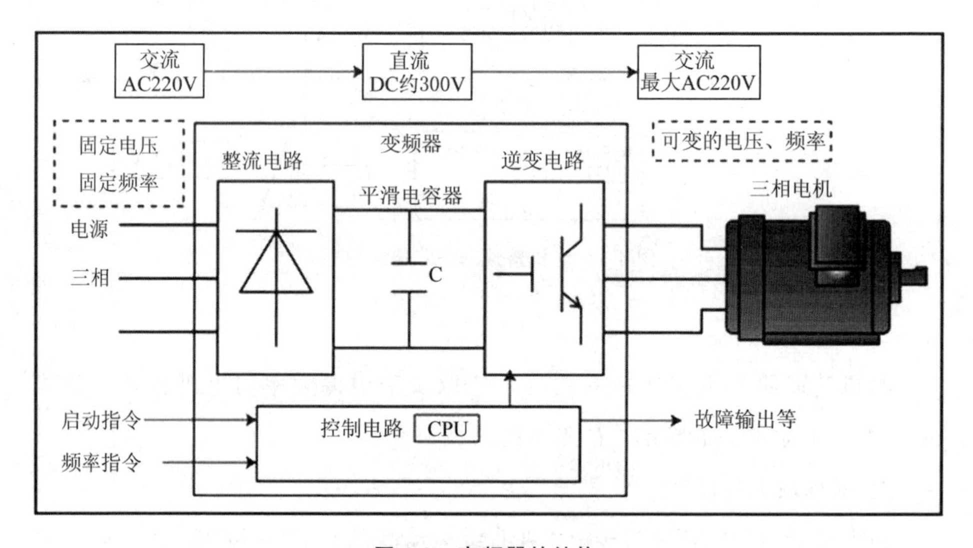

图 4-2 变频器的结构

那么，使用变频器时，输入输出电流、电压呈现出怎样的变化呢？图 4-3 为变频器的输入电流呈现出形似兔耳的电流波形；输出电压为长方形聚集(矩形)的波形。之所以能产生这样的波形，是在变频器内半导体元件的作用下进行转换所致。

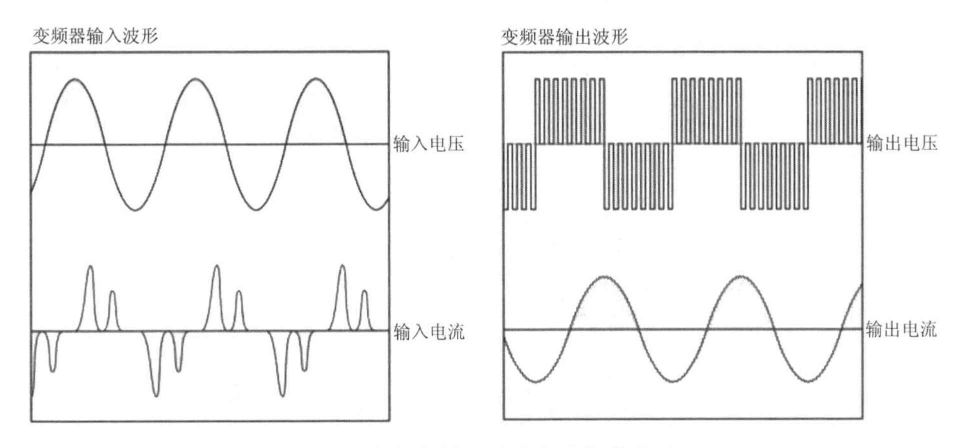

图 4-3　变频器输入输出电流电压波形

2. 变频器的工作原理

首先通过简单的单相交流来了解该原理。为方便起见，这里将其视为电阻负载条件。使用的元件为二极管。此二极管受施加电压方向的影响，具有使电流流过或不流过的性质。

利用这个性质，在整流电路 A、B 之间施加交流电压后，负载会获得相同方向的电压，即交流被转换为直流(整流)，如图 4-4 所示。

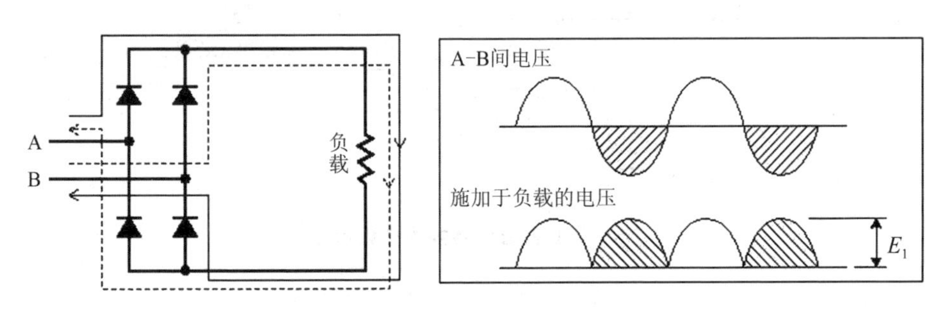

图 4-4　变频器整流的工作原理

当三相交流输入时，通过 6 个二极管组成的全波整流桥后，会出现图 4-5 所示的输出电压。

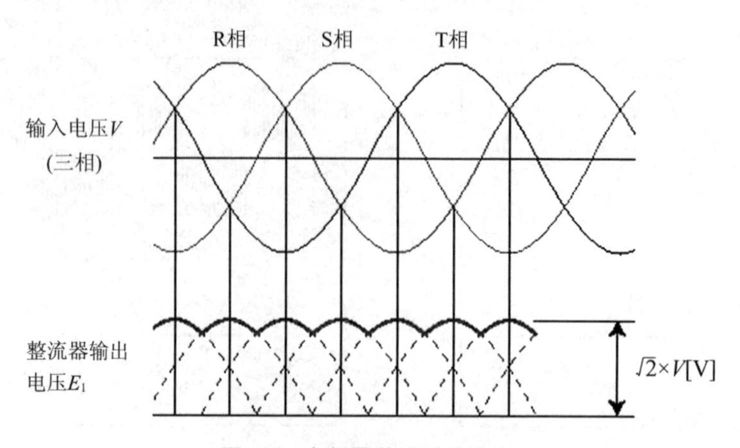

图 4-5 变频器整流后的波形

最后研究从直流转换为交流可变频的信号。首先通过简单的单相交流电来了解该原理。图 4-6 以灯泡代替电机负载为例进行说明。将 4 个开关 S1～S4 连接到直流电源上，使 S1 和 S4 为一对、S2 和 S3 为一对，然后交替 ON 和 OFF，灯泡 L 会有如图 4-6 所示的交流电流通过。

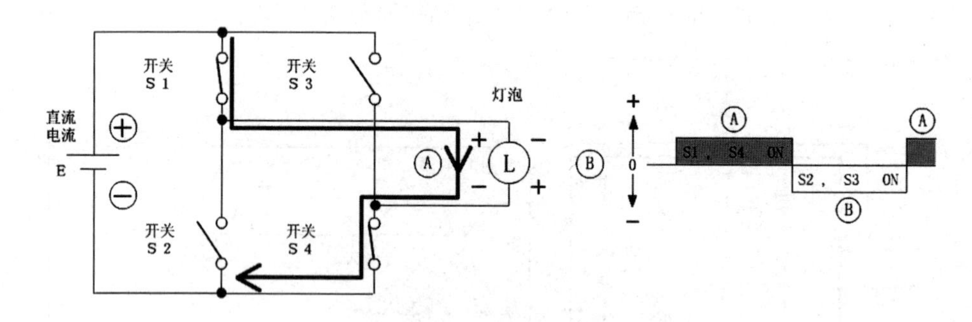

图 4-6 变频器直流转换为交流示意图

电流波形：

开关 S1 和 S4 置于 ON 时，灯泡有朝 A 方向的电流流过。

开关 S2 和 S3 置于 ON 时，灯泡有朝 B 方向的电流流过。

如果以固定周期反复进行该操作，则流过的电流交替换向。

若要改变频率，通过改变开关 S1～S4 的 ON－OFF 通断时间即可改变频率。例如，反复进行开关 S1 和 S4 ON 0.5 s(如图 4-7 所示)，开关 S2 和 S3 也 ON 0.5 s 的操作，则每秒钟进行 1 次反转交流，即得到频率为 1Hz 的交流电流。

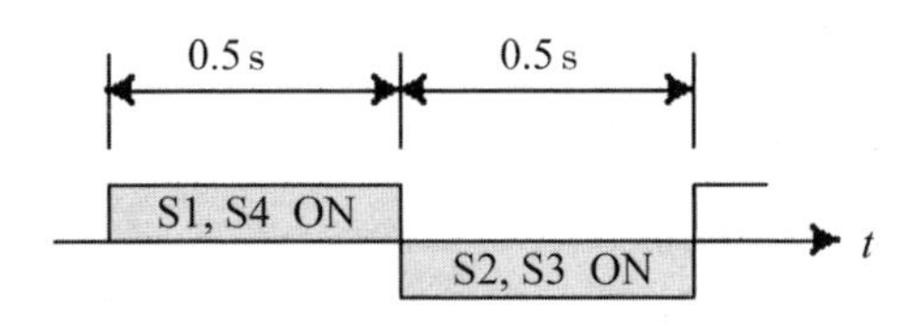

图 4-7　频率周期变化图

4.1.3　变频器的配线

变频器的输入输出端子分为主电路端子和控制电路端子，如图 4-8 所示。电源线、电机与主电路端子连接，外部运行用开关、频率指令器与标准控制电路端子连接。标准控制电路端子按各输入输出端子的种类分为 3 个端子排。

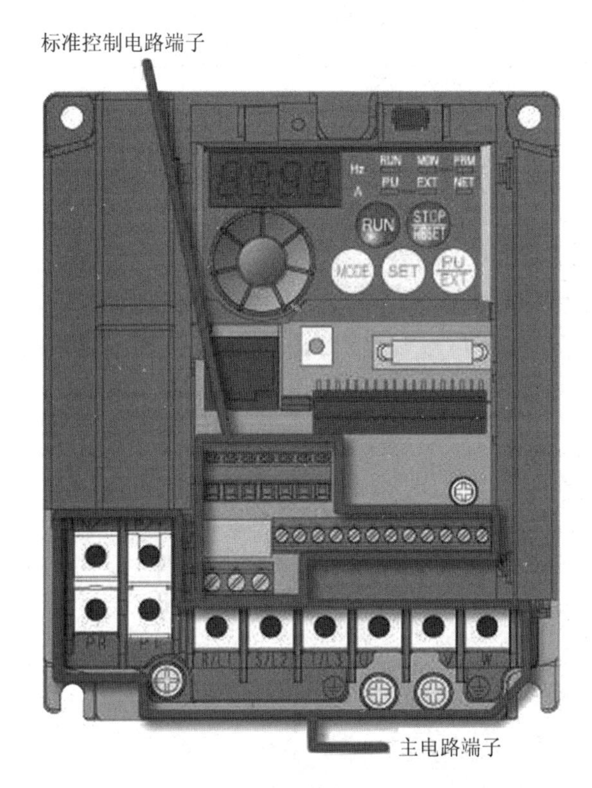

图 4-8　变频器的输入输出端子

进行电源配线前，先将变频器和电机接地。为防止触电事故的发生和采取防干扰措施，请务必将变频器和电机接地。电气电路通常通过绝缘体进行绝缘后装入机壳内。尽管如此，绝缘体也不可能做到完全遮断漏电电流。实际上，机壳上多少都会有少量漏电电流。接地的目的是避免触摸电气设备机壳时，因泄漏电流而触电。

对于音响设备、传感器、计算机等处理微弱的信号或超高速动作的设备而言，为了避免受外来干扰的影响，这种接地是非常必要的。接线图如图 4-9 所示。

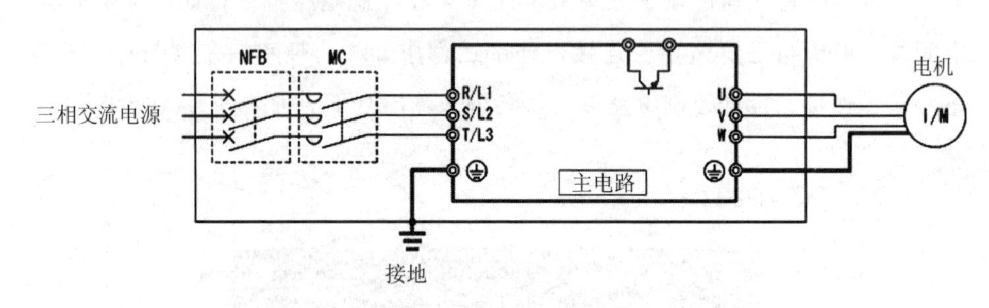

图 4-9　主电路接线图

对于标准控制电路可通过下面的四种模式来进行了解。

模式一学习：通过正转、反转开关控制电机的启动和停止电路。将 STF 信号(正转启动)或 STR 信号(反转启动)置于 ON 时，电机启动，置于 OFF 时，电机停止。另外，若将 STF 信号和 STR 信号同时置于 ON，则输出将会停止，如图 4-10 所示。

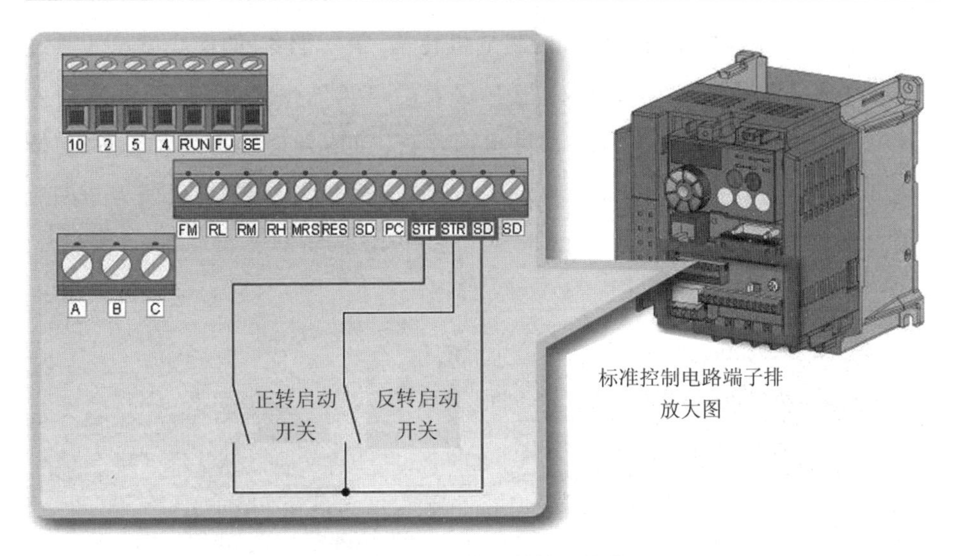

图 4-10　正反转开关控制接线图

模式二学习：通过 3 段速开关(低速、中速、高速)控制电机转速(频率指令)的配线方法。将 RL 信号(低速)/RM 信号(中速)/RH 信号(高速)置于 ON 来控制转速。各信号频率(初始值)分别为：RL 信号为 10Hz；RM 信号为 30Hz；RH 信号为 60Hz。3 段速开关可与电压/电流输入并用。另外，将输入信号同时置于 ON 时，3 段速开关侧的信号优先，如图 4-11 所示。

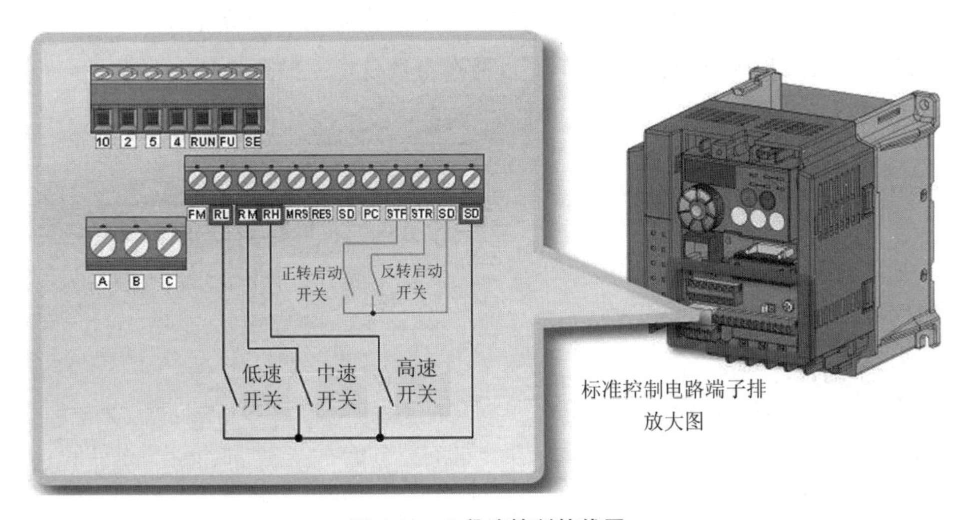

图 4-11　3 段速控制接线图

模式三学习：通过电流输入控制电机转速(频率指令)的配线方法。通过来自端子 4－5 间连接的调节仪(控制仪表的电流输出装置等)的电流输入(4mA～20mA)控制转速。4mA 时，输出停止，20mA 时，为最大频率(初始值为 60Hz)，电流与频率成正比。20mA 输入时的最大频率(初始值为 60Hz)可通过参数设定，如图 4-12 所示。

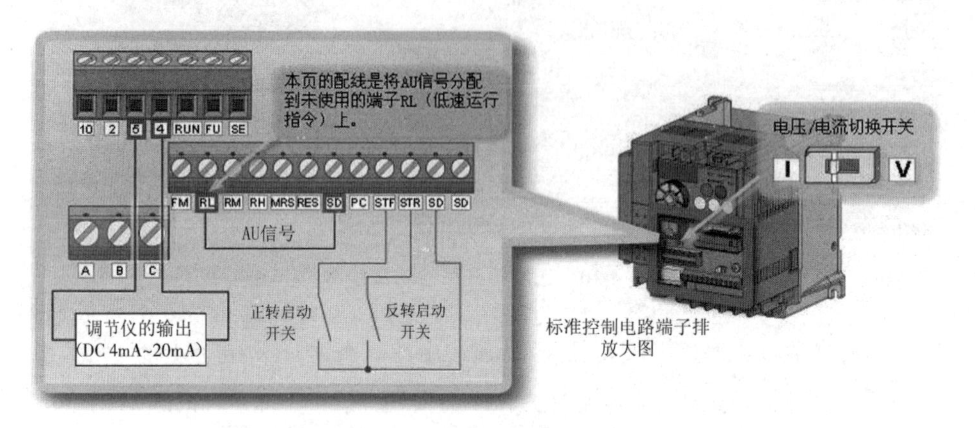

图 4-12　电流模拟量控制接线图

模式四学习：通过电压输入控制电机转速(频率指令)的配线方法。通过来自端子 10－5 间连接的频率设定器(电位器)的电压输入(0V～5V/10V)来控制转速。0V 时输出停止，5V/10V 时为最大频率，电压与频率成正比。5V/10V 时的最大频率(初始值为 60Hz)可通过参数设定，如图 4-13 所示。

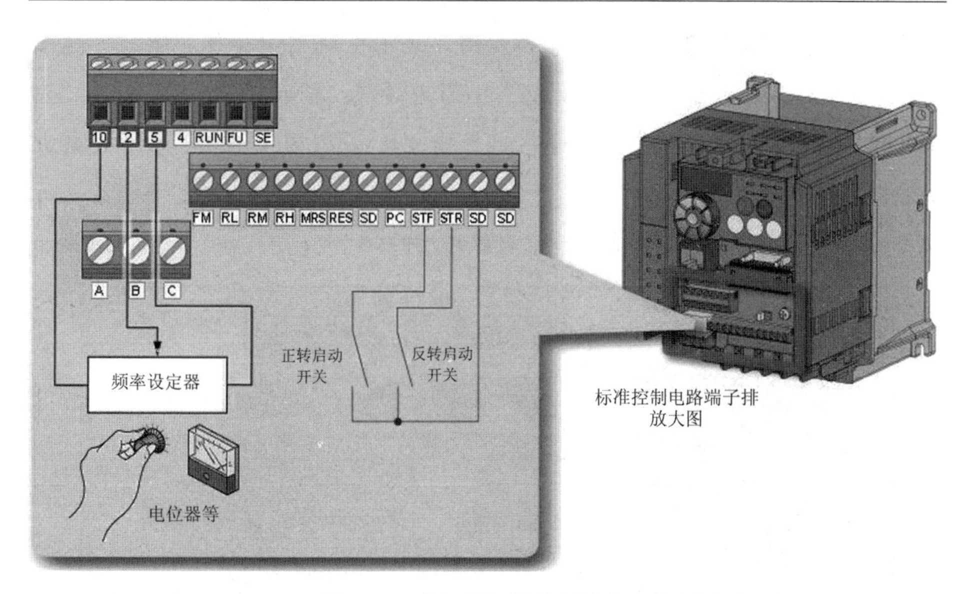

图 4-13　电压模拟量控制接线图

4.1.4　变频器的参数配置

以变更 Pr. 1 参数为例，具体的操作步骤如图 4-14 所示。

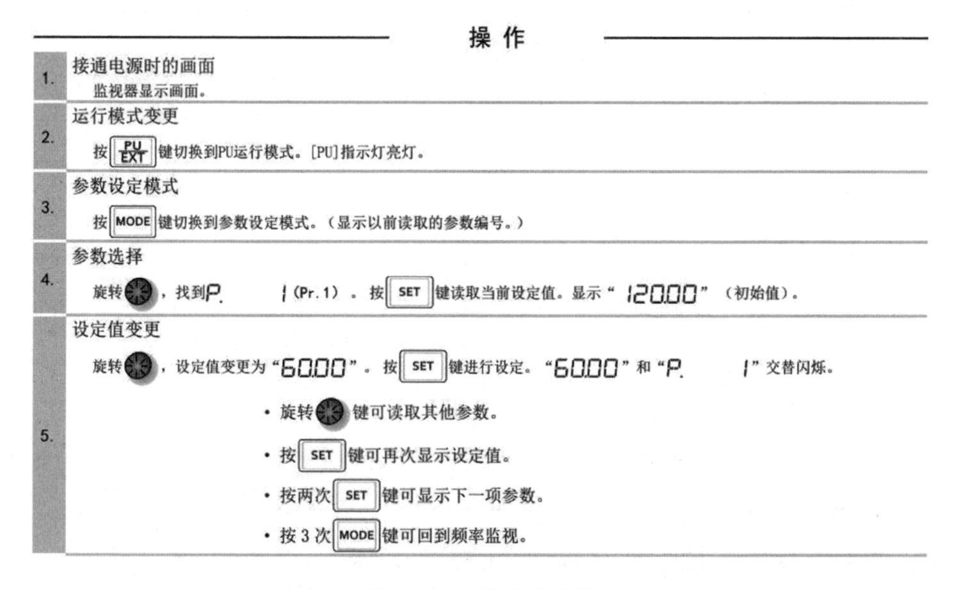

操 作

1.	接通电源时的画面 监视器显示画面。
2.	运行模式变更 按 PU/EXT 键切换到PU运行模式。[PU]指示灯亮灯。
3.	参数设定模式 按 MODE 键切换到参数设定模式。（显示以前读取的参数编号。）
4.	参数选择 旋转旋钮，找到P. 1（Pr. 1）。按 SET 键读取当前设定值。显示“120.00”（初始值）。
5.	设定值变更 旋转旋钮，设定值变更为“60.00”。按 SET 键进行设定。“60.00”和“P. 1”交替闪烁。 • 旋转旋钮键可读取其他参数。 • 按 SET 键可再次显示设定值。 • 按两次 SET 键可显示下一项参数。 • 按 3 次 MODE 键可回到频率监视。

图 4-14　参数设定步骤

当操作中显示了 Er1～Er4 的指示时，表示变频器发生错误警报。显示 Er1 是禁止写入错误；显示 Er2 是运行中写入错误；显示 Er3 是校正错误；显示 Er4 是模式指定错误。上面提到的四种模式可由 Pr79 号参数设置，配置方式如表 4-1 所示。

表 4-1　变频器的工作模式

操作面板显示	运行方法		运行模式
	启动指令	频率指令	
79--1 闪烁 PU EXT NET MON PRM P.RUN IM PM Hz	FWD、REV	*1	PU 运行模式
79--2 闪烁 PU EXT NET MON PRM P.RUN IM PM Hz	外部（STF、STR）	模拟量电压输入	外部运行模式
79--3 闪烁 PU EXT NET MON PRM P.RUN IM PM Hz	外部（STF、STR）	*1	外部 /PU 组合运行模式 1
79--4 闪烁 PU EXT NET MON PRM P.RUN IM PM Hz	FWD、REV	模拟量电压输入	外部 /PU 组合运行模式 2

4.1.5　三菱 FR700 变频器控制实验

1. 实验目的和要求

(1)了解变频器的工作原理；

(2)熟悉变频器的基本参数及设置步骤；

(3)掌握变频器控制电机的工作模式。

2. 实验设备与材料准备

(1)硬件：计算机，实训装置(包含气泵、气缸、传感器、变频器、交流电机、PLC 和触摸屏)；

(2)软件：三菱编程软件 GX works2。

3. 实验内容

PLC 与变频器在搅拌输送机设备上的应用如图 4-15 所示，要求搅拌机能实现手动调速与自动操作。手动操作时，能调整电动机转向与转速。自动操作时能实现以下工作过程，并循环执行。

自动操作工艺流程：开始→正转低速 8s→正转中速 10s→正转高速 5s→停止 3s→反转低速 5s→反转中速 5s→反转高速 5s→停止 2s→循环。

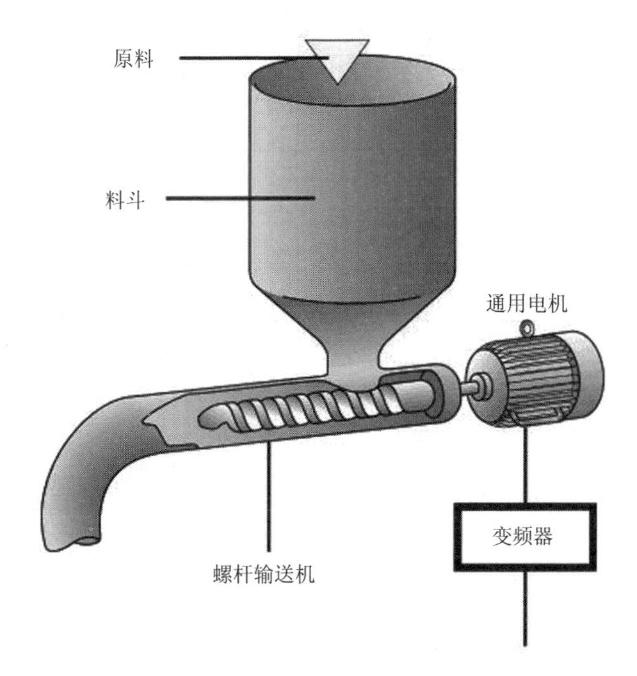

图 4-15　工业搅拌输送机设备

4. 实验步骤

步骤一：建立 I/O 地址分配表，如表 4-2 所示。

表 4-2　I/O 地址分配

输入		输出	
手动按钮	X0	正转线圈	Y0
自动按钮	X1	反转线圈	Y1
高速按钮	X2	高速线圈	Y2
中速按钮	X3	中速线圈	Y3
低速按钮	X4	低速线圈	Y4
停止按钮	X5		

步骤二：画控制电路电气接线图，如图 4-16 所示。

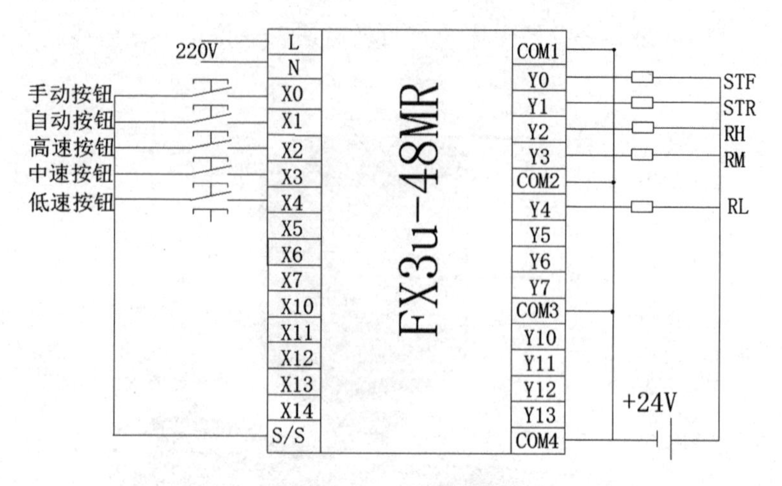

图 4-16　PLC 外围接线图

步骤三：编写 PLC 程序。

PLC 程序如下所示：

```
0    M8002                                             [ZRST  Y000   Y004 ]
     --| |---------------------------------------------
6    X000     X001     X005
     --| |--+--|/|------|/|----------------------------( M0 )
     M0     |
     --| |--+
11   X001     X000     X005
     --| |--+--|/|------|/|----------------------------( M1 )
     M1     |
     --| |--+
16   M0       X002
     --| |--+--| |-------------------------------------( M10 )
            |  X003
            +--| |-------------------------------------( M20 )
            |  X004
            +--| |-------------------------------------( M30 )
26   M1
     --| |--+------------------------------------------[SET   Y000 ]
     M7     |
     --| |--+------------------------------------------[RST   Y001 ]
```

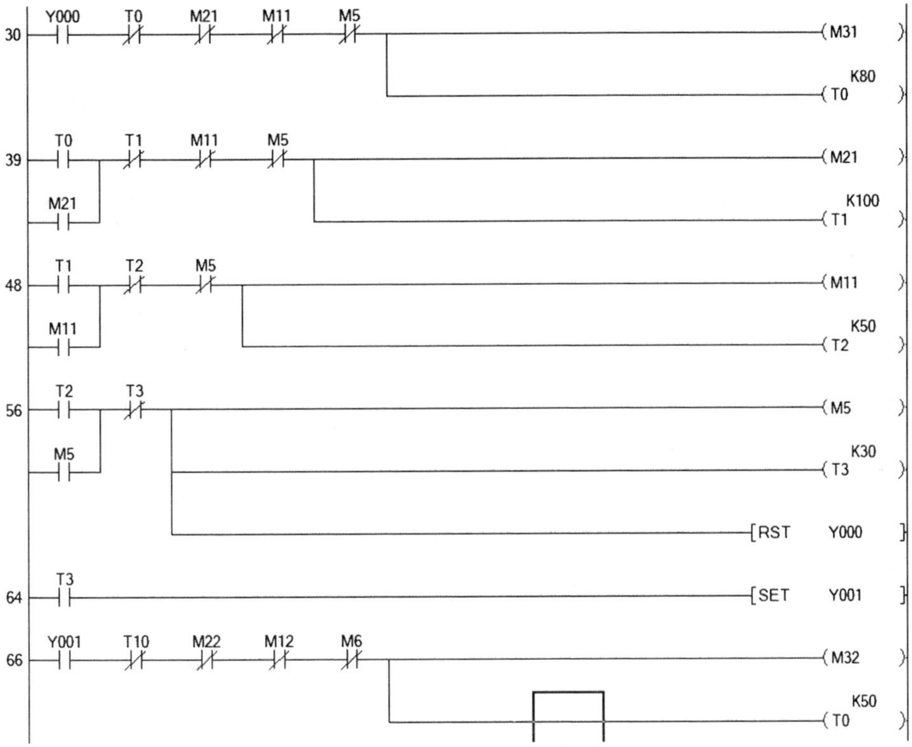

30 Y000 T0 M21 M11 M5 (M31)
(T0 K80)

39 T0 T1 M11 M5 (M21)
M21
(T1 K100)

48 T1 T2 M5 (M11)
M11
(T2 K50)

56 T2 T3 (M5)
M5
(T3 K30)
[RST Y000]

64 T3 [SET Y001]

66 Y001 T10 M22 M12 M6 (M32)
(T0 K50)

106 M20 (Y003)
M21
M22

110 M10 (Y002)
M11
M12

```
75   T10 (M22)  T11  M12  M6  ——(M22)
                                 ——(T11  K50)
84   T11 (M12)  T12  M6  ——(M12)
                           ——(T12  K50)
92   T12 (M6)  T13  ——(M6)
                      ——(T13  K20)
                      ——[RST  Y001]
100  T13  ——(M7)
102  M30 (M31) (M32)  ——(Y004)
```

4.2 工业机器人

人们对于“机器人”的印象多来自电视的动漫等节目，它带给人类无尽的遐想。例如，在电视动漫节目中具有人类形体的机器人，全国大专院校学生在机器人大赛上制作的机器人，等等。下面要介绍的不是这样的机器人，而是工业机器人。那么究竟是怎样的机器人呢？

4.2.1 工业机器人特征

1. 工业机器人的定义

GB11291.2—2013 对于“工业机器人”有如下的解释：“具有自动控制的操纵功能及移动功能，可通过程序执行各种作业，可适用于工业用途的机械。”

提起“工业机器人”，很容易联想到电视等媒体播放的排列在汽车制造流水线上的机器人，以及组装电子产品的机器人。然而，根据上述定义，带有起重杆状手臂的专用机械，如果由程序控制器等控制，就是一个出色的工业机器人。而且，还与“生活援助”“家庭自动化”“娱乐”等非工业用途的机器人(私人用机器人)区分开来了。

2. 工业机器人的优点

从工业自动化的实现角度分析工业机器人的优点，本书总结了七个优点：一是可提高生产率；二是可轻松适应多种机型；三是便于转换到新机型；四是系统调试可很快完成；五是操作人员可从工伤事故中解放出来；六是操作人员可从简单作业中解放出来；七是可提高产品质量。表4-3从机器人的功能、操作员和专业设备三个方面进行了对比。

表4-3 工业机器人的7个优点

序号	引进的好处	机器人的功能	与操作人员相比	与专用机械相比
1	可以提高生产效率	可迅速从一个作业位置移动到下一个作业位置。尤其是垂直多关节、水平多关节机器人可高速移动 真快		专门从事焊接、密封等作业的特殊机器人
2	可以轻松适应多种机型	可储存多种机型的程序。机型变更时机器人的动作变换瞬时即可完成。能执行复杂的动作 程序1 程序2 程序3 机型A 机型B 机型C	要学会各种作业	很难学会多种作业的比较
3	便于转换到新机型（容易转换到其他作业）	可以随意改变机器人的动作 2 3 4 1 5		对每种作业都需重新设计、制作，成本很高

续表

序号	引进的好处	机器人的功能	与操作人员相比	与专用机械相比
4	系统调试可很快完成，调试时的故障也少，可缩短调试时间	高自由度通用产品 示教 编程 自动运行	能灵活应对新系统	由于是特殊产品，设计、制作时间长
5	操作人员可从工伤事故中解放出来	代替操作员的手、臂进行动作		相同
6	操作人员可从简单作业中解放出来	任劳任怨、服从命令、长时间默默劳动，但也不是万能的		相同
7	可提高产品质量	始终进行相同的动作，不会犯零件误装等错误 B A E F C D		相同

3. 工业机器人的安全性

在工业场景进行示教等作业时必须接近机器人，因此，曾发生过多起工业机器人击打、夹住作业人员的“工伤事故”。现在，使用工业机器人进行的作业已被指定为危险、有害作业。根据机械安全生产标准化规定，从事该项作业的作业人员必须“修完特别培训课程”，而且管理运行方面有义务设置“围栏等防止接触装置”、制定并遵守“作业规程”，以及彻底做好“标识”“检修”等工作。

4.2.2 工业机器人的分类和使用方法

根据 GB11291.2—2013 对工业机器人的定义[5]，有两种分类方法：一般性分类和按动作机构分类。

现今的机器人非常复杂，很难做简单的分类。因此，对于产品型号系列等的分类，经常采用“按动作机构分类”。例如，“垂直多关节机器人系列”“水平关节机器人系列”等。

此外，特定用途的特殊机器人，有时也会根据应用领域形成系列。例如，“码堆机器人系列”“洁净机器人系列”等[6]。

工业机器人可按动作机构分类，如直角坐标机器人、圆柱坐标机器人、极坐标机器人、关节机器人等。

1. 直角坐标机器人

直角坐标机器人刚性、定位精度优异，便于控制。移动速度并不快，作业范围小于占地面积，适用于在流水线加工机械上装卸工件，以及在 X 轴、Y 轴定位的作业、码垛堆积作业、高精度作业等，如图 4-17 所示。

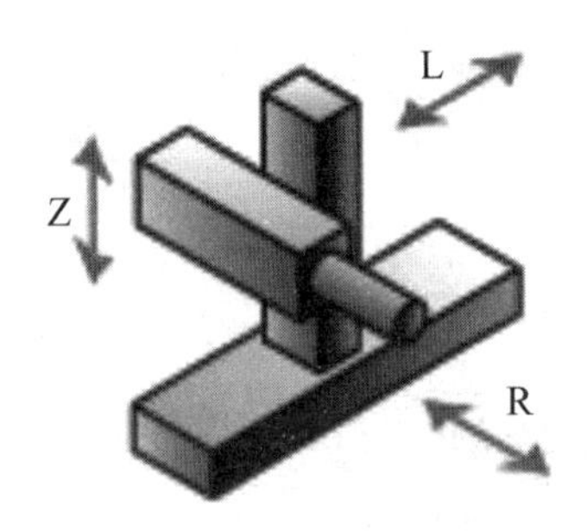

图 4-17　直角坐标机器人

2. 圆柱坐标机器人

圆柱坐标机器人动作范围不再局限于正面，可扩展到两个侧面，但向上倾斜、向下倾斜的移动有所限制，迂回等复杂动作难以执行。刚性、定位精度优异，操作也方便。具有回转功能，因此前端部的线速度很快。适用于机械上的工件安装、装箱作业等，如图 4-18 所示。

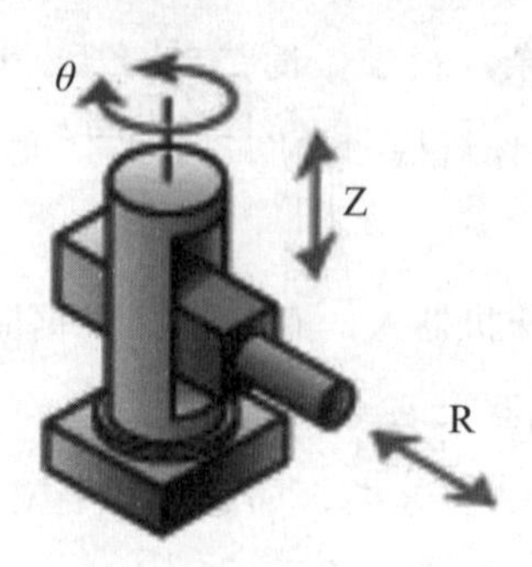

图 4-18 圆柱坐标机器人

3. 极坐标机器人

极坐标机器人作业空间向上、下方向扩展，在低于或高于机器人躯体的位置进行作业时，机械臂可上下回转。可进行某种程度的迂回作业。可搬运的工件重量小于其他机器人。适用于点焊、喷涂等空间位置较复杂的作业，以及曲面仿形加工作业，如图 4-19 所示。

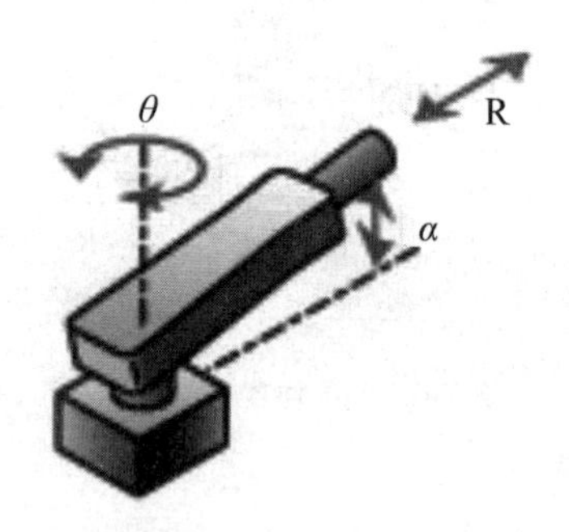

图 4-19 极坐标机器人

4. 关节机器人

关节机器人迂回运动性能优良，机械手可绕到物体后方作业，可完成复杂动作，活动面积大于占地面积。而且，各机械臂均作圆周运动，适用于高速作业。但是精度、刚性、可搬运重量较差，操作比较复杂。适用于组装作业和复杂的曲面随动作业等，如图 4-20 所示。

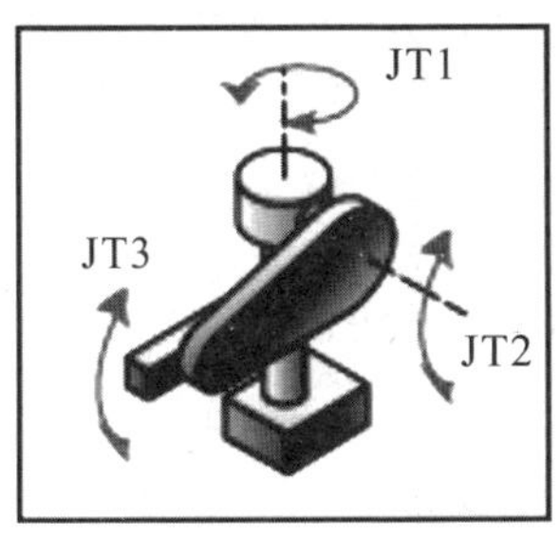

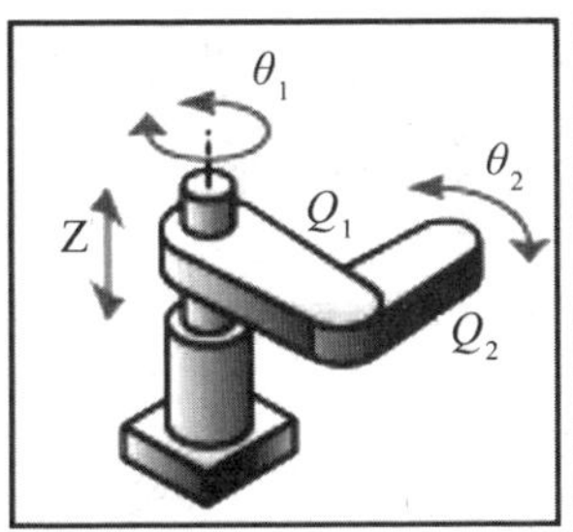

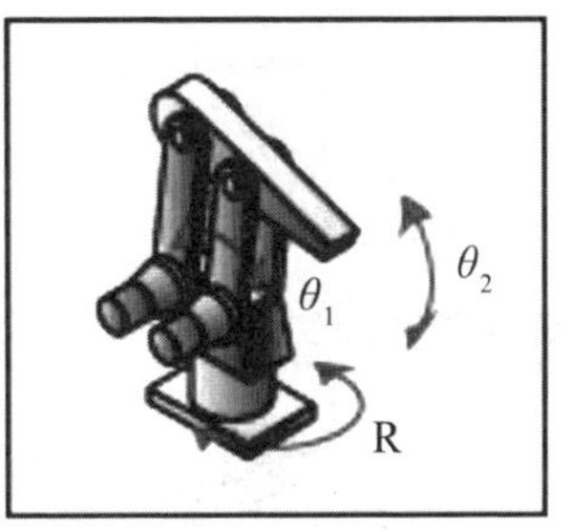

图 4-20　关节机器人

4.2.3　工业机器人的操作和编程

本书以三菱 RV 型工业机器人为例，介绍(通用)工业机器人的构成以及用于驱动的操作、编程的概要。

1. 工业机器人的构成

工业机器人通常由下述几部分构成(如图 4-21 所示)：

(1)机器人本体；

(2)机器人控制器；

(3)示教盒；

(4)机器线缆(连接机器人与机器人控制器的电缆)；

(5)作业工具(抓手等)；

(6)其他。

工业机器人还有用于编程的计算机/RS-232C 电缆；用于驱动机械手的电磁阀或气管等；用于在外围设备联动的 I/O 电缆或各种接口，等等。

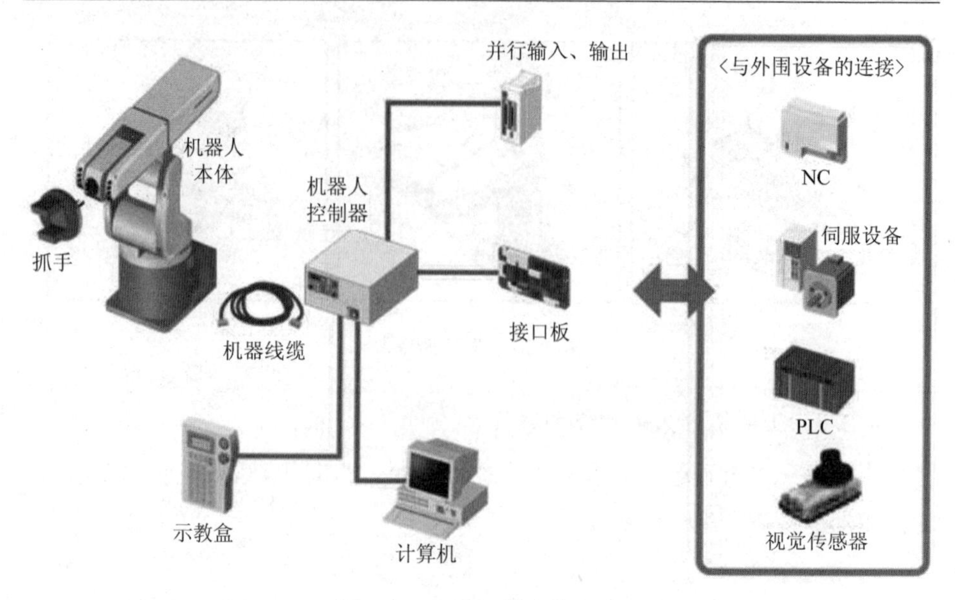

图 4-21 工业机器人的组成

2. 操作面板的功能(CR760 控制器)

操作面板的按钮说明如图 4-22 所示。

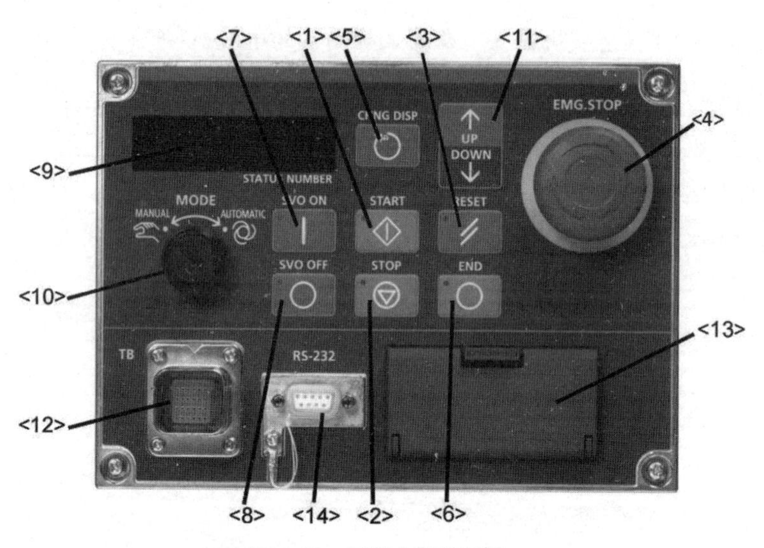

图 4-22 机器人操作面板

＜1＞开始按钮——执行程序使机器人动作。程序连续运行。

＜2＞停止按钮——立刻使机器人停止。伺服不会 OFF。

＜3＞复位按钮——解除错误。此外，解除程序中断状态并复位程序。

＜4＞紧急停止开关 ——使机器人紧急停止。伺服 OFF。

＜5＞显示切换按钮——按＜倍率修调＞→＜行号＞→＜程序号＞→＜用户信息＞→＜生产厂商信息＞的顺序切换显示面板的显示内容。

＜6＞结束按钮 ——停止执行中的程序的最终行或 End 语句。

＜7＞SVO. ON 按钮——接通伺服电源。伺服 ON。

＜8＞SVO. OFF 按钮——切断伺服电源。伺服 OFF。

＜9＞STATUS. NUMBER——(显示面板)可显示报警号码、程序号码、倍率修调值等。

＜10＞模式切换开关 ——对机器人的操作权进行切换。

当处于 AUTOMATIC 时，操作面板或外部设备的操作有效，无法进行需要示教单元操作权的操作。

当处于 MANUAL 示教单元操作时，仅限通过示教单元进行的操作有效。

＜11＞UP/DOWN 按钮——使显示面板的显示内容进行上翻页、下翻页显示。

＜12＞示教单元连接用连接器——连接示教单元的专用连接器。不使用示教单元时，连接附带的虚拟连接器。

＜13＞接口盖板 ——盖板内部配备有 USB 接口和电池。

＜14＞RS-232 连接器——连接个人计算机的 RS-232 规格的连接器。CR760-Q 控制器中无此配备。

3. 示教单元(T/B)的功能

示教器各按键如图 4-23 所示。

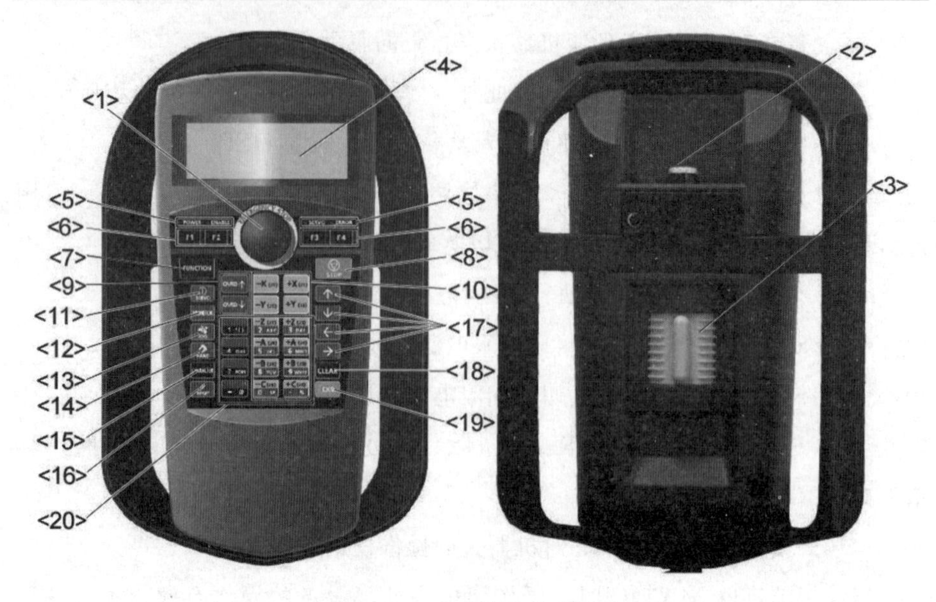

图 4-23　示教器的外观图

＜1＞[EMG. STOP] 开关——此开关是一个有上锁功能的按钮式开关，紧急停止时使用。按下此钮则伺服 OFF，且无论示教单元是在有效状态还是无效状态，机器人都会立刻停止。要取消此状态请将开关往右边顺时针旋转，或往上拉起(紧急停止开关按下时，机器人会变成报警状态。开关解除后，请进行报警的复位)。

＜2＞[TB ENABLE] 开关——为切换示教单元的按键操作为有效或无效的开关。此开关为交替的开关，示教单元有效时，开关内的灯会亮起，且前面的 ENABLE 灯也会亮起。使用示教单元操作机器人时，务必使示教单元为有效。示教单元有效时，示教单元的操作有优先权，无法由控制器或其他外部控制。若要由控制器或其他外部控制，请将示教单元设定为无效“DISABLE”。

＜3＞使能开关——在背面为 3 位置开关，MANUAL 模式时，放开此开关或强按下此开关，则会使伺服关闭。JOG 操作和单步操作等在伺服开启状态下操作时，请在轻按此开关的状态下进行。

另外，执行紧急停止及伺服关闭操作时，伺服是关闭状态，只按下本开关，伺服也不会启动。请重新执行开启伺服。

＜4＞显示面板——显示以示教单元按键所做的程序内容或机器人状态。

＜5＞显示状态灯——显示示教单元及机器人的状态。

[POWER]：示教单元有电源供给时，绿色灯亮起。

[ENABLE]：示教单元为有效状态时，绿色灯亮起。

[SERVO]：机器人在伺服开启中时，绿色灯亮起。

[ERROR]：机器人在报警状态时，红色灯亮起。

＜6＞[F1][F2][F3][F4] 键——执行显示面板功能显示部显示的功能。

＜7＞[FUNCTION] 键——在[F1][F2][F3][F4]键分配的功能有 5 个以上时，按下此键可以切换功能显示，按[F1][F2][F3][F4]键可变更分配功能。

＜8＞[STOP] 键——中断运行中的程序，使移动中的机器人减速停止。另外，有程序在执行时，会中断执行。和控制器前面的[STOP]按键功能相同，有连接示教单元的状态，没有按下[使能]开关的情况下([ENABLE]灯没有亮起的情况)也可以使用。

＜9＞[OVRD↑][OVRD↓]键——可改变机器人的速度比例。按下[OVRD↑]键，则速度比例增加；按下[OVRD↓]键，则速度比例减少。以此键操作的速度比例变更，其变化也会显示在控制器前面。

＜10＞[JOG 操作] 键，包括[−X(J1)]～[+C(J6)]的 12 个键——示教单元处在 JOG 模式时，可以此键执行 JOG 操作；示教单元处在抓手模式时，可以此键执行抓手操作。

＜11＞[SERVO]键——一边轻轻握住位置 3 开关按键，一边按下此键，则机器人会开启伺服。

＜12＞[MONITOR]键——按下此键，会变成接口模式，显示接口 MENU。在接口模式时按下此键，则会回到接口模式前的画面。

＜13＞[JOG]键——按下此键，会变成 JOG 模式，显示 JOG 画面。再次按下此键，会回到 JOG 模式前的画面。

＜14＞[HAHD]键——按下此键，会变成抓手模式，显示抓手操作画面。再次按下此键，会回到抓手操作模式前的画面。

另外，按下此键 2s 以上时，会变成 TOOL 选择画面，可进行 TOOL 数据选择，变更模式。在TOOL选择模式时，按下此键2s以上，会回到前一个画面。

<15>[CHARACTER]键——在可以输入文字或数字的时候，使用[数字/文字]键的功能，切换数字及文字间的输入。

<16>[RESET]键——机器人在报警状态时，可解除报警。(也有无法解除的报警)

另外，一边按下此键，一边按下[EXE]键，会执行程序复位。

<17>[↑][↓][←][→]键——将光标移动到各个方向。

<18>[CLEAR]键——可输入数字或文字时，按下此键的话，可删除光标上的1个文字。另外，长时间按住时，会删除光标输入范围的所有文字。

<19>[EXE]键——确定输入操作。此外，直接执行时，继续按住此键时，机器人会动作。

<20>[数字/文字]键——可输入数字或文字时，按下此键会显示数字或文字。

4. 机器人的动作控制

1)关节插补动作 Mov

往指定的位置、各关节轴单位做插补移动(因为在各关节轴单位做插补，尖端的轨迹不会变为直线)。

下面通过一个具体的案例讲解Mov指令的轨迹。如图4-24所示，机械臂经$P1$和$P2$两个点，去$P3$点抓取物体。表4-4为图4-24的控制程序，从图中可以看出，(1)～(6)的轨迹为圆弧的插补路径。

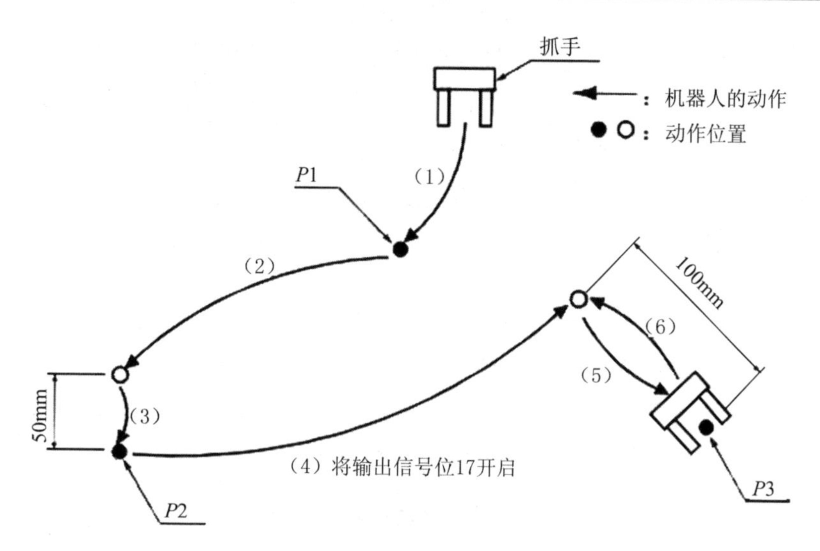

图 4-24　关节插补动作 Mov 指令轨迹路径图

表 4-4　机械臂控制程序

程序	注释
1 Mov P1	往 P1 移动
2 Mov P2，－50	从 P2 开始，后退 50mm 的位置开始移动
3 Mov P2	往 P2 移动
4 Mov P3，－100 Wth M _ Out(17)＝1	往 P3 移动，抓手在 100mm 的位置移动，同时将输出信号 17 开启
5 Mov P3	往 P3 移动
6 Mov P3，－100	返回到 P3，在抓手方向 100mm 位置后退
7 End	程序结束

2)直线插补动作 Mvs

将抓手尖端以直线插补的方式移动到已指定的位置。

下面通过一个具体的案例讲解 Mvs 指令的轨迹。如图 4-24 所示，机械臂经 P1 点，去 P2 点抓取物体。表 4-5 为图 4-25 的控制程序，从图中可以看出，(1)～(6)的轨迹为直线的插补路径。

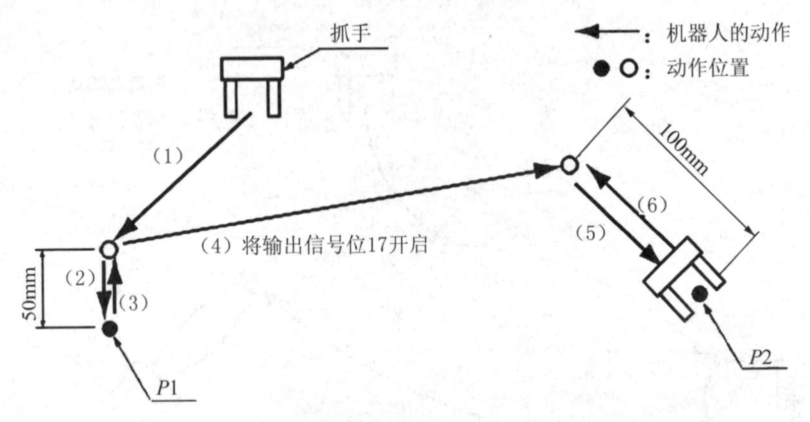

图 4-25 关节插补动作 Mvs 指令轨迹路径图

表 4-5 机械臂控制程序

程序	注释
1 Mvs P1，－50	以直线插补从 P1 移动到抓手方向后退 50mm 的位置
2 Mvs P1	以直线插补往 P1 移动
3 Mvs ，－50	以直线插补从现在位置(P1)移动到抓手方向后退 50mm 的位置
4 Mvs P2，－100 Wth M _ Out(17)＝1	开始移动的同时，开启输出信号位 17
5 Mvs P2	以直线插补往 P2 移动
6 Mvs ，－100	以直线插补移动到从 P2 到往抓手方向后退 100mm 的位置
7 End	程序结束

3)圆弧插补动作

Mvr 圆弧指令指定起点、通过点、终点后，以圆弧插补依照起点→通过点→终点的顺序移动。

如：Mvr P1，P2，P3——以圆弧插补移动 P1→P2→P3，如图 4-25 所示。

Mvr2 圆弧指令指定起点、终点、参考点后，以圆弧插补从起点→终点，不通过参考点的方式移动。

如：Mvr2 P5，P7，P6 ——起点(*P*5)、参考点(*P*6)、终点(*P*7)在指定的圆周上，起点开始以圆弧到终点为止，不通过参考点的动作，如图 4-25 所示。

Mvr3 圆弧指令指定起点、终点、中心点后，以圆弧插补从起点→终点移动。从起点到终点的扇角范围为：0°＜扇角 ＜180°。

如：Mvr3 P7，P9，P8 ——中心点(*P*8)、起点(*P*7)、终点(*P*9)指定的圆周上，以圆弧动作从起点到终点移动，如图 4-26 所示。

Mvc 指令指定起点(终点)、通过点 1、通过点 2 后，以圆弧插补按起点→通过点 1 →通过点 2 →终点的顺序做圆周移动。

如：Mvc P9，P10，P11 ——以圆弧从 *P*9→*P*10→*P*11→*P*9 动作。1 周的动作如图 4-26 所示。

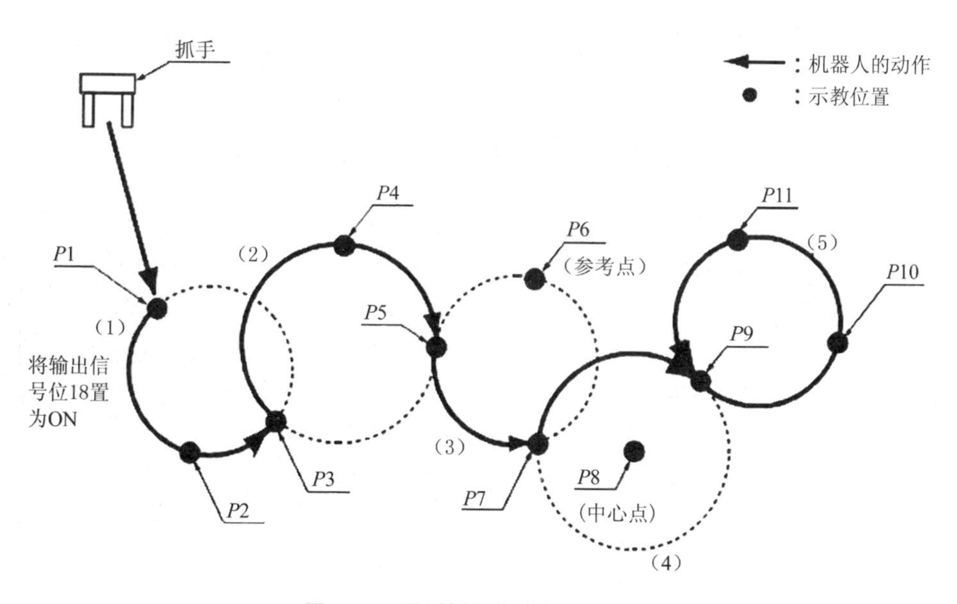

图 4-26　圆弧插补指令轨迹路径图

4)连续动作 Cnt

每个动作位置不停止，连续移动复数的动作位置。在指令里，指定连续动作的开始和结束。

下面通过一个具体的案例讲解 Cnt 指令的轨迹。如图 4-27 所示，机械臂经过 P1 点后，在 P2、P3、P4、P5 点处变为连续动作，最后在 P6 点处作偏移。表 4-6 为图 4-27 的控制程序。

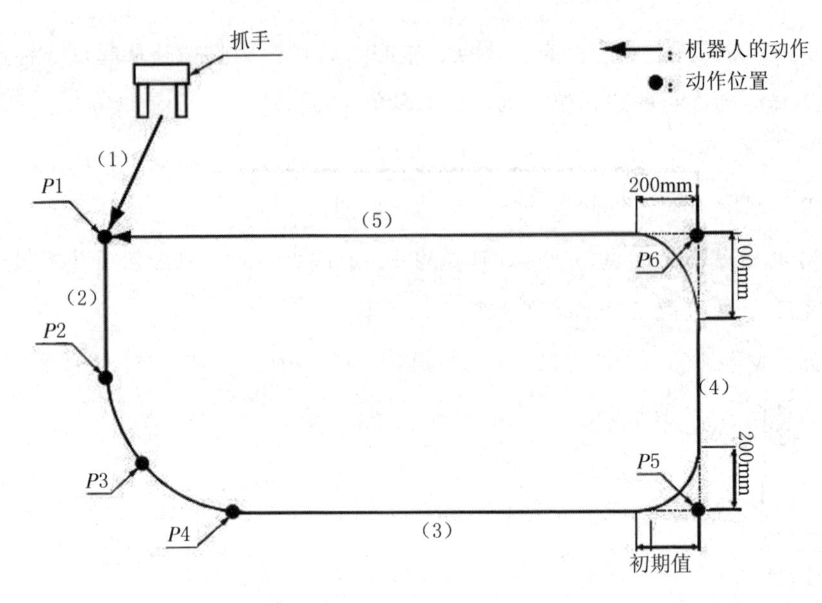

图 4-27　连续动作 Cnt 指令轨迹路径图

表 4-6　机械臂控制程序

程序	注释
1 Mov P1	以关节插补往 P1 移动
2 Cnt 1	使连续动作有效(此后的移动会变成连续动作)
3 Mvr P2，P3，P4	直线动作到 P2 为止且连续做圆弧动作到 P4 为止
4 Mvs P5	连续圆弧动作，往 P5 做直线动作
5 Cnt 1，200，100	连续动作的起点 P5 距离设定为 200mm，终点 P6 距离设定为 100mm
6 Mvs P6	往 P5 的移动连续，以直线动作移往 P6
7 Mvs P1	连续，以直线动作移往 P1
8 Cnt 0	使连续动作无效
9 End	程序结束

5)加减速时间和速度控制

可以指定加减速时的最高加减速度的比例及动作速度。

Accel：将移动速度时的加、减速度，以最高速度的比例指定。

如：Accel——加减速全部以 100%设定。

Accel 60，80——加速度以 60%、减速度以 80%设定。最高加减速时间为 0.2s 的情况，加速时间为 $0.2 \div 0.6 = 0.33$s、减速时间为 $0.2 \div 0.8 = 0.25$s。

Ovrd：设定程序全体的动作速度，以最高速度的比例指定。

如：Ovrd 50——关节插补、直线插补、圆弧插补动作都以最高速度的 50%设定。

6)目的位置的到达确认 Fine

Fine 指令以脉冲数指定定位完成条件。指定脉冲数越小，越可以正确指定位置。Fine 指令连续动作时，本指定为无效。

7)高精度轨迹控制 Prec

将机器人的动作轨迹提升的指令。Prec 指令指定高精度模式的有效、无效。

下面通过一个具体的案例讲解 Prec 指令的轨迹。如图 4-28 所示，机械臂经 $P1$～ $P4$ 四点的路径进行控制。表 4-7 为图 4-28 的控制程序。

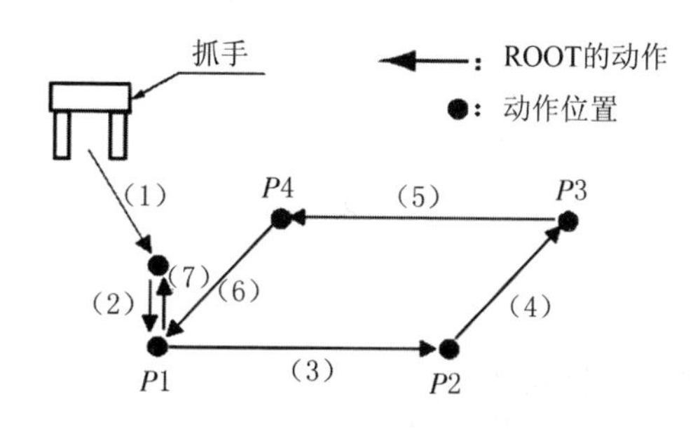

图 4-28　高精度轨迹控制 Prec 指令轨迹路径图

表 4-7 机械臂控制程序

程序	注释
1 Mov P1，-50	以关节插补从 P1 移动到抓手方向后退 50mm 的位置
2 Ovrd 50	将动作速度设定为最高速度的一半
3 Mvs P1	直线方式往 P1 移动
4 Prec On	使高精度轨迹模式有效
5 Mvs P2	从 P1 到 P2 以高精度轨迹移动
6 Mvs P3	从 P2 到 P3 以高精度轨迹移动
7Mvs P4	从 P3 到 P4 以高精度轨迹移动
8 Mvs P1	从 P4 到 P1 以高精度轨迹移动
9 Prec Off	使高精度轨迹模式无效
10 Mvs P1，-50	以直线插补后退到从 P1 移动到抓手方向后退 50mm 的位置
11 End	程序结束

4.2.4 三菱机械臂码段实验

1. 实验目的和要求

(1)了解三菱机械臂的工作原理；

(2)熟悉机械臂的示教器及其控制器的操作与应用；

(3)掌握机械臂码段程序的设计；

2. 实验设备与材料准备

(1)硬件：计算机，实训装置(三菱机械臂，气动夹爪，物块)；

(2)软件：三菱机械臂编程软件。

3. 实验内容

根据图 4-29 所示的码垛动作示意图编写程序。

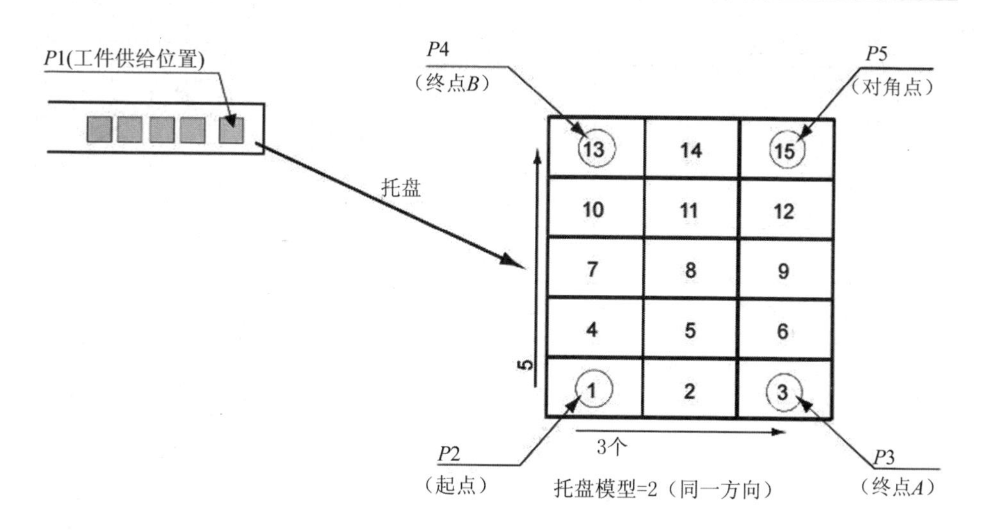

图 4-29　机械臂码垛布局图

在工件排列作业和取出作业规则都正确的作业情况下，码垛功能会变成使用基准，在示教工件的位置，可用运算求得剩余的位置。

指令 Def Plt 1，P1，P2，P3，P4，4，3，1：表示在指定托盘号码为 1，起点为 $P1$、终点为 $A(=P2)$、终点为 $B(=P3)$、对角点为 $P4$ 的 4 点地方和这样大小的尺寸内，个数 $A=4$、个数 $B=3$ 的合计 12 个(4×3)作业位置，用托盘模型 1(即 Z 字形)进行运算。

位置的指定和托盘模型的关系如图 4-30 所示，表 4-8 为图 4-30 的控制程序。

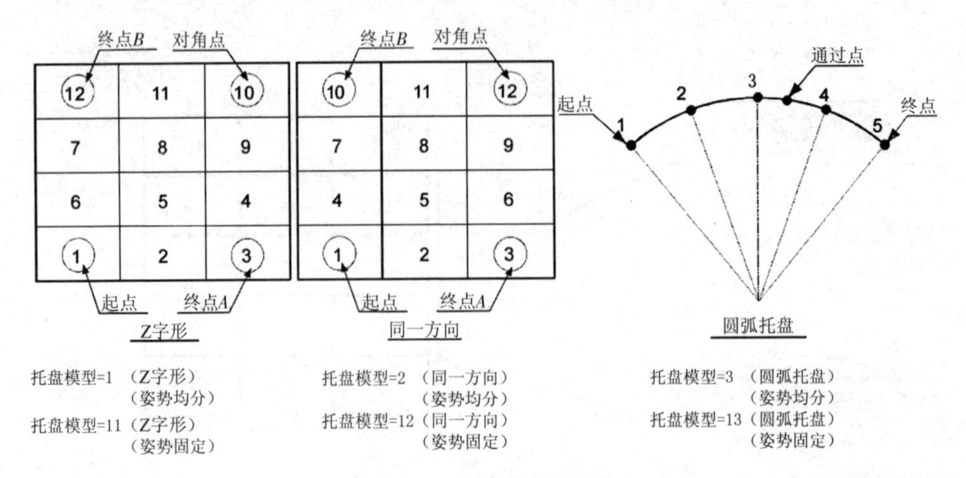

图 4-30 机械臂托盘模型

表 4-8 机械臂控制程序

程序	注释
1 P3. A=P2. A	在 P3 的姿势成分(A)里代入 P2 的姿势成分(A)
2 P3. B=P2. B	在 P3 的姿势成分(B)里代入 P2 的姿势成分(B)
3 P3. C=P2. C	在 P3 的姿势成分(C)里代入 P2 的姿势成分(C)
4 P4. A=P2. A	在 P4 的姿势成分(A)里代入 P2 的姿势成分(A)
5 P4. B=P2. B	在 P4 的姿势成分(B)里代入 P2 的姿势成分(B)
6 P4. C=P2. C	在 P4 的姿势成分(C)里代入 P2 的姿势成分(C)
7 P5. A=P2. A	在 P5 的姿势成分(A)里代入 P2 的姿势成分(A)
8 P5. B=P2. B	在 P5 的姿势成分(B)里代入 P2 的姿势成分(B)
9 P5. C=P2. C	在 P5 的姿势成分(C)里代入 P2 的姿势成分(C)
10 Def Plt 1，P2，P3，P4，P5，3，5，2	定义码垛，托盘号码为 1，起点为 P2，终点 A=P3，终点 B=P4，对角点为 P5，个数 A=3，个数 B=5，托盘模型为 2(同一方向)
11 M1=1	在数值变量 M1 里代入值 1(M1 在计数器使用)
12 * LOOP	作为跳转对象，将跳转到 * LOOP 语句
13 Mov P1，-50	以关节插补动作从 P1 移动到抓手方向后退 50mm 的位置
14 Ovrd 50	将动作速度设定为最高速度的一半
15 Mvs P1	往 P1 直线移动(去抓取工件)

续表

程序	注释
16 HClose 1	关闭抓手 1(抓住工件)
17 Dly 0.5	等待 0.5s
18 Ovrd 10	将动作速度设定为最大
19 Mvs ，－50	以直线动作从现在位置(*P*1)移动到抓手方向后退 50mm 的位置
20 P10＝(Plt 1，M1)	显示数值变量 *M*1 的值，运算 Pallet 号码 1 内的位置，将结果代入 *P*10
21 Mov P10，－50	以关节插补动作从 *P*10 移动到抓手方向后退 50mm 的位置
22 Ovrd 50	将动作速度设定为最高速度的一半
23 Mvs P10	以直线移动到 *P*10(去放置工件)
24 HOpen 1	打开抓手 1(放开工件)
25 Dly 0.5	等待 0.5s
26 Ovrd 100	将动作速度设定为最大
27 Mvs，－50	以直线动作从现在位置(*P*10)移动到抓手方向后退 50mm 的位置
28 M1＝M1＋1	数值变量 M1 的值补足 1(码垛计数器前进)
29 If M1 < = 15 Then * LOOP	若数值变量 M1 的值小于 15，则跳转到 * LOOP 语句
30 End	程序结束

4.3　工业伺服系统

伺服一词源于希腊语“奴隶”的意思。人们想把“伺服机构”当成得心应手的“驯服”工具，服从控制信号的要求而动作[7]。本节将讨论伺服电机及控制器的使用与编程。

4.3.1　伺服的作用

将物体移动到规定的位置，或者跟踪一个运动的目标时，经常能听到“伺服”这个词。利用伺服机构可进行位置、速度、转矩的单项控制及组合控制。

位置控制是指正确地移动到指定位置，或停止在指定位置。位置精度有的已可达到微米(μm：千分之一毫米)以内，还能进行频繁的启动、停止。

速度控制是指目标速度变化时，可快速响应。即使负载变化，也可最大限度地缩小与目标速度的差异。能实现在宽广的速度范围内连续运行。

转矩控制是指即使负载变化，也可根据指定转矩正确运行。转矩是使转轴旋转的“力”。

为了实现既灵敏又高精度动作，始终确认自己的动作状态，避免与指令发生偏差而不断进行反馈(feed back)，这就是伺服机构的特点。如何进行控制以缩小指令信号与反馈信号之差至关重要。

伺服机构大致由下列各部分组成。

(1)指令部：发出动作的指令信号。

(2)控制部：使电机等按照指令运行。

(3)驱动、检测部：驱动控制对象，对其运行状态进行检测。

实际的机构虽然也有液压式和气压式的，但最近广泛使用维护性能优良的电气式伺服机构。电气式伺服机构中(尤其是与FA相关的精密控制)，经常使用AC伺服系统。而且，伺服电机常带有可检测旋转角度、速度和方向的编码器，可将检测信息反馈给伺服放大器(控制部)，如图4-31所示。

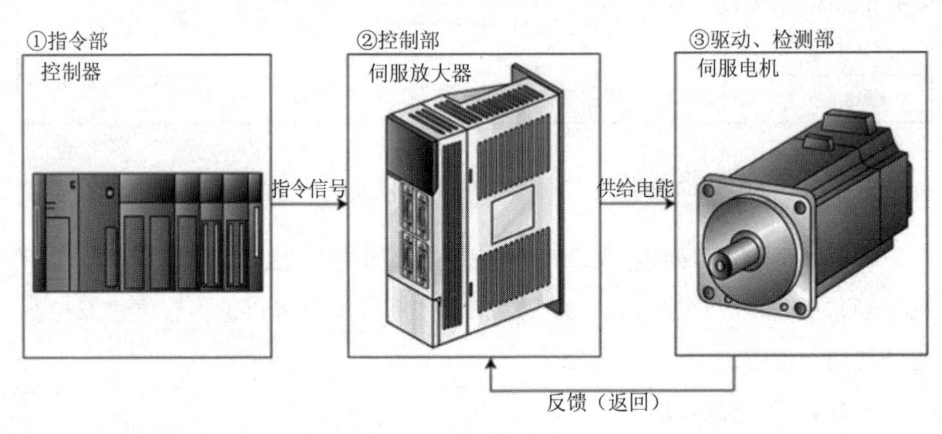

图4-31　伺服控制系统

4.3.2　伺服电机的种类

普通的伺服电机有SM(同步)型AC伺服电机、IM(感应)型AC伺服电机和DC伺服电机三种，如表4-9所示。与FA相关的伺服电机，尤其是需求量大的中、小容量电机，工业场景通常说到“伺服”时，一般都是指SM型AC伺服电机。这类电机无须维护，而DC伺服电机的整流电刷需要进行维护、检查。此外，因为DC伺服电机会产生电刷粉末，故不能用于有洁净要求的环境。IM型AC伺服电机由于没有永久磁铁，所以停电时不能发电制动。

表4-9　伺服电机分类

种类	结构	优点	缺点
SM(同步)型AC伺服电机	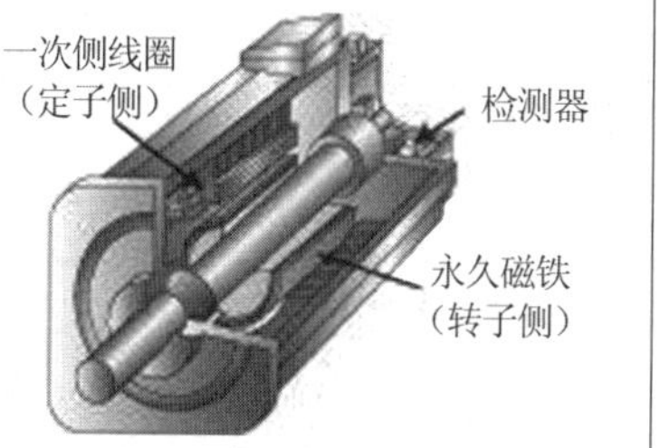 一次侧线圈(定子侧)　检测器　永久磁铁(转子侧)	无须维护。 环境适应能力强。 可输出大转矩。 停电时可进行发电制动。 小型、轻量。 功率变化率大	伺服放大器比DC电机用的略微复杂。 电机与伺服放大器必须一对一使用。 永久磁铁的磁力可能会逐渐减弱
IM(感应)型AC伺服电机	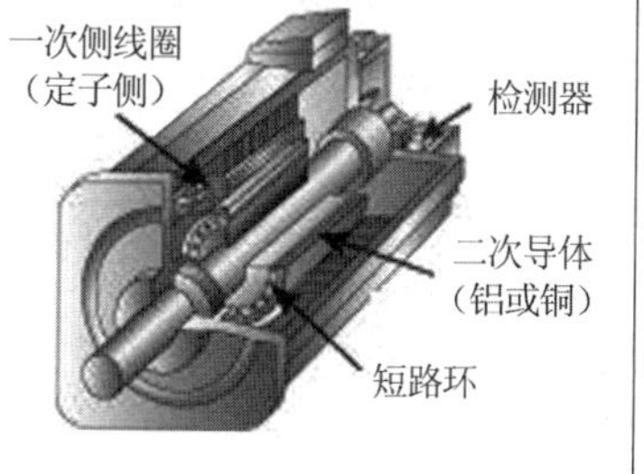 一次侧线圈(定子侧)　检测器　二次导体(铝或铜)　短路环	无须维护。 环境适应能力强。 可输出高速、大转矩。 大容量机型效率高	小容量机型的低效率伺服放大器比DC电机用的略微复杂。 停电时不能发电制动。 特性随温度而波动

续表

种类	结构	优点	缺点
DC伺服电机	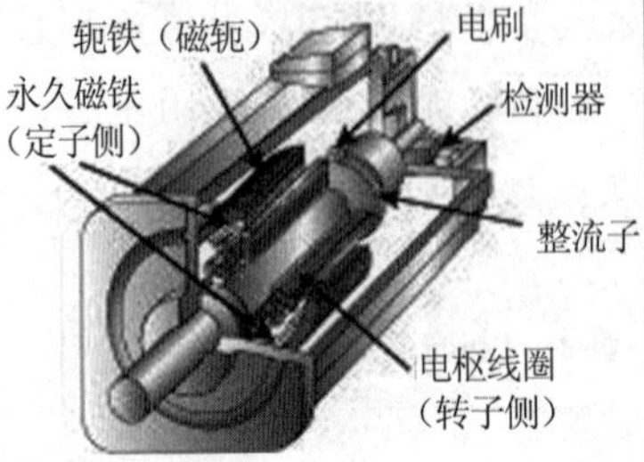	伺服放大器结构简单。 停电时可进行发电制动。 小容量机型价格低	必须对整流子部位进行维护和定期检查。 因DC伺服电机会产生电刷粉末，故不能用于有洁净要求的环境。 因电刷的缘故，不适于高速、大转矩用途。 永久磁铁的磁力可能会逐渐减弱

4.3.3 编码器的种类

编码器常见的类型有增量编码器与绝对编码器两类，如表4-10所示。最新的伺服电机多采用停电后无须进行原点复归的绝对编码器。绝对编码器中有检测电机旋转一圈所处位置的绝对位置检测部和计算旋转了几圈的多圈检测部。为了防止多圈检测数据在停电时丢失，由电池维持数据。

表4-10 增量编码器和绝对编码器的对比

项目	增量编码器	绝对编码器
输出内容	输出相对值。 针对旋转角的变化量输出脉冲	输出绝对值。 输出旋转角度的绝对值
停止时的应对	接通电源时需要原点复归动作	接通电源时无须原点复归动作
价格	结构较简单，价格低	结构较复杂，价格高

续表

项目	增量编码器	绝对编码器
结构	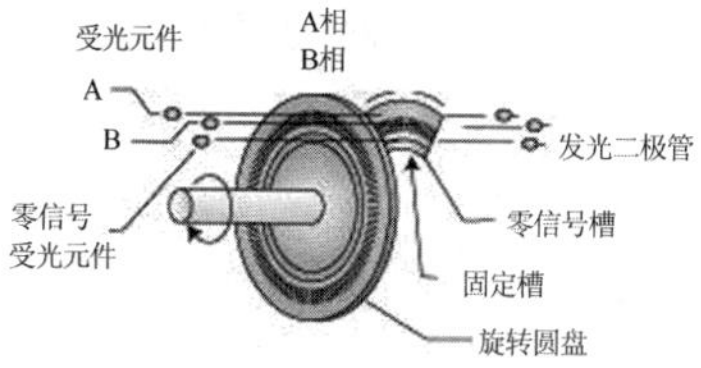	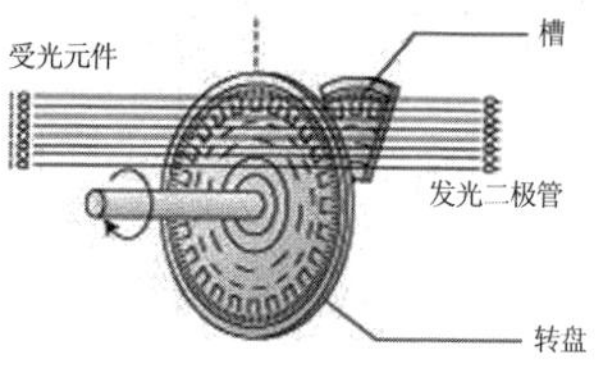
补充说明	该装置的旋转圆盘上设有很多光学槽，使发光二极管的光通过固定槽，再利用光电二极管检测该光束，并将槽的位置转换为电信号	在电机轴上安装绝对编码器，即可随时检测电机轴的固定位置。由于不需要脉冲计数，故接通电源时无须原点复归动作

4.3.4　伺服的原理和构成

伺服系统的最大特点是“比较指令值与当前值，为了缩小该误差”进行反馈控制。反馈控制中，确认机械(控制对象)是否忠实地按照指令进行跟踪，有误差(偏差)时改变控制内容，并将这一过程进行反复控制，以达到目标。注意到该控制流程是：误差→当前值→误差，形成一个闭合的环，因此也称为闭环(CLOSED LOOP)；反之，无反馈的方式，则称为开环(OPEN LOOP)，如图 4-32 所示。

根据指令值的不同，伺服系统的控制模式有以下 3 种。

(1) 位置控制模式；

(2) 速度控制模式；

(3) 转矩控制模式。

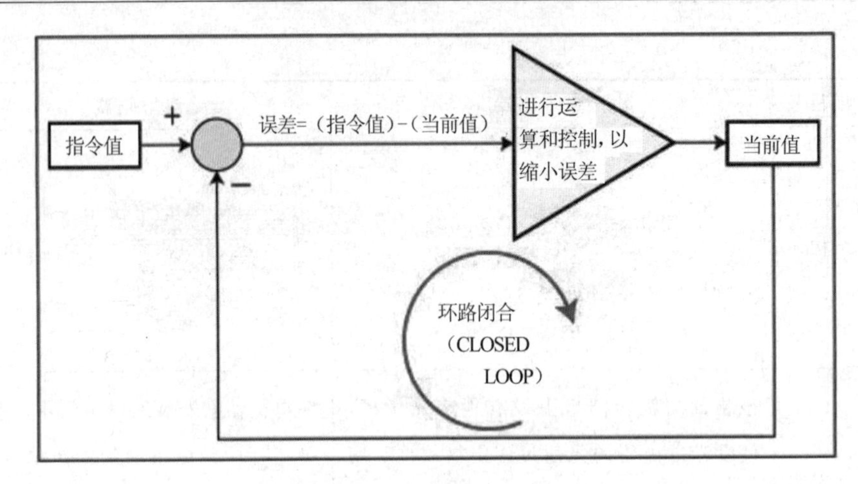

图 4-32　伺服系统的原理

从信号的流程着眼，伺服的构成如图 4-33 所示。

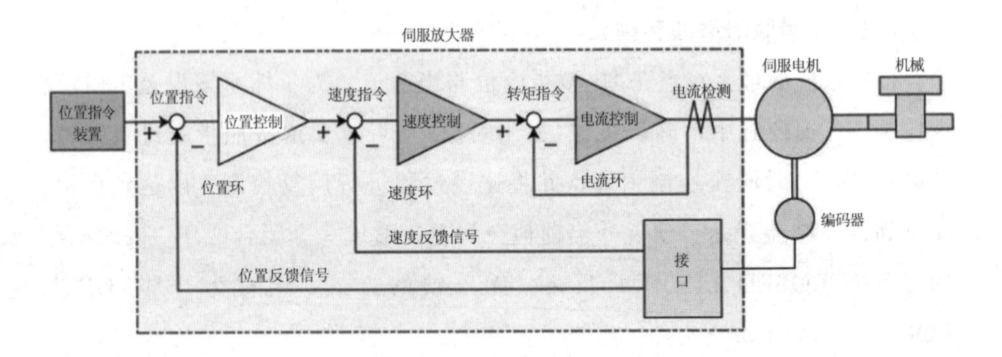

图 4-33　伺服信号构成图

在 AC 伺服系统中，对装在伺服电机上的编码器所发出的脉冲信号或伺服电机的电流进行检测，将结果反馈至伺服放大器，并根据这个结果按照指令来控制机械。反馈有以下 3 种环。

(1)位置环：根据编码器脉冲生成的位置反馈信号，进行位置控制的环。

(2)速度环：根据编码器脉冲生成的速度反馈信号，进行速度控制的环。

(3)电流环：检测伺服放大器的电流，根据生成的电流反馈信号，进行转矩控制的环。

各环都朝着使指令信号与反馈信号之差为零的目标进行控制，各环的响应速度按下述顺序渐高：位置环<速度环<电流环。

根据反馈中出现的位置环、速度环和电流环的信号比较原理，伺服控制器的运行模式分别对应位置控制模式、速度控制模式和转矩控制模式三种。

1. 位置控制模式

FA 设备中的“定位”是指工件或工具(钻头、铣刀)等以合适的速度向着目标位置移动，并高精度地停止在目标位置，如图 4-34 所示。这样的控制称为“定位控制”。可以说，伺服系统主要就是用来实现这种“定位控制”的目的的。

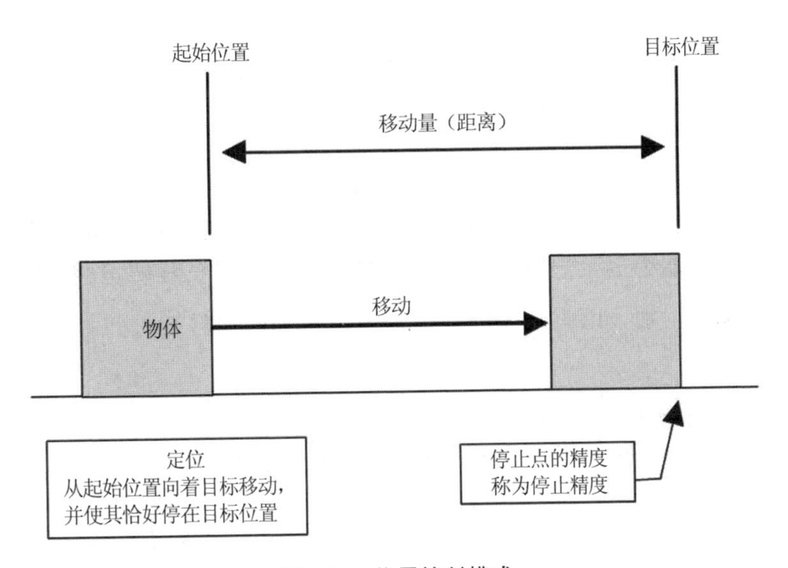

图 4-34　位置控制模式

定位控制的要求是“始终正确地监视电机的旋转状态”，为了达到此目的，一般使用检测伺服电机旋转状态的编码器。而且，为了使其具有迅速跟踪指令的能力，伺服电机须选用体现电机动力性能的启动转矩大而电机本身惯性小的专用电机。

位置控制模式的定位控制基本特点：

(1)机械的移动量与指令脉冲的总数成正比。

(2)机械的速度与指令脉冲串的速度(脉冲频率)成正比。

最终在±1 个脉冲的范围内定位就算完成，此后只要不改变位置指令，则始终保持在该位置(伺服锁定功能)。

2. 速度控制模式

伺服系统的速度控制特点：可实现“精细、速度范围宽、速度波动小”的运行。

(1)软启动、软停止功能。

可调整加减速运动中的加速度(速度变化率)，避免加速、减速时的冲击。

(2)速度控制范围宽。

可进行从微速到高速的宽范围的速度控制。速度控制范围内(1 000～5 000r/min 左右)为恒转矩特性。

(3)速度变化率小。

即使负载有变化，也可进行小速度波动的运行。

3. 转矩控制模式

转矩控制就是通过控制伺服电机的电流，以达到控制输出目标转矩的目的。以收卷控制为例，进行恒定的张力控制时，由于负载转矩会因收卷滚筒半径的增大而增加，因此，需据此对伺服电机的输出转矩进行控制，如图 4-35 所示。

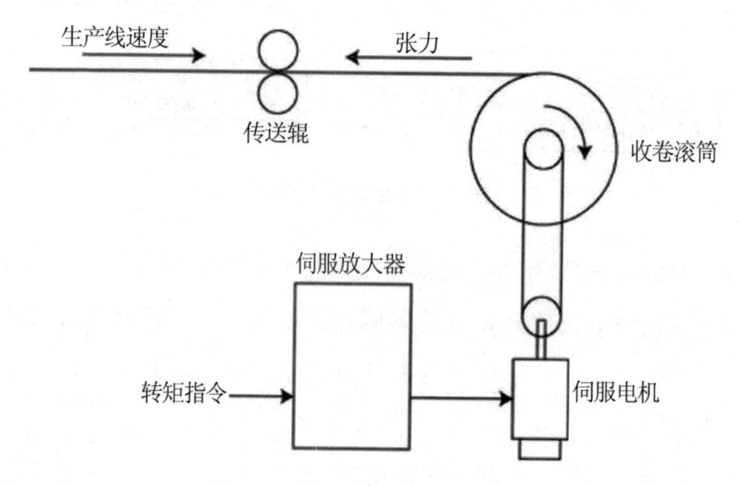

图 4-35 转矩控制模式应用场景

4.3.5 伺服放大器和伺服电机

1. 伺服放大器和伺服电机的安装步骤

(1)将伺服放大器按上、下方向正确地安装在垂直的墙面上。

(2)伺服电机轴上安装有检测器，切勿敲打。

(3)在伺服放大器的上下、左右、正面应分别留出 40mm、10mm、80mm 以上的空间。

(4)密集安装 2 台以上的放大器时，在考虑到安装公差后，放大器之间需有 1mm 的间隔。

(5)周围温度在 0℃～55℃范围内(密集安装时为 0℃～45℃)。

(6)安装冷却风扇，采取散热措施。

(7)组装时需注意防止异物进入或异物从冷却风扇进入。

(8)设置在有害气体和灰尘较多的场所时，应进行压缩空气吹扫。

2. 伺服放大器和伺服电机的配线

伺服放大器和伺服电机以及外部输入输出设备的配线，如图 4-36 所示。下面以“MR-J3-10B”为例进行说明。

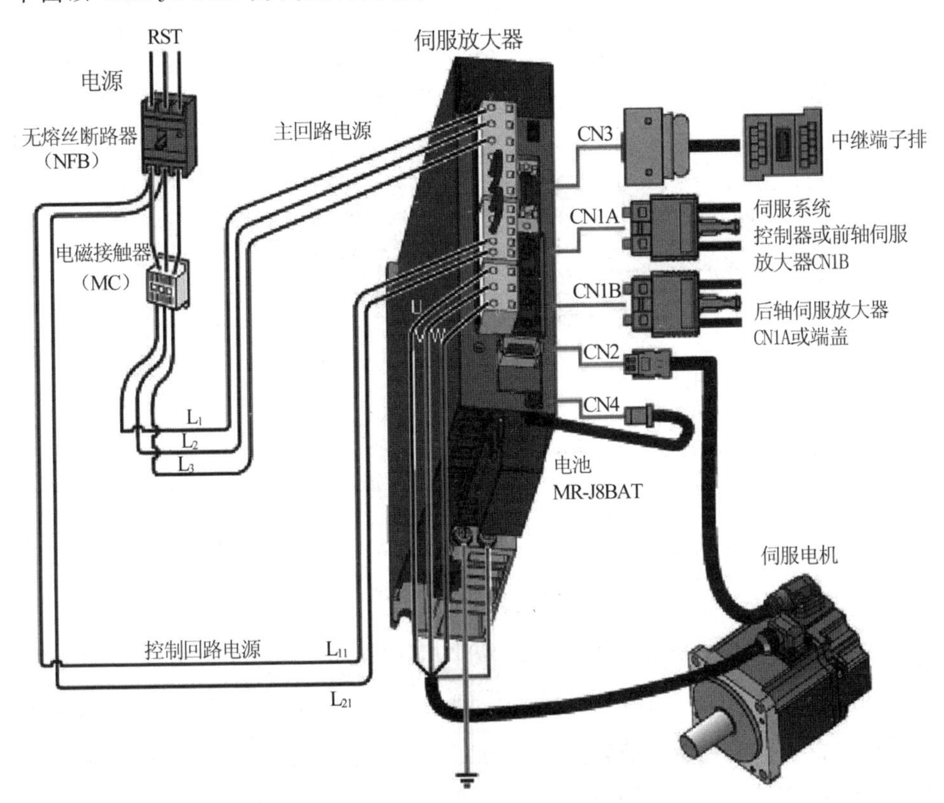

图 4-36　伺服放大器和伺服电机的接线示意图

3. 伺服放大器和伺服电机的接地

在进行电源配线之前，应先将伺服放大器和伺服电机接地。为防止触电以及采取噪音干扰对策，伺服放大器和伺服电机应切实地进行接地施工。为防止触电，请务必将放大器的保护接地端子与控制柜的保护接地连接。因配线处理和接地方法不同，有时会受到晶体管开关噪音的影响，因此参考图 4-37 进行接地。

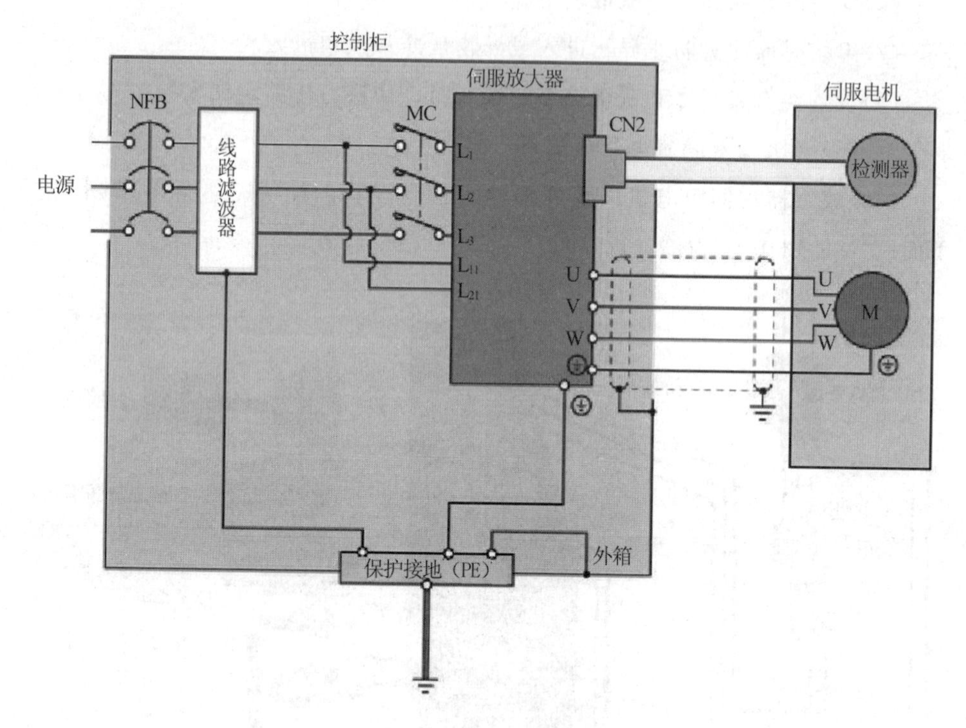

图 4-37　伺服放大器的接地

4. 伺服放大器与电源连接

将电源连接在伺服放大器主回路电源和控制回路电源的 2 个连接处。电源的输入线上，请务必使用无熔丝断路器(NFB)。另外，请务必在主回路电源和伺服放大器的 L1、L2、L3 端子之间连接电磁接触器(MC)并进行配线，以便在发生警报或强制停止输入信号导通时，电磁接触器 OFF，从而使主回路电源也 OFF。图 4-38 所示为 MR-J3-10B～MR-J3-350B 以三相 AC200～230V 电源进行配线时的配线图。

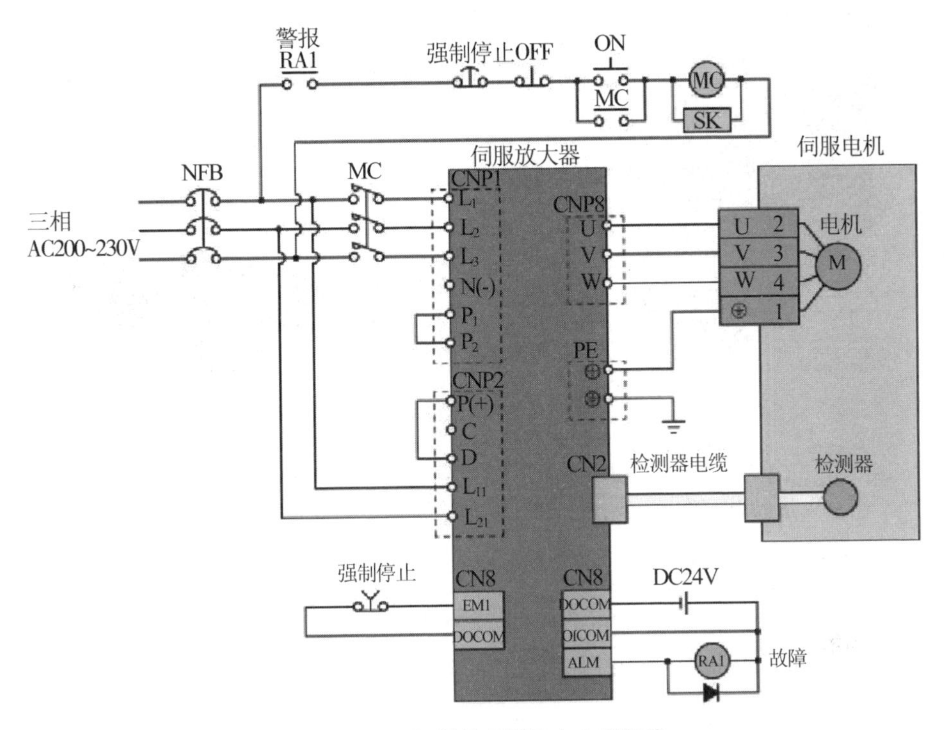

图 4-38　伺服放大器的主电路接线

5. 安装绝对位置检测系统用电池

使用绝对位置检测系统时，必须安装保证绝对位置数据的电池，如图 4-39 所示。对伺服放大器安装(更换)电池时，为防止触电或绝对位置数据丢失，请注意以下事项。

(1)为防止触电，将主回路电源 OFF，待 15min 后，确认切换指示灯熄灭后，用万用表等确认 P(＋)－N(－)之间的电压后再进行安装。

(2)更换电池时，只需将控制回路电源 ON，即可进行。

(3)如果在控制回路电源 OFF 状态下更换电池，则绝对位置数据将会丢失。

(4)部分伺服电机在拆下检测器电缆后，绝对位置数据也会丢失。

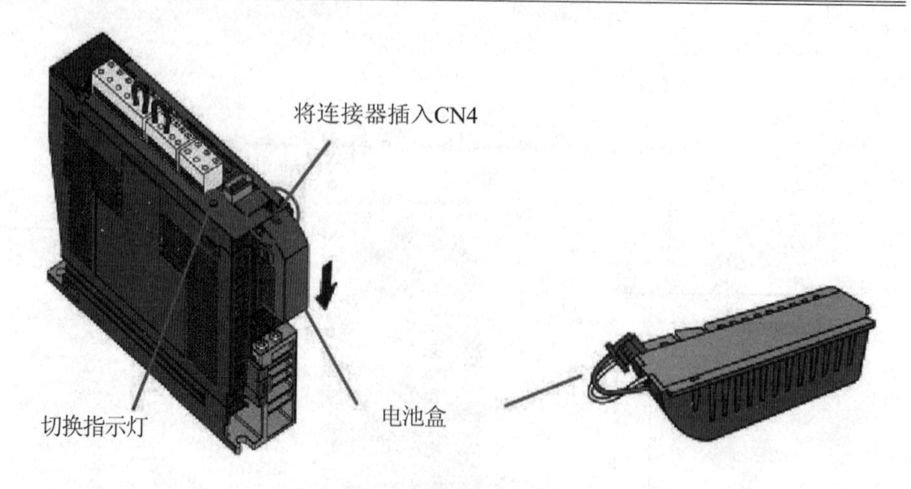

图 4-39　伺服系统的电磁安装

4.3.6　定位模式

1. 定位控制装置的构成

定位控制装置由“指令部”“控制部”“驱动·检测部”三部分组成。如图 4-40 所示的装置，其指令部为控制器(定位单元)，控制部为伺服放大器，检测部为伺服电机。

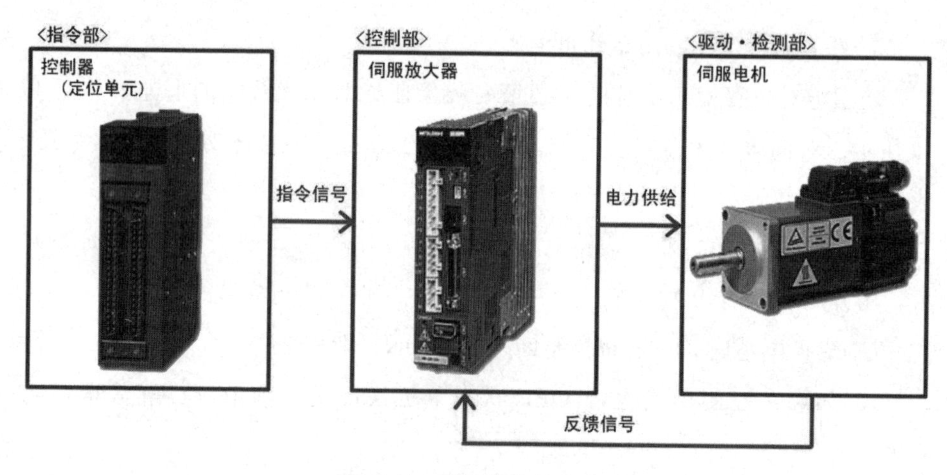

图 4-40　定位模块的组成

定位单元所起的作用是：发出使物体移动至目标位置所需的指令信号，并将其送至伺服放大器。定位控制中使用的指令信号为脉冲信号，叫作“指令脉冲”。伺服电机就是按照定位单元向伺服放大器发送的指令脉冲的个数转动的。此外，单位时间内的指令脉冲数叫作“指令脉冲频率”，用于控制伺服电机的转速。如图 4-41 所示为指令脉冲数和指令脉冲频率的示意图。

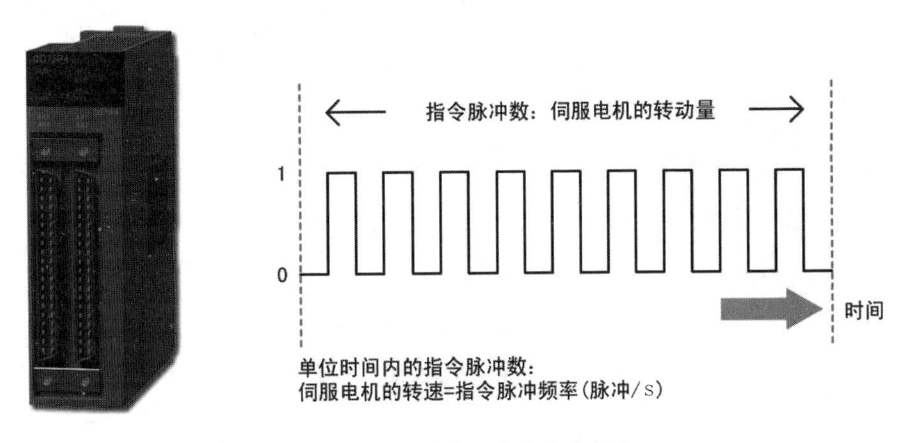

图 4-41　指令脉冲数和指令脉冲频率

伺服电机的作用是：按照伺服放大器供应的电力精确地转动，以使工件移动。伺服电机内部带有检测器(编码器)，可以对电机转动的圈数或度数进行精确的计测，如图 4-42 所示。实际进行定位时，由于机械的特性和外部干扰，有时工件的动作与指令的要求并不一致，因此需要使用编码器进行反馈。伺服电机最有效地运转时的转速叫作“额定转速”。因此，将伺服电机以额定转速(rad/min)进行匀速运转时，可以实现最有效的定位运转。

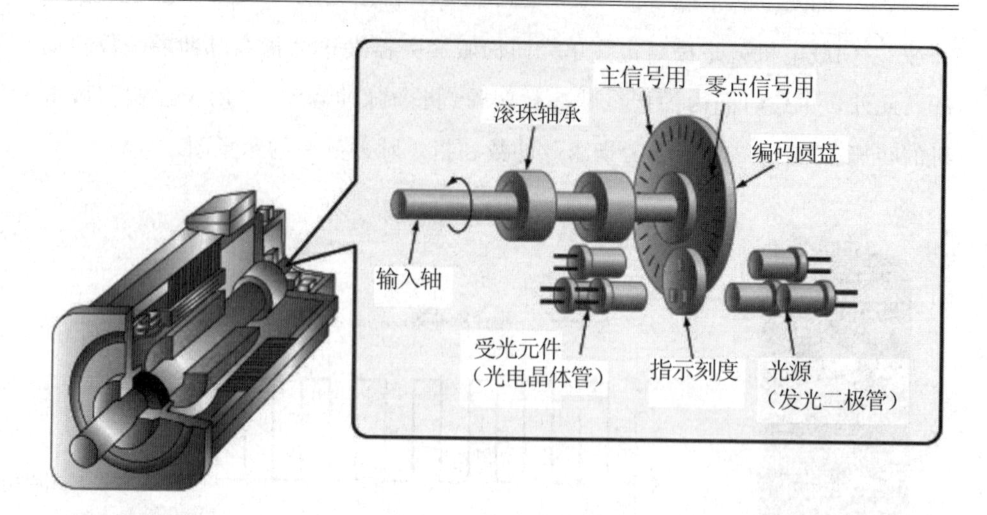

图 4-42　伺服电机原理图

编码器的原理是：用光线照射分布在回转圆盘上的缝隙，当圆盘转动时，通过检测透过缝隙的光线，即可得知缝隙的状态，从而测量出圆盘的转动量。将此值反馈至伺服放大器，可以获得精确的定位控制。伺服电机编码器的分辨率(脉冲/圈)越高，定位的精度也就越高。

伺服放大器的作用是：按照来自定位单元的指令信号，对伺服电机进行控制。同时，根据编码器发回的反馈信号，不断对误差进行监控补偿，确保按照指令进行动作。控制流程如图 4-43 所示。

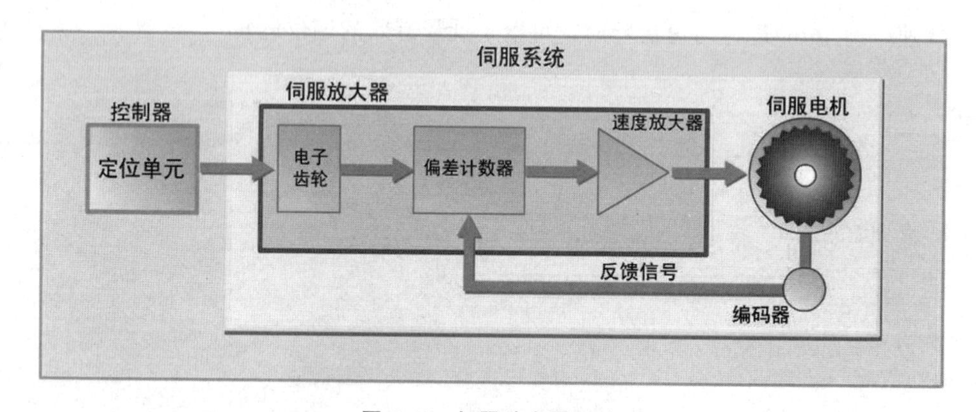

图 4-43　伺服放大器系统

当伺服电机以额定转速工作时，其工作效率最高，但是定位单元能够输出的最大指令脉冲频率是固定的，该值较低时，定位单元就无法输出使伺服电机达到额定转速的指令。电子齿轮可以解决这一问题，它可以将指令脉冲频率加工放大，如图 4-44 所示。

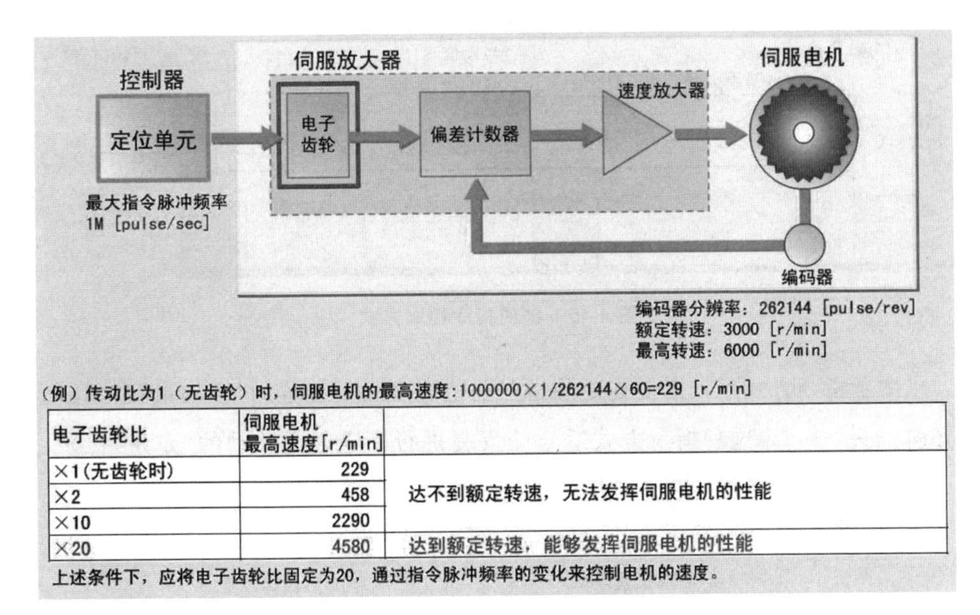

电子齿轮比	伺服电机 最高速度[r/min]	
×1(无齿轮时)	229	达不到额定转速，无法发挥伺服电机的性能
×2	458	
×10	2290	
×20	4580	达到额定转速，能够发挥伺服电机的性能

上述条件下，应将电子齿轮比固定为20，通过指令脉冲频率的变化来控制电机的速度。

图 4-44　电子齿轮的计算公式

偏差计数器在对来自于定位单元的指令脉冲进行累加的同时，再减去来自于编码器的反馈脉冲。此时，停留在偏差计数器里的脉冲叫作“滞留脉冲”。偏差计数器向速度放大器输出速度指令，速度指令与滞留脉冲值成正比。因此，当滞留脉冲值变大时，伺服电机的转速加快；滞留脉冲值变小时，伺服电机减速；滞留脉冲为零时，伺服电机停止。

速度放大器的作用是：根据来自偏差计数器的速度指令，向伺服电机供应电力。速度指令与偏差计数器的滞留脉冲数成正比。速度放大器则按照输入的速度指令，向伺服电机提供其转动所需的电力。

2. 定位控制指令

定位控制的指令方式有 2 种，分别为绝对指令方式(绝对地址指令方式，ABS)和增量指令方式(相对地址指令方式，INC)。不同的指令方式下，目标位置的指定方式也有所不同。

定位控制中，目标位置至原点的距离叫作"地址"(原点的地址为 0)。绝对指令方式下，用"地址"来指定目标位置。使用这种指令方式时，目标位置的设定一目了然，适用于普通的机械控制，如图 4-45 所示。

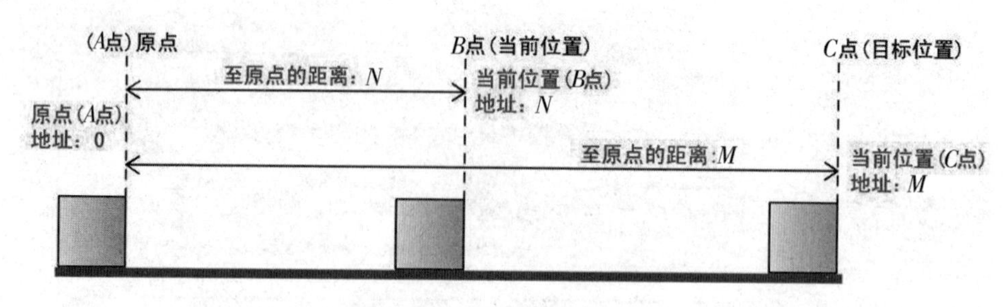

图 4-45 绝对指令控制方式

增量指令方式下，需要指定的是当前位置至目标位置的"移动量"和"移动方向(＋、－)"。这种指令方式适合于反复进行一定距离移动的"定量进给"，如喷墨打印机的进纸控制，如图 4-46 所示。

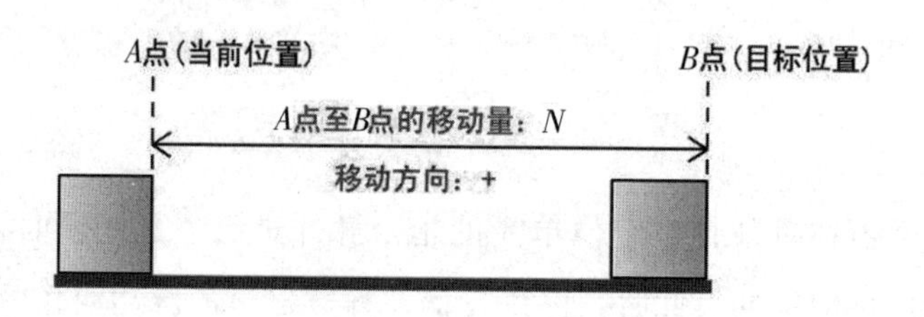

图 4-46 增量指令控制方式

3. 定位控制的设计

如图 4-47 所示，如何计算工件从 A 点实际移动至 B 点时所必需的指令脉冲数和指令脉冲频率？

首先，需要确定定位对象(即工件)的移动量和移动速度。

移动量：当前位置(A 点)至目标位置(B 点)之间的距离 N(mm)。

移动速度：在一定时间 T(s)内完成移动量 N(mm)的速度。

时间 T(s)为加速时间(t_1)、匀速时间(t_2)、减速时间(t_3)的总和。

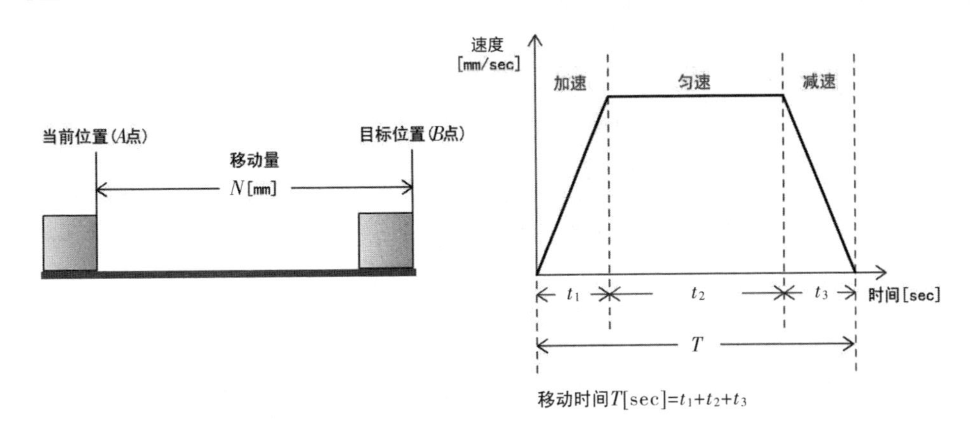

图 4-47　物块移动的速度和时间

其次，要将伺服电机的回转运动变换为直线运动，需要使用图 4-48 所示的定位控制系统。即将滚珠丝杠连接到伺服电机上，通过滚珠丝杠的回转驱动可动工作台。只要知道滚珠丝杠(伺服电机)每转 1 圈时可动工作台的移动距离，就可以计算出要使工件从 A 点移动至 B 点，伺服电机需要转动多少圈。

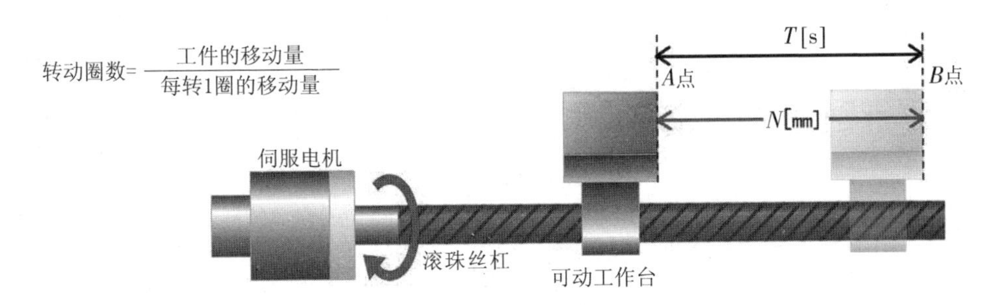

图 4-48　物块移动的距离

确定时间 T 后，只要知道 t_1、t_2、t_3 分别为多少，即可计算出匀速速度 A 的值，如图 4-49 所示。

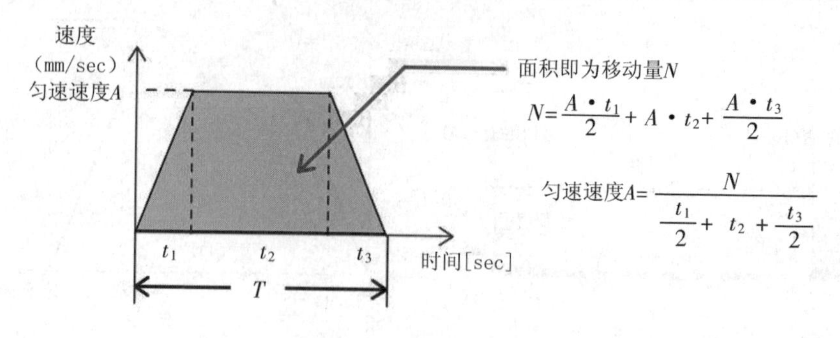

图 4-49　物块的均匀速度

当确定伺服电机的转动圈数和分辨率后，即可计算出指令脉冲数。即指令脉冲数＝转动圈数×分辨率，如图 4-50 所示。

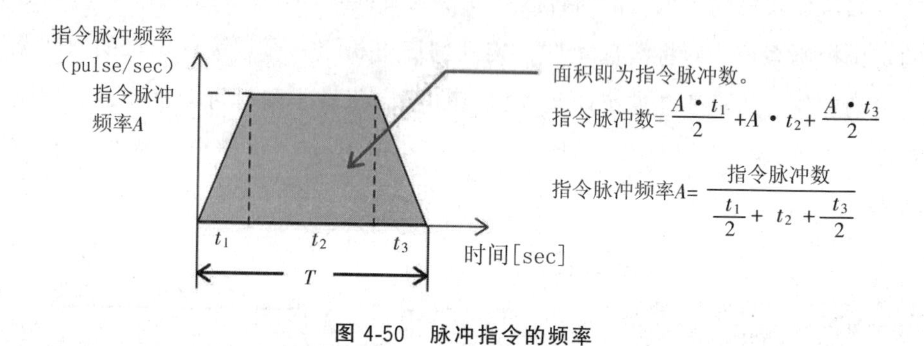

图 4-50　脉冲指令的频率

4.3.7　三菱定位模块的使用

1. 实验目的和要求

(1)了解定位模块 QD75 的工作原理；

(2)熟悉 QD75 模块的配置参数和具体步骤；

(3)掌握 QD75 模块的程序编写与调试。

2. 实验设备与材料准备

(1)硬件：计算机，实训装置(包含 QPLC、QD75、伺服电机及控制器和触摸屏等)；

(2)软件：三菱编程软件 GX works2。

3. 实验内容

如图 4-51 所示，在货物搬运时，通常要判别货物大小，并根据货物大小将其分送到各条作业线上。要想实现这类功能，必须构建与可编程控制器联动的系统。只要系统与可编程控制器联动，即使货物的大小从 3 种变为 4 种，或者判别的对象变为条形码，系统的扩展、修正也会很方便。定位模块“QD75”是可编程控制器的智能功能模块，可以实现顺控程序与定位控制的联动。图 4-52 为标准的 QPLC 构成的定位控制系统。

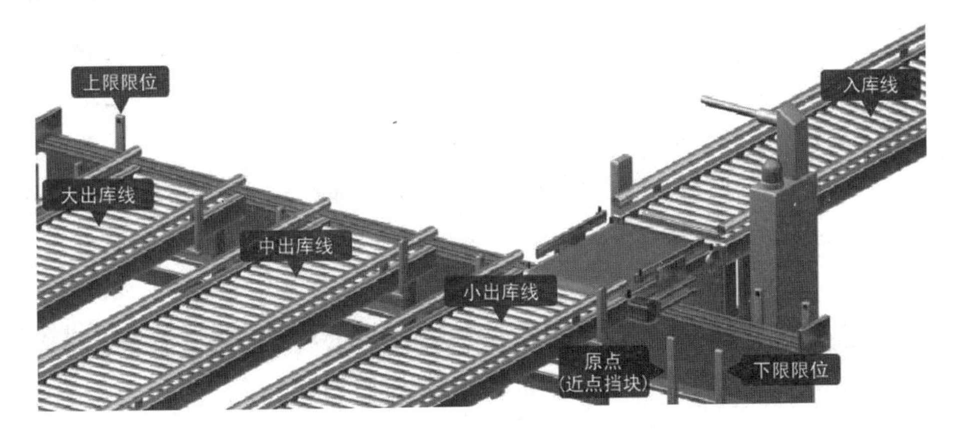

图 4-51　货物分拣生产线

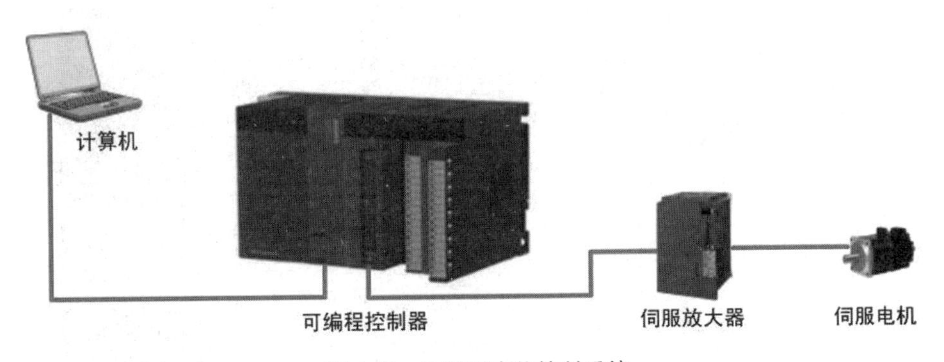

图 4-52　Q 系列定位控制系统

QD75 系列定位模块与伺服放大器的连接方法(接续电缆的种类)因所用的模块种类而异。本小节中所用的“QD75MH1”使用“SSCNET Ⅲ”电缆与伺服放大器连接。SSCNET Ⅲ连接具有“不易受电磁干扰影响”“节省配线”等特点，其中最大的优点在于能够在定位模块与伺服放大器之间进行双向的信号传输。因此，除了能够从 GX Configurator-QP 经由定位模块对伺服放大器的参数设定进行写入/读出外，还能确认伺服放大器保持的当前位置地址以及出错信息等。

4. 实验步骤

货物搬运系统通过传感器对流向入库线的货物尺寸进行判别，并将其分为大、中、小三类，然后用水平移动的台车，将货物送至各条出库线，予以出库。在货物搬运系统中，使台车高速、高精度地移动并停止在目标出库线位置时，需要使用定位控制。

步骤 1：为定位模块设定参数、数据。

根据系统的控制内容和机械规格，使用 GX Configurator-QP 设定定位控制时所需的参数和数据。

定位用参数是定位模块工作时必需的参数。如果设定有误，将会使工件朝反方向移动，或者导致定位模块完全不工作。参数设定如图 4-53 所示。

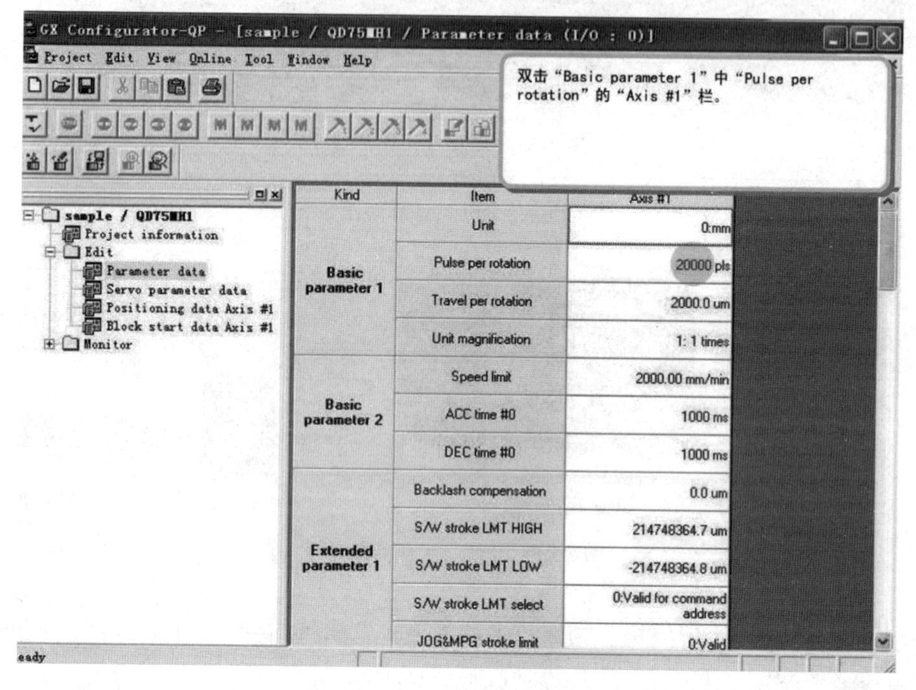

图 4-53　定位模块的参数设定

将每一次的定位控制指令转换成“定位数据”，设定在定位模块中。将识别序号分配给各定位数据，从而可设定最多 600 个(NO. 1～NO. 600)定位数据，如图 4-54 所示。定位模块除可单独执行任意识别序号的定位数据外，还可连续执行多个定位数据。

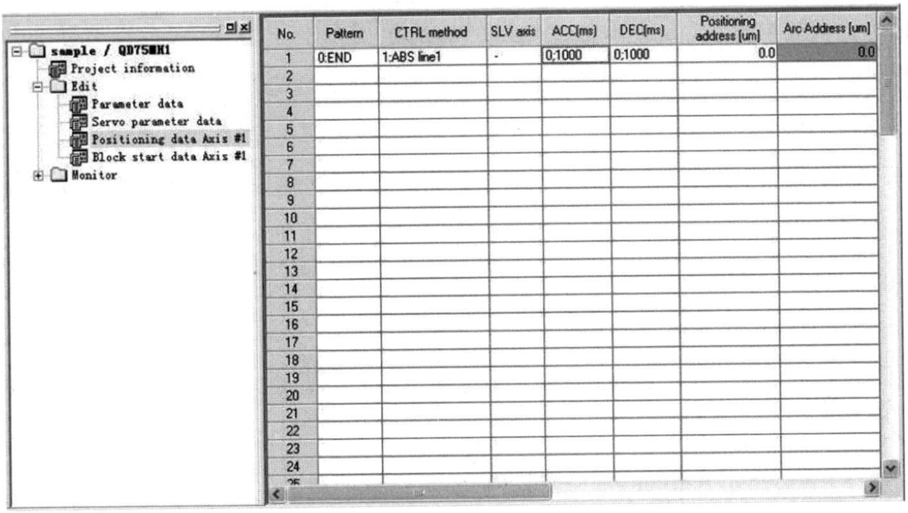

sample / QD75MH1
Project information
Edit
Parameter data
Servo parameter data
Positioning data Axis #1
Block start data Axis #1
Monitor

No.	Pattern	CTRL method	SLV axis	ACC[ms]	DEC[ms]	Positioning address [um]	Arc Address [um]
1	0:END	1:ABS line1	-	0;1000	0;1000	0.0	0.0
2							
3							
4							
5							
6							
7							
8							
9							
10							
11							
12							
13							
14							
15							
16							
17							
18							
19							
20							
21							
22							
23							
24							

图 4-54　定位数据的设定

步骤 2：编制系统运行用的顺控程序。

编写货物搬运系统的运行程序需要进行以下动作过程：

(1)货物大小判别用传感器的输入输出控制。

(2)入库线上挡块装置的上升/下降控制。

(3)台车上传送带的运行控制(使用变频器)。

(4)台车上货物检测传感器的输入输出控制。

(5)按货物大小确定的定位数据的执行。

(6)系统启动时机械原点复归的执行。

步骤 3：写入定位参数、数据和顺控程序。

将完成后的定位参数、数据和顺控程序分别写入定位模块和可编程控制器 CPU。定位参数、数据用 GX Configurator-QP 写入，顺控程序用 GX Developer 写入。

PSTRT 指令是从顺控程序中调出指定的定位数据序号并予以启动的专用指令。例如：ZP. PSTRT1 U0 D30 M32 是定位启动专用指令，是向定位模块 U0 的轴 1 发送的定位启动指令。

其中数据处理是：数据 D30，D32 由 PLC 向 U0 发送数据；D30 是首地址，不用设置，D32 是定位数据编号，其值的范围为 1～600，编号 1 对应的定位地址(绝对系统)/位移量(相对系统)的数据存于 2006 和 2007，编号 2 的数据存于 2016 和 2017，编号 3 的数据存于 2026 和 2027。

若 D32 是 1，则 U0 调用 2006 和 2007 的数据进行定位；若 D32 是 2，则 U0 调用 2016 和 2017 的数据定位。而 D31，M32，M33 是存储接收由 U0 执行定位过程中反馈的信息的，正常完成定位，则向 D31 写入 0；异常完成，则向 D31 写入异常的代码。指令执行完成，M32 在一个扫描时间内被置 ON；异常完成，则 M33 也被置 ON。

执行"MOVP K1 D32"指令，则向定位编号 1 实行定位的操作。指令"ZP. PSTRT U0 D30 M32"条件成立前，先向＃2006 写入定位数据，如指令"DTO K0 K2006 K5000 K1"。如果是绝对定位系统，则以原点为参考，向正方向移动5 000脉冲定位；如果是相对定位系统，则以当前位置为参考，向正方向移动5 000脉冲定位。

步骤 4：系统的试运行。

系统正式运行之前需要进行试运行，以确认系统的机械设计、组装、定位参数、数据、顺控程序中有无问题，并在必要的时候予以修正。

步骤 5：开始系统的正式运行使用。

通过试运行确认系统正常工作后，即可开始正式运行。在使用系统的过程中，需要对其运行状况、出错/报警的发生情况进行监控。

4.4 F1901 智能生产线的编程与控制

F1901 智能生产线主要由倍速链输送线、出入库平台、举升平移机构、转角机构、平皮带输送线、动力辊筒、流利条工作台、阻挡定位机构等组成，可完成货物的输送、定位及分拣工作[8]，如图 4-55 所示。

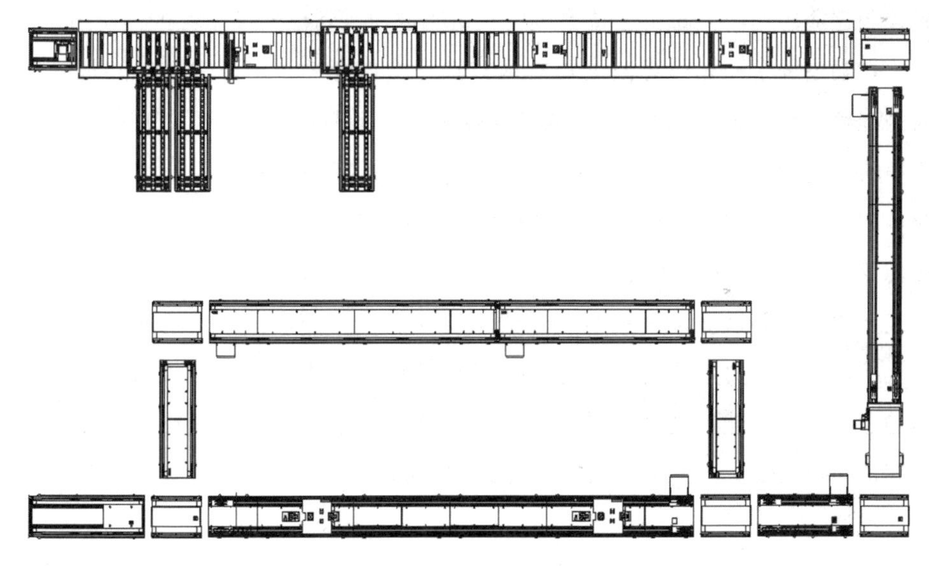

图 4-55　F1901 智能生产线

4.4.1　生产线的工作原理

各传输线之间采用四台平面 90°旋转移行连接，六段主线均采用三菱 FR-A700 变频器控制，变频器通过 CC-LINK 通信模块与总电控箱中的三菱 Q 系列 Q03UDEPLC 上的主控模块 QJ61BT11N 进行通信。在总控柜面板上装有触控式一体机，一体机通过 USB 接口与 PLC 进行通信。通过操作面板上的各按钮开关使线体启动运行或停止、急停或自动/手动操作。在总控箱右侧总开关合上后，面板上电源指示红灯亮，在启动运行情况下运行指示绿灯亮。在自动操作模式下，自动/手动按钮上的指示黄灯亮。在手动操作模式下，可通过操作触摸屏上的手动操作界面，对四组 90°旋转移行进行手动分部操作。动作的信息可以实时在触摸屏上显示出来。

在三段倍速链输送线和动力辊筒输送线上各装有一个顶升工位，在工位旁各装有一组按钮开关，分别是放行、启动、急停按钮开关。按下急停按钮开关可分别停止该段线体运转，按下启动按钮开关可使线体重新运行，按下放行按钮开关可让工装板直接通过顶升工位。不按放行按钮开关，工装板到达工位时，顶升工位自动顶升上升，完成工作后按下放行按钮开关，工装板下降通过。这些功能是作为手动操作之用，整个自动运行状态是由上位计算机控制完成动作的。每个工位旁装有一组工位插座，便于操作者工作使用。

在触摸屏手动操作界面上设有两只选择按键开关，用于选择工装板的流向。红色按键开关处在OFF位置时，旋转移行1不旋转工装板，直接流入下一段倍速链输送线，然后从第二段皮带线流出；红色按键开关处在ON位置时，工装板到达旋转移行1后就旋转90°，将工装板送入第一段皮带线后流向旋转移行4，通过蓝色按键开关的选择，决定旋转移行4传送工装板到动力辊筒线上去，还是从无动力的货物输送线直接移出。同样，这些功能由上位计算机控制完成。另一段货物输送线可以将货物通过顶升工位4传输到动力辊筒输送线上来，然后通过平移式出货台送入立体仓库。另外，在总电控箱中三菱Q系列PLC上装有CC-LINK IE通信模块，用于与上位计算机设备间进行光缆通信。

4.4.2 生产线的主要元器件的选用

1. 三菱Q系列PLC

Q系列PLC是三菱公司从原A系列PLC基础上发展过来的中、大型PLC系列产品。Q系列PLC采用了模块化的结构形式，系列产品的组成与规模灵活可变，最大输入输出点数达到4 096点；最大程序存储器容量可达252K，采用扩展存储器后可以达到32M；基本指令的处理速度可以达到34ns，其性能水平居世界领先地位，可以适合各种中等复杂机械、自动生产线的控制场合。

Q系列的CPU模块有高性能模式和基本模式。高性能模式适用于可充分发挥Q系列可编程控制器性能的高性能大规模系统。基本模式适用于可有限发挥Q系列可编程控制器性能的小规模系统。图4-56所示为高性能模式CPU及基本模式CPU的主要规格。

<table>
<tr><th colspan="2" rowspan="2"></th><th colspan="5">高性能模式</th><th colspan="3">基本模式</th></tr>
<tr><th>Q02CPU</th><th>Q02HCPU</th><th>Q06HCPU</th><th>Q12HCPU</th><th>Q25HCPU</th><th>Q00JCPU</th><th>Q00CPU</th><th>Q01CPU</th></tr>
<tr><td rowspan="2">处理速度(μs / 步)(顺序指令)</td><td>LD</td><td>0.079</td><td colspan="4">0.034</td><td>0.2</td><td>0.16</td><td>0.1</td></tr>
<tr><td>MOV</td><td>0.237</td><td colspan="4">0.102</td><td>0.7</td><td>0.56</td><td>0.35</td></tr>
<tr><td colspan="2">程序容量(步)(*1)</td><td colspan="2">28k</td><td>60k</td><td>124k</td><td>252k</td><td colspan="2">8k</td><td>14k</td></tr>
<tr><td rowspan="3">存储容量(字节)标准</td><td>程序存储器</td><td colspan="2">112k</td><td>240k</td><td>496k</td><td>1008k</td><td>58k</td><td colspan="2">94k</td></tr>
<tr><td>标准RAM(*3)</td><td>64k</td><td colspan="2">64k/128k</td><td colspan="2">256k</td><td>无</td><td colspan="2">128k(*4)</td></tr>
<tr><td>标准ROM</td><td colspan="2">112k</td><td>240k</td><td>496k</td><td>1008k</td><td>58k</td><td colspan="2">94k</td></tr>
<tr><td rowspan="3">最大保存文件数(*2)</td><td>程序存储器</td><td colspan="2">28</td><td>60</td><td>124</td><td>252</td><td colspan="3">2</td></tr>
<tr><td>标准RAM(*3)</td><td colspan="5">2
(文件寄存器、本地元件各1个文件)</td><td>无</td><td colspan="2">1
(仅文件寄存器)</td></tr>
<tr><td>标准ROM</td><td colspan="2">28</td><td>60</td><td>124</td><td>252</td><td colspan="3">2</td></tr>
<tr><td colspan="2">可同时执行的程序数</td><td colspan="2">28</td><td>60</td><td colspan="2">124</td><td colspan="3">顺序和SFC各一</td></tr>
<tr><td colspan="2">总指令数</td><td colspan="5">363</td><td colspan="3">249</td></tr>
<tr><td colspan="2">输入输出元件点数</td><td colspan="5">8192</td><td colspan="3">2048</td></tr>
<tr><td colspan="2">输入输出点数</td><td colspan="5">4096</td><td>256</td><td colspan="2">1024</td></tr>
<tr><td colspan="2">ROM运行</td><td colspan="5">可</td><td colspan="3">可</td></tr>
<tr><td colspan="2">多CPU系统</td><td colspan="5">可构建</td><td>不可使用</td><td colspan="2">可构建(*4)</td></tr>
<tr><td colspan="2">可安装CPU个数</td><td colspan="5">64个模块</td><td>16个模块</td><td colspan="2">24个模块</td></tr>
<tr><td colspan="2">可增设级数</td><td colspan="5">增设7级</td><td>增设2级</td><td colspan="2">增设4级</td></tr>
<tr><td rowspan="4">指令</td><td>浮动小数点运算指令</td><td colspan="5">可使用</td><td colspan="3">可使用(*4)</td></tr>
<tr><td>字符串处理指令</td><td colspan="5">可使用</td><td colspan="3">不可使用</td></tr>
<tr><td>PID指令</td><td colspan="5">可使用</td><td colspan="3">可使用(*4)</td></tr>
<tr><td>特殊函数(三角函数等)</td><td colspan="5">可使用</td><td colspan="3">不可使用</td></tr>
</table>

图 4-56　高性能和基本模式 CPU 的主要规格

2. FR-A700 变频器

FR－A700 系列产品适合于各类对负载要求较高的设备，如起重、电梯、印包、印染、材料卷取及其他自动化设备上，具有独特的无传感器矢量控制模式，在不需要采用编码器的情况下，可以使各式各样的机械设备在超低速区域高精度运转。转矩控制模式和速度控制模式下可以使用转矩限制功能。另外，还具有矢量控制功能(带编码器)的变频器可以实现位置控制和快响应、高精度的速度控制(零速控制、伺服锁定等)及转矩控制。

4.4.3　传感器的选用

智能生产线的定位装置由托盘流入传感器、托盘到位传感器、工位阻挡器和工位顶升平台四个关键元件组成。其中，托盘流入传感器和托盘到位传感器是一类行程开关；工位阻挡器和工位顶升平台由气缸控制。

1. 行程开关

行程开关又称限位开关，是一种常用的小电流主令电器。其工作原理是：利用生产机械运动部件的碰撞使其触头动作来实现接通或分断控制电路，达到一定的控制目的。通常，这类开关被用来限制机械运动的位置或行程，使运动机械按一定位置或行程实现自动停止、反向运动、变速运动或自动往返运动等。

在实际生产中，将行程开关安装在预先安排的位置，当装于生产机械运动部件上的模块撞击行程开关时，行程开关的触点动作，实现电路的切换。因此，行程开关是一种根据运动部件的行程位置而切换电路的电器，它的作用原理与按钮类似。行程开关广泛应用于各类机床和起重机械，用以控制其行程进行终端限位保护。在电梯的控制电路中，还利用行程开关来控制开关电梯门的速度，自动开关门的限位，电梯箱体的上、下限位保护。

2. 接近开关

接近开关是一类与行程开关相似的传感器，它是一种无须与运动部件进行机械直接接触就可以操作的位置开关。当物体接近开关的感应面时，不需要机械接触及施加任何压力即可使开关动作，从而驱动直流电器或给计算机装置提供控制指令。接近开关是一种开关型传感器(即无触点开关)，它既有行程开关、微动开关的特性，又有传感性能，且动作可靠，性能稳定，频率响应快，应用寿命长，抗干扰能力强，具有防水、防震、耐腐蚀等特点。产品分为电感式、电容式、霍尔式等类型，广泛地应用于机床、冶金、化工、轻纺和印刷等行业。

3. 光电传感器

光电传感器是自动化设备中一类常用的传感器，其工作原理基于光电效应，如图 4-61 所示。光电效应是指光照射在某些物质上时，物质的电子吸收光子的能量而发生了相应的电效应现象。根据光电效应现象的不同，将光电效应分为三类：外光电效应、内光电效应及光生伏特效应。光电器件有光电管、光电倍增管、光敏电阻、光敏二极管、光敏三极管、光电池等。

光电检测方法具有精度高、反应快、非接触等优点，而且可测参数多，传感器的结构简单，形式灵活多样，因此，光电传感器在检测和控制中应用非常广泛。

4.4.4　生产线中的通信方式

生产线由四段倍速链传输线、二段皮带输送线、一段动力辊筒输送线、二段货物输送线及二节平移式出入货台组成。为保证各传输线的可编程控制器间共享信息，需将各段线设置在同一网络中实现信息(ON/OFF 信号、数值数据)共享。本小节生产线选用 CC-Link IE 网络通信，它是一种开放的网络，其规格已由 CC-Link 协会(CLPA)公开。它可以连接包括三菱电机在内的各协作方生产的设备，将多台制造设备连接在一起形成网络，通过高速通信与大容量链接软元件，在所控制的设备之间进行与设备运行、动作直接相关的数据实时通信。

1. 数据通信的原理

网络内各可编程控制器按照顺序，将本站发送区域的数据以一定的时间间隔发送出去。此时，不发送数据的其他站一起接收这个数据。在这种方式下，各可编程控制器定期进行数据通信，以错开时间。这种通信方式定期进行数据通信，因此称为“循环传送”。此外，各可编程控制器依次发送数据的一个循环称为“链接扫描”。在“链接扫描”周期内，每个可编程控制器都会获得一次发送数据的机会。这种状态下，通信的时序是固定的。图 4-57 所示为循环传送中各站发送数据的时序。循环传送方式下，各站必然依次进行发送，因此即使网络中的连接台数和通信频度增加，数据也不会冲突，肯定能够送达。因此，比较适合对通信时序性有要求的生产设备的控制。

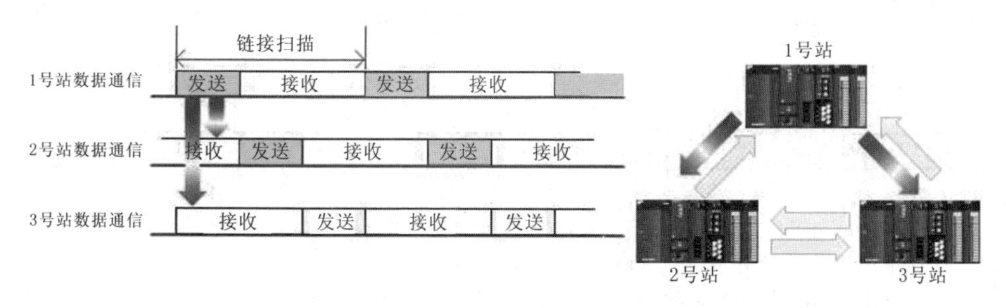

图 4-57　循环传送方式通信

此外，这种方式可以将各种功能分散连接在网络中的各可编程控制器CPU之间，而无须让一台可编程控制器CPU承担所有功能，因此能够将“负担”分散。

CC-Link IE中，通过专门用于链接的软元件——“链接软元件”来实现数据的共享。链接软元件包括链接继电器“B”(ON/OFF信息)和链接寄存器“W”(16位数值信息)。图4-58所示为1号站可编程控制器中“B0”为ON后，2号站可编程控制器中“B0”变为ON的过程。图中“LB”“LW”是在网络单元内部进行工作的链接元件。链接更新是指在CPU的元件“B/W”与网络内部元件“LB/LW”之间进行元件数据的通信处理。CPU顺控程序每扫描一次，即执行一次链接更新。

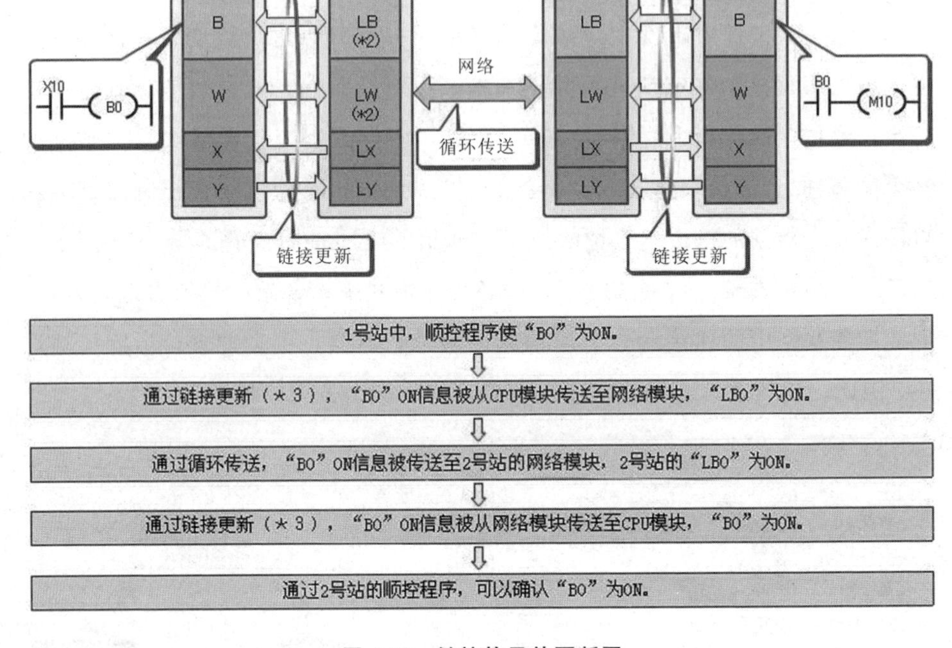

图4-58　链接软元件更新图

2. CC-Link IE网络的构成

CC-Link IE网络由一台“管理站”和多台“普通站”构成，如图4-59所示。

各站使用不同的站号。管理站和普通站的区别可通过网络参数的设定予以切换。管理站就是管理网络参数的站，同一网络内仅设定一个站为管理站。各站链接软元件的分配通过管理站的网络参数来指定。普通站的作用是当管理站出现问题时，其他普通站可代替成为管理站(子管理站)，维持管理站的各种功能。

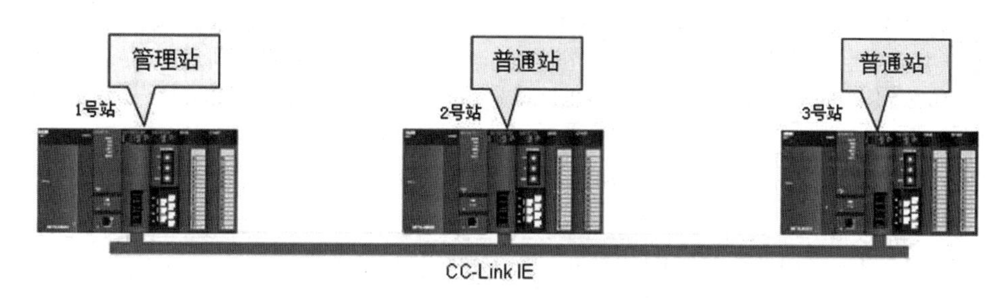

图 4-59　CC-Link IE 的网络构成

3. CC-Link 网络的构成

MELSEC-Q 系列可编程控制器的“MEL SECNET/H 网络系统”中，有在管理站与普通站之间通信的“PC 间网络”(CC-Link IE)，以及在远程主站与远程 I/O 站之间通信的“远程 I/O 网络”。CC-Link 是一种现场网络，主要用于 FA 领域，具有高性能、可靠性、便于使用的优点。

CC-Link 系统由主站、本地站、远程站、智能设备站这 4 种站构成。

4. 占有站数、站号的含义和内容

占有站数是指与其他站交换信息时，各子站处理的最大信息量所对应的站数。通常 1 个站的信息容量为输入输出点位的 32 个点数。

站号也叫站编号，是为进行向下识别而使用的编号。可以设定的站号为 0～64。一般主站的站号为 0，子站从站号 1 开始设定。第 2 台以后的子站站号等于以前一个模块的站号加上占有站数。

本站的站号(3)＝前一个模块的站号(1)＋占有站数(2)，如图 4-60 所示。

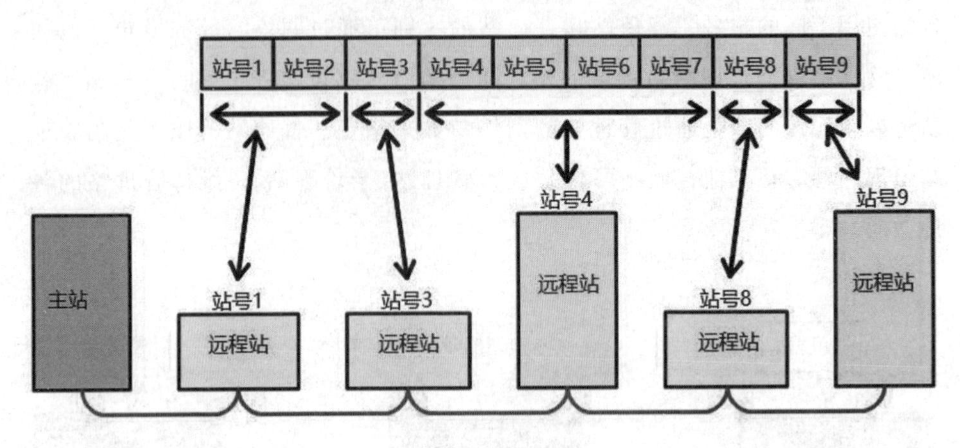

图 4-60　站号的组成

4.4.5　CC-Link 系统的搭建

1. 实验目的和要求

(1)学习最基本、最常用的仅连接远程 I/O 模块的远程 I/O 系统的使用方法;

(2)熟悉构建 CC-Link 系统时需要进行的设定和操作的具体内容。

2. 实验设备与材料准备

(1)硬件：计算机，实训装置(包含 QPLC、远程 I/O 模块和触摸屏等);

(2)软件：三菱编程软件 GX works2。

3. 实验内容

搭建如图 4-61 所示的实验平台系统。

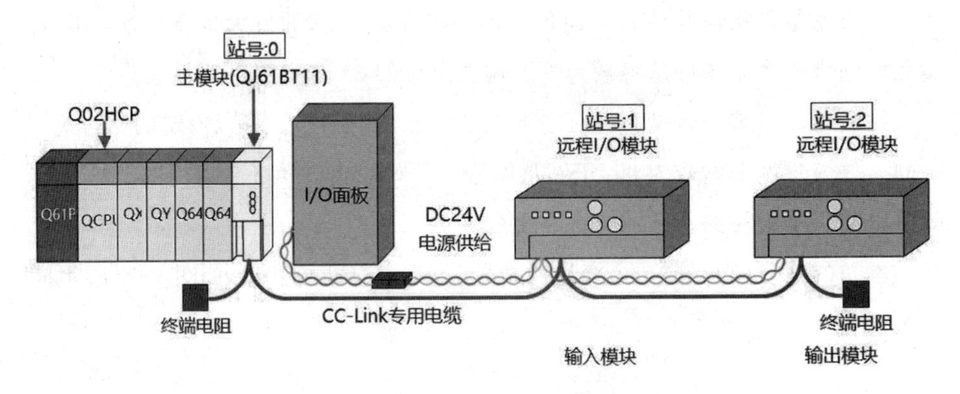

图 4-61　CC-Link 系统搭建

4. 实验步骤

步骤一：首先配置主模块 QJ61BT11 的参数及其各部分的名称。

此模块为主站，设定站号为“0”，传送速度模式设定为“A”，如图 4-62 所示。

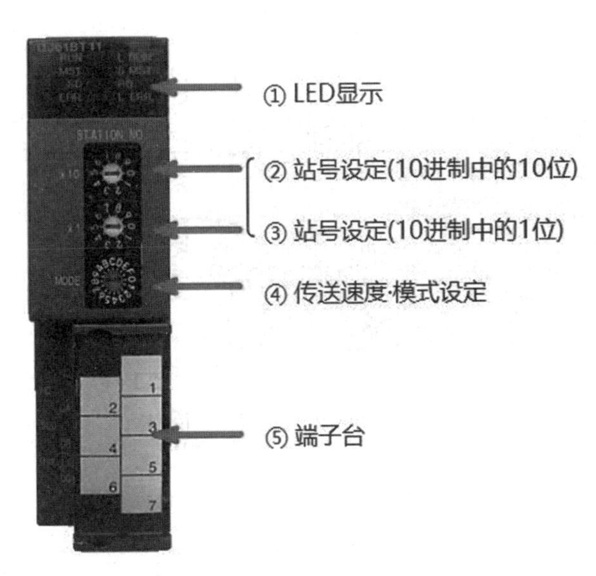

图 4-62　QJ61BT11 硬件模块

步骤二：配置输入模块 AJ65BTB2-16D 的参数。

此模块为从站，设定站号为“1”，传送速度以主模块的速度为准，设定为“156kbps”，如图 4-63 所示。

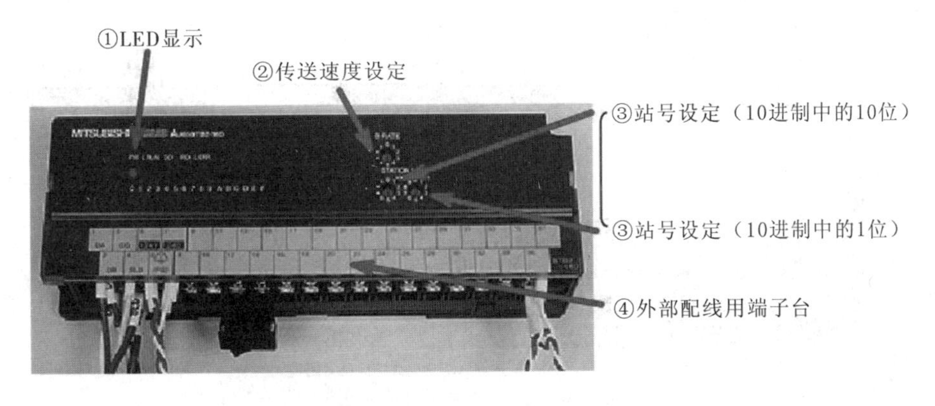

图 4-63　AJ65BTB2-16D 硬件模块

步骤三：配置输出模块 AJ65BTC1-32T 的参数。

此模块为从站，设定站号为“2”，传送速度以主模块的速度为准，设定为“156kbps”，如图 4-64 所示。

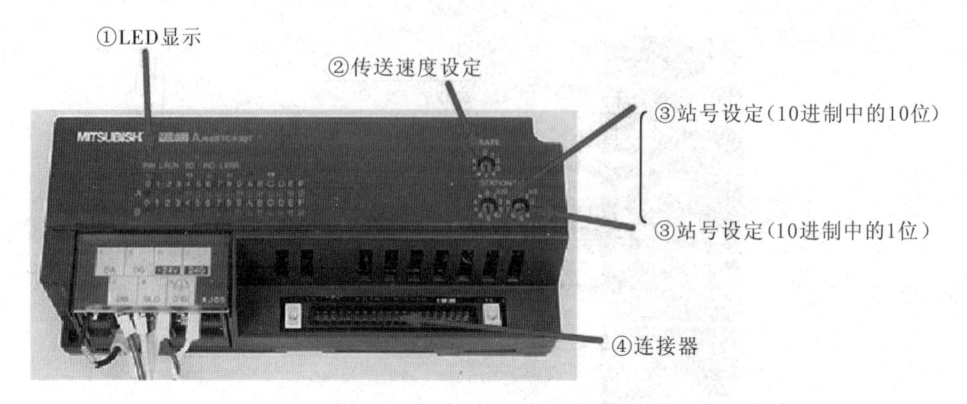

图 4-64　AJ65BTC1-32T 硬件模块

步骤四：CC-Link 的电缆连接。

连接电缆时，必须在各模块电源 OFF 的状态下进行。电缆上的屏蔽线，连接至各模块的“SLD”。各模块上的“FG”为 D 种接地(第 3 种接地)端，必须接地。此外，“SLD”和“FG”已在模块内部连接，如图 4-65 所示。

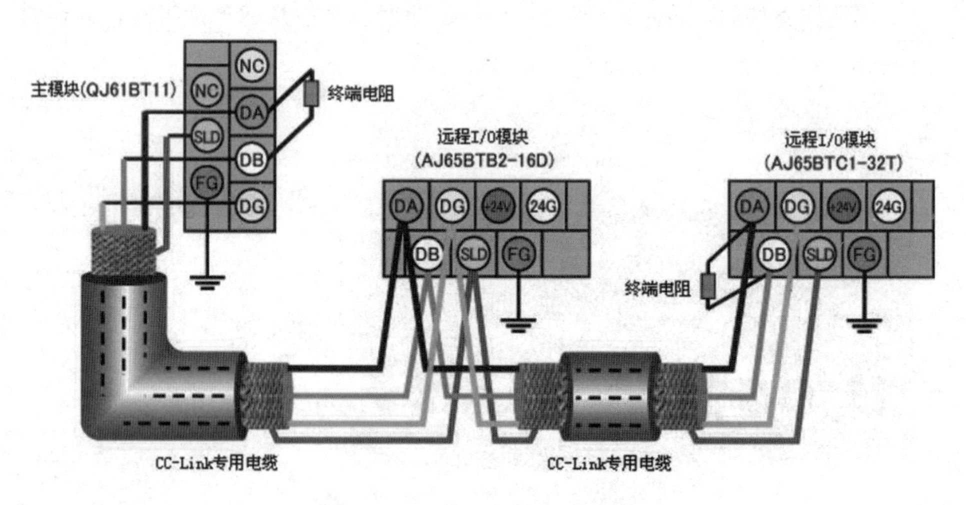

图 4-65　CC-Link 电缆连接示意图

步骤五：PLC 程序编写。

PLC 程序如下所示。

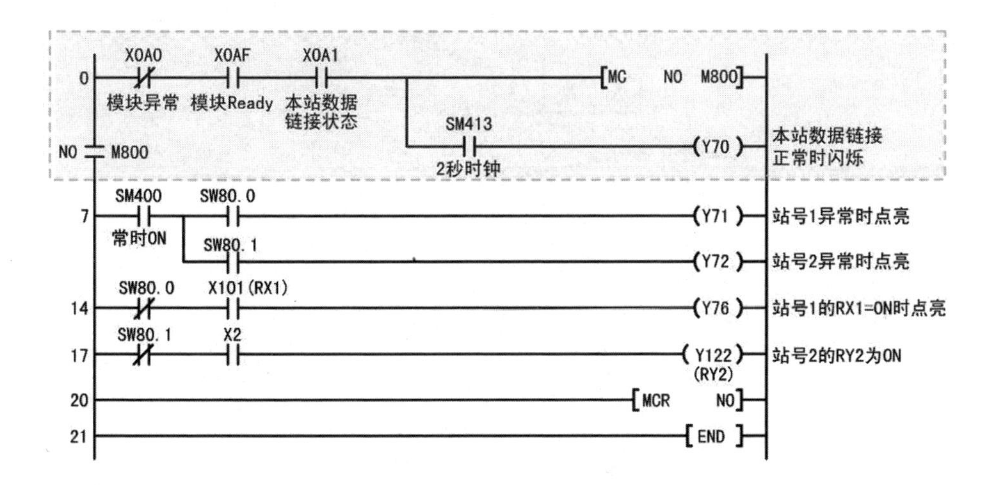

思考与练习题

4.1　什么是变频器？变频器按变换环节可以分为哪两种类型？按用途可分为哪几种类型？

4.2　使用 CC-Link 系统时，通过 GX-developer 软件来设定参数，设定好的网络参数、自动更新参数后的正确说明有哪些？

4.3　在 CC-Link 中，某个(或多个)远程站因电源 OFF 而无法正常工作时，请问会出现什么样的情况？

4.4　请简述定位模块 QD75 的使用特点。

4.5　有 3 个传送带，如图所示。读取输入的信号，并抓取各个位置的工件后搬运至 $P5$。试根据图中所示的流程编写抓取的动作程序。

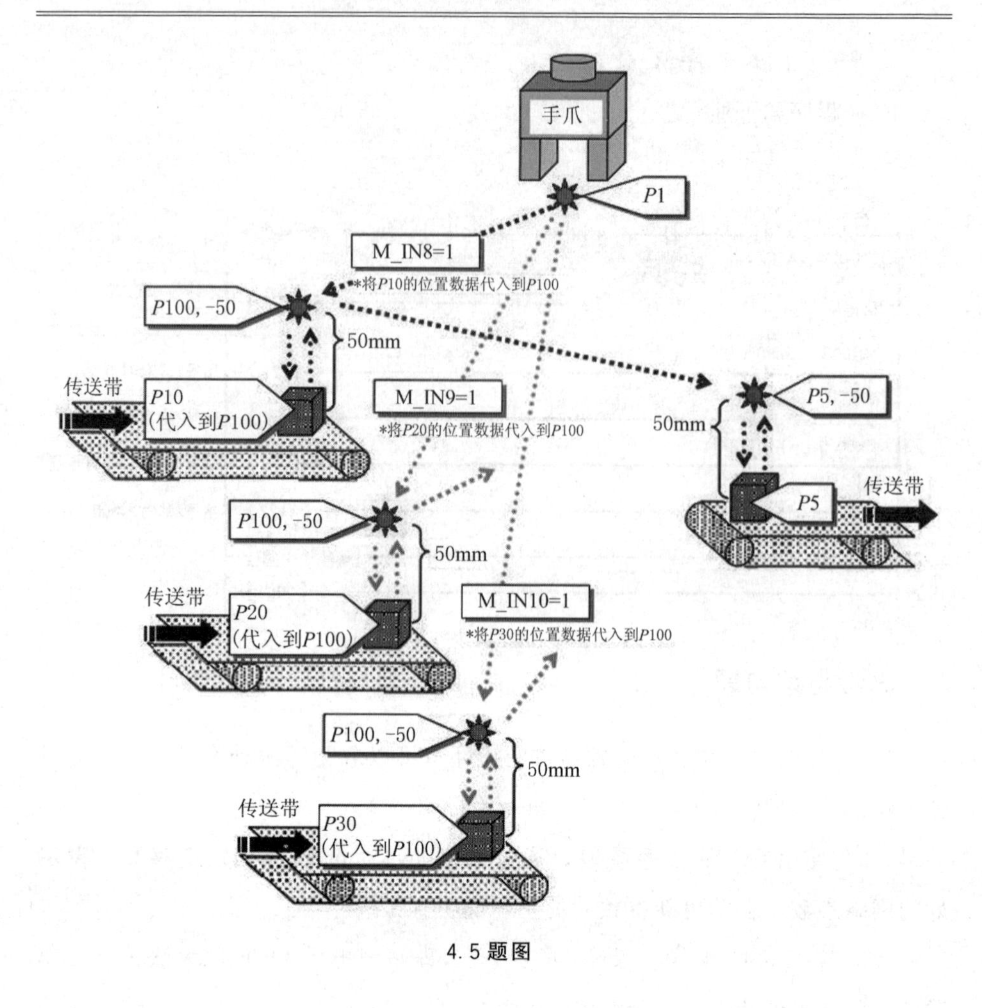
手爪
P1
M_IN8=1
*将P10的位置数据代入到P100
P100, -50
50mm
传送带
P10
(代入到P100)
M_IN9=1
*将P20的位置数据代入到P100
P5, -50
50mm
P5
传送带
P100, -50
50mm
传送带
P20
(代入到P100)
M_IN10=1
*将P30的位置数据代入到P100
P100, -50
50mm
传送带
P30
(代入到P100)

4.5 题图

第 5 章　组态软件和触摸屏控制实验

5.1　组态软件

组态软件，又称组态监控软件、SCADA（supervisory control and data acquisition）软件。它是数据采集与过程控制的专用软件，是处于自动控制系统监控层一级的软件平台和开发环境，使用组态方式，可快速构建工业自动控制系统监控功能，是通用层次的软件工具。组态软件的应用领域很广，可以应用于电力、给水、石油、化工等行业的数据采集与监视控制以及过程控制等诸多领域[9]。

组态（configure）的含义是配置、设定和设置，是指用户通过类似于“搭积木”的简单方式来完成自己所需要的软件功能，而不需要编写计算机程序。它有时候被称为二次开发，因此组态软件也被称为二次开发平台。监控（supervisory control），即监视和控制，是指通过计算机信号对自动化设备或过程进行监视、控制和管理。

KingView（组态王）是由北京亚控自动化软件有限公司开发的，是国内较有影响力的组态软件。组态王提供了资源管理器式的操作主界面，并且提供了以汉字作为关键字的脚本语言和多种硬件驱动程序，具有易用性、开放性和集成性的特点。应用组态王，工程师可以把主要精力放在控制对象上，而不是放在形形色色的通信协议、复杂的图形处理、枯燥的数字统计上。只需进行填表式的操作，即可生成适用于用户的 SCADA。它还可以在整个生产企业内部将各种系统和应用集成在一起，实现厂级自动化的目标。

5.1.1 组态王程序设计步骤

组态王软件由工程管理器、工程浏览器及运行系统三部分构成。

工程管理器：用于新工程的创建和已有工程的管理，对已有工程进行搜索、添加、备份、恢复，以及实现数据词典的导入和导出等功能。

工程浏览器：是一个工程开发设计工具，是用于创建监控画面、监控的设备及相关变量、动画连接、命令语言以及设定运行系统配置等的系统组态工具。

运行系统：工程运行界面，从采集设备中获得通信数据，并依据工程浏览器的动画设计显示动态画面，实现人与控制设备的交互操作。

通常情况下，建立一个组态王应用工程大致可分为以下几个步骤：

(1)创建新工程：为工程创建一个目录，用来存放与工程相关的文件。

(2)定义硬件设备并添加工程变量：添加工程中需要的硬件设备和工程中使用的变量，包括内存变量和I/O变量。

(3)制作图形画面并定义动画连接：按照实际工程的要求绘制监控画面，并使静态画面随着过程控制对象产生动态效果。

(4)编写命令语言：通过脚本程序的编写，以完成较复杂的上位机操作控制。

(5)进行运行系统的配置：对运行系统、报警、历史数据记录、网络、用户等进行设置，是系统完成用于现场前的必要工作。

(6)保存工程并运行：完成以上步骤后，一个可以拿到现场运行的工程就制作完成了。

需要说明的是，这6个步骤并不是完全独立的，事实上，它们常常是交错进行的。在用组态王软件开发系统编制工程时，要考虑以下三个方面。

图形：用户希望怎样的图形画面？也就是怎样用抽象的图形画面来模拟实际的工业现场和相应的工控设备。

数据：怎样用数据来描述工控对象的各种属性？也就是创建一个具体的数据库，此数据库中的变量反映了工控对象的各种属性，如温度、压力等。

连接：数据和图形画面中图素的连接关系是什么？也就是画面上的图素以怎样的动画来模拟现场设备的运行，以及怎样让操作者输入控制设备的指令。

组态王软件的基本使用方法可分为以下四个步骤。

步骤一：新建工程。

双击软件图标打开组态王，进入“工程管理器”界面，单击“新建”按钮出现向导，单击“下一步”按钮；单击“浏览”按钮选择工程文件夹的位置，单击“下一步”按钮；为工程填写“工程名称”(必填)和“工程描述”(可填)，单击“完成”按钮；如果提示“是否将新建的工程设为当前工程?”，单击“是”按钮。完成后可以看见新建的工程，在“工程名称”左边有个小红旗，表明该工程为当前工程。如图5-1所示，新建了一个工程，名字为“自动打螺丝机装置设计”，路径为“c:\自动打螺丝机装置设计\自动打螺丝机装置设计”，该工程为当前工程。

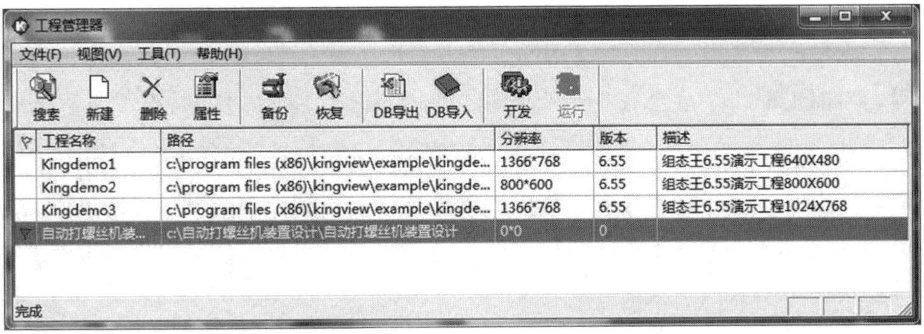

图5-1　新建自动打螺丝机装置工程

步骤二：添加工程。

对于已有的工程，在“工程管理器”界面单击“搜索”按钮，选择相应的工程文件夹位置，单击“确定”按钮完成添加。如图5-2所示，添加了一个工程，名字为“混合液体搅拌机设计”，路径为“c:\users\public\desktop\混合液体搅拌机设计/混合液体搅拌机设计”。

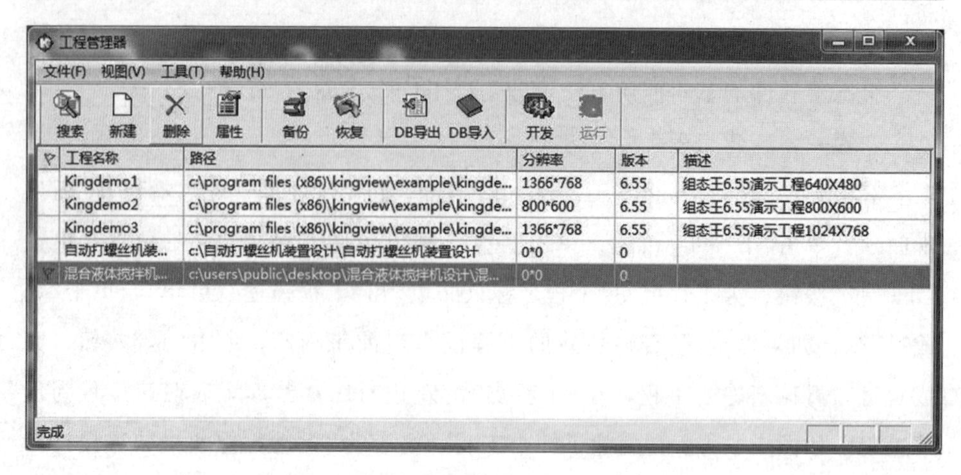

图 5-2　添加混合液体搅拌机设计工程

步骤三：工程操作。

在“工程管理器”界面，右键单击某一个工程，弹出快捷菜单，可以对该工程进行一些常用的操作。其中，“设为当前工程”是将该工程设置为当前工程，当前工程的左边会有一个小红旗作为标识；“工程属性”是查看工程的基本信息；“清除工程信息”是取消该工程在“工程管理器”中的显示，但不会删除该工程；“工程备份”是对工程以压缩形式进行备份，文件尺寸一般为默认，单击“浏览”可以选择备份的位置；“工程恢复”是对备份过的工程进行恢复。

步骤四：工程浏览器。

在“工程管理器”中双击建立好的工程，进入“工程浏览器”界面。在“工程浏览器”界面上部是菜单栏和工具栏，左侧有“系统”“变量”“站点”“画面”4 个选项卡，包含了工程所有组成部分。“系统”部分包含 Web、文件、数据库、设备、系统配置、SQL 访问管理器；“变量”部分主要为变量管理；“站点”部分显示定义的远程站点详细信息；“画面”部分用于对画面进行分组管理，创建和管理画面组。标签右侧显示的是对应功能目录，当选中某个功能后，左端区域会显示其内容。如图 5-3 所示。

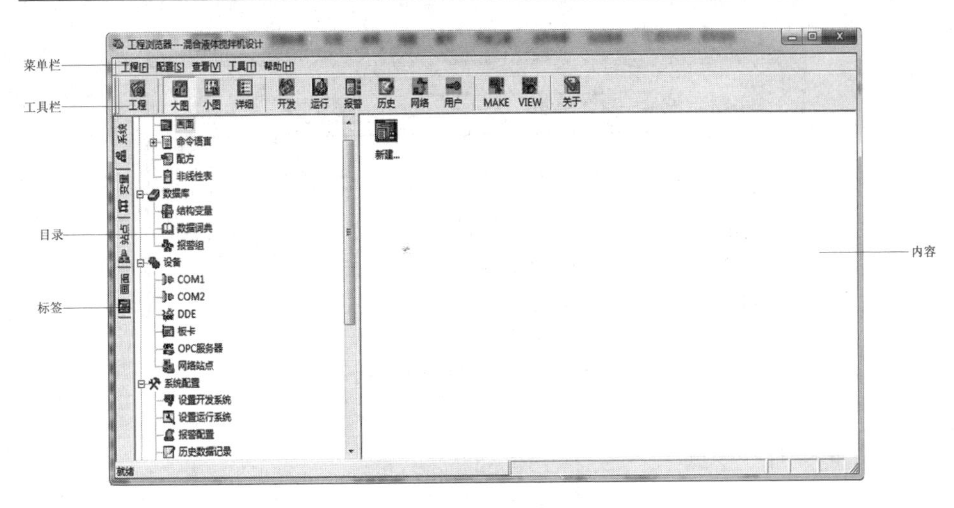

图 5-3　工程浏览器

5.1.2　设计画面

1. 新建画面

在工程浏览器界面单击“系统”→“文件”→“画面”，在右侧内容区双击“新建”，出现“新画面”设置框。其中，“画面名称”是新画面的名称，最长为 20 个字符；“对应文件”是该画面在磁盘上对应的文件名，由组态王自动生成默认文件名，也可根据需要自己输入，最长为 8 个字符，扩展名为“. pic”；“注释”是与本画面有关的注释信息，最长为 49 个字符；“左边”“顶边”是画面左上角相对于边界的距离，以像素为单位计算；“画面宽度”“画面高度”是画面的大小，以像素为单位计算，最大为 8 000×8 000，最小为 50×50；“显示宽度”“显示高度”是显示画面窗口的大小，以像素为单位计算，如果小于画面的大小，则通过拖动滚动条来查看。如图 5-4 所示。

新画面

画面名称 自动打螺丝机装置 命令语言...

对应文件 pic00001.pic

注释

画面位置

左边 0 显示宽度 600 画面宽度 600

顶边 0 显示高度 400 画面高度 400

图 5-4 “新画面”设置框

2. 工具箱的使用

如图 5-5 所示，在画面上会显示一个工具箱，如果没有，可以单击菜单命令“工具”→“显示工具箱”，或者按下快捷键＜F10＞，便可调出工具箱。工具箱提供了许多常用的菜单命令，也提供了菜单中没有的一些操作。通过工具箱，可以方便地在画面中添加文字、按钮以及控件等，并且提供了许多画图的操作。

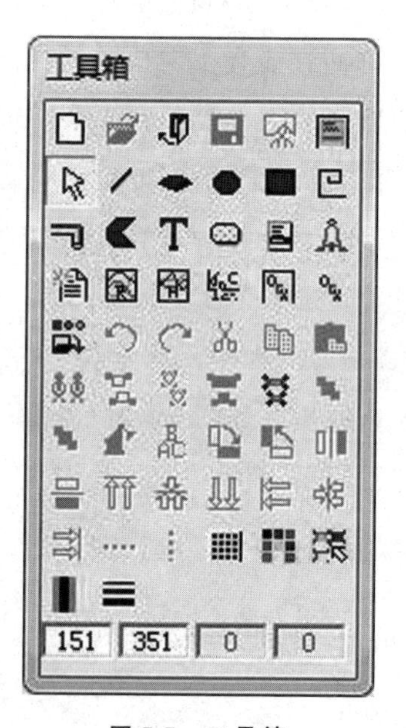

图 5-5 工具箱

在用工具箱画图时，利用“直线”“扇形”“椭圆”“圆角矩形”“折线”“多边形”工具可以画出图形的轮廓；选中相应的图形后，利用“显示线型”工具来调节线型或线宽；利用“显示调色板”工具来调节图形颜色(调色板的最上面一排是调色部位的选择，包括线、填充、背景、文本等)；利用“显示画刷类型”工具来选择图形的填充效果。

利用“图素顺时针转 90°”“图素逆时针转 90°”“水平翻转”“垂直翻转”“改变图素形状”工具来调节图形样子；利用“图素上对齐”“图素下对齐”“图素左对齐”“图素右对齐”“图素水平对齐”“图素垂直对齐”“图素水平等间隔”“图素垂直等间隔”工具来调节多个图形或文字的相对位置。

在将多个小图形叠在一起的时候，需要设置哪个图形在前，哪个图形在后，因为前面的图形会遮住后面的图形。利用“图素后移”“图素前移”工具可以进行调整。

在将多个小图形拼在一起的时候，有时可能会对不准，此时可以在菜单栏“排列”中，取消“对齐网格”选项，然后利用键盘上的方向键进行移动。移动完成后，再次选中“对齐网格”，这样可以方便我们对其他图形进行编辑。

当拼凑好大图形后，为了方便整体拖动，可以选中这个大图形，单击工具箱中的“合成组合图素”或者“合成单元”使之成为一体。两者的区别是：“合成组合图素”的每个小图形不能含有动画连接，但合成后的大图形可以设置动画连接且可以拉伸、缩放；“合成单元”的每个小图形可以含有动画连接，但合成后的大图形不能设置动画连接且不可以拉伸、缩放。

3. 图库管理器的使用

组态王中提供了一些已制作好的常用图素组合。单击菜单栏“图库”→“打开图库”，或者按下快捷键＜F2＞可打开图库，如图 5-6 所示。在图库管理器左端可进行“新建图库”“更改图库名称”“加载用户开发的精灵”“删除图库精灵”的操作。图库中的每个成员也称为“图库精灵”。双击需要的图库精灵即可拖放至画面中使用，从而省去自己绘制的过程。

图库管理器
文件 编辑
仪表
仪表2
传感器
传送器
历史曲线
反应器
安全标志
开关
指示灯
按钮
搅拌器
时钟
框架
泵
游标
电力
电杆
电气符号
管道
管道2
计算机
阀门
就绪

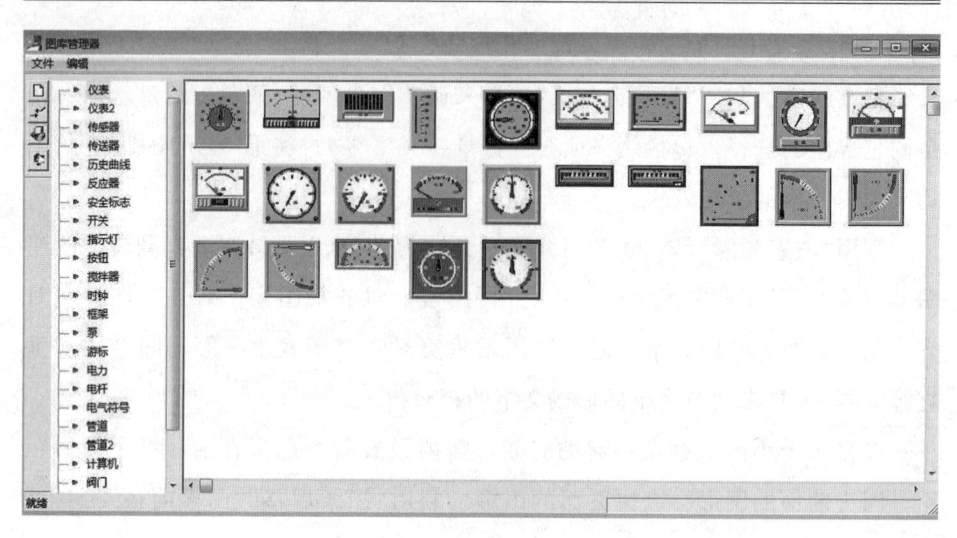

图 5-6 图库管理器

4. 图库精灵的创建与使用

在不同工程的画面设计中，有些图如果要重复使用，是不能通过复制粘贴实现的，但图库是可以共用的。通过把自己设计的图形生成为图库精灵并保存在图库中，就可以从图库中直接调用了。下面以一个简单的例子来具体说明。

首先在“数据词典”中新建一个变量“开关”，类型为“内存离散”，如图 5-7 所示。

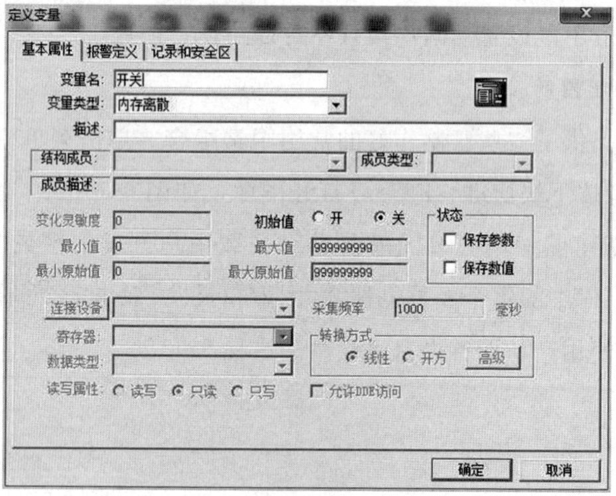

定义变量
基本属性
报警定义
记录和安全区
变量名:
开关
变量类型:
内存离散
描述:
结构成员:
成员类型:
成员描述:
变化灵敏度
0
初始值
开
关
状态
保存参数
保存数值
最小值
0
最大值
999999999
最小原始值
0
最大原始值
999999999
连接设备
采集频率
1000
毫秒
寄存器:
转换方式
线性
开方
高级
数据类型:
读写属性:
读写
只读
只写
允许DDE访问
确定
取消

图 5-7 定义变量“开关”

在画面中画出表示开关的两个状态——“开”和“关”的图形，如图 5-8 所示。

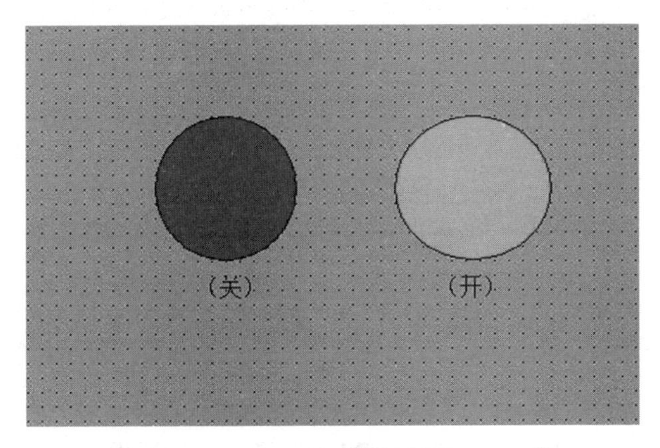

图 5-8　“开关”图形

双击图形“关”，弹出“动画连接”，勾选“隐含”和“弹起时”选项，按图 5-9 和图 5-10 所示进行设置。

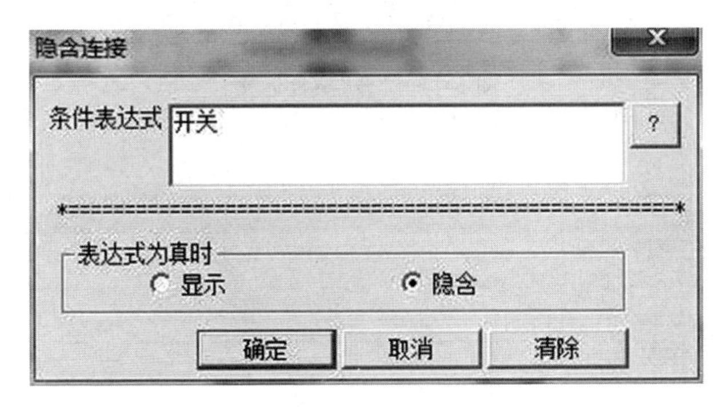

图 5-9　“关”隐含连接

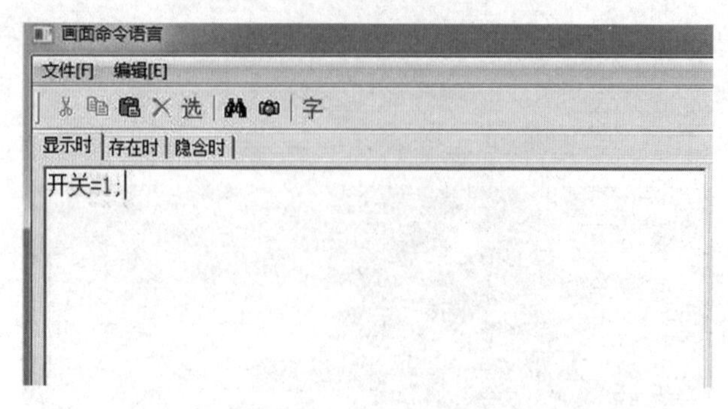

图 5-10 “关”命令语言

同样双击图形“开”，勾选“隐含”和“弹起时”，按图 5-11 和图 5-12 所示进行设置。

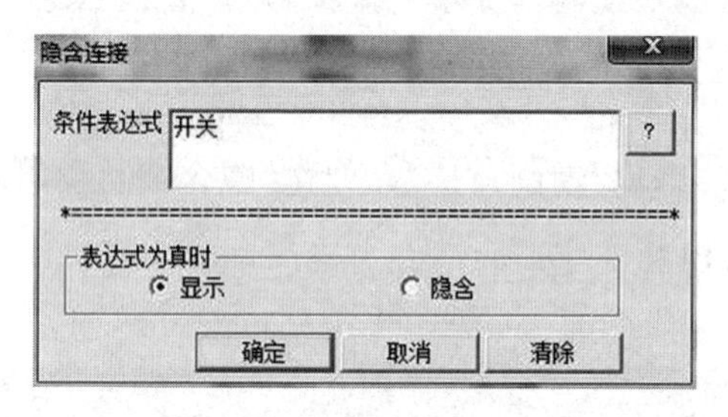

图 5-11 “开”隐含连接

图 5-12 “开”命令语言

5.1.3 定义变量

变量包括系统变量和用户定义的变量，变量的集合可形象地称为“数据词典”，数据词典记录了所有用户可使用数据变量的详细信息。在工程浏览器界面的“系统”选项卡下单击“数据库”→“数据词典”，或者直接在“变量”选项卡下都可以新建变量，如图 5-13 和图 5-14 所示。

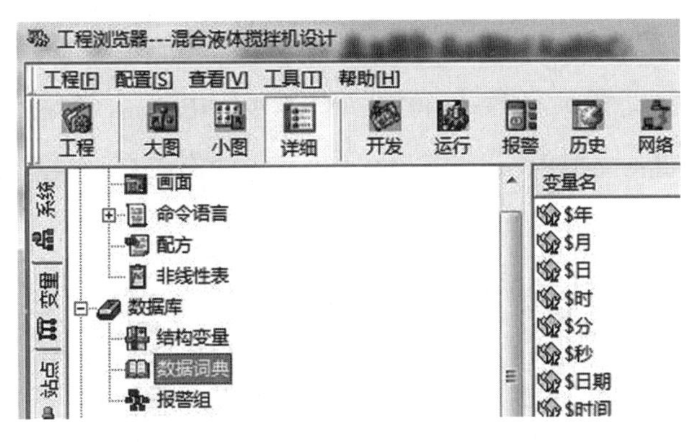

图 5-13　数据词典

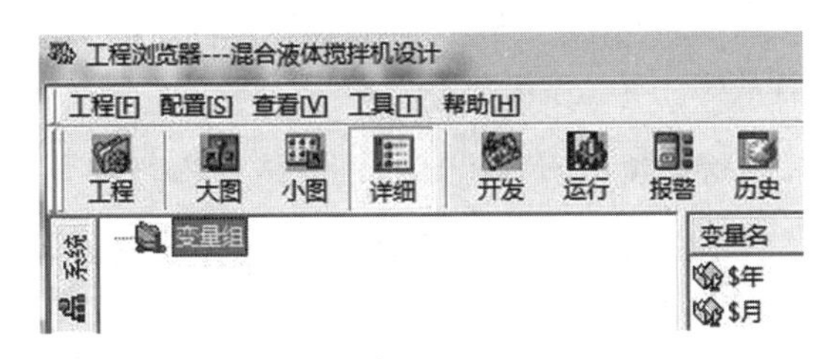

图 5-14　变量组

1. 变量的类型

在组态王中，变量的基本类型共有两类：内存变量和 I/O 变量。I/O 变量是指可与外部数据采集程序直接进行数据交换的变量，如下位机数据采集设备(PLC、仪表等)或其他应用程序(DDE、OPC 服务器等)的交换变量。这种数据交换是双向的、动态的，也就是说：在组态王系统运行过程中，每当 I/O 变量值改变时，该值就会自动写入下位机或其他应用程序；每当下位机或应用程序中值改变时，组态王系统中的变量值也会自动更新。所以，那些从下位机采集来的数据和发送给下位机的指令，如“反应罐液位”和“电源开关”等变量，都需要设置成 I/O 变量。内存变量是指那些不需要和其他应用程序交换数据，也不需要从下位机得到数据，只在组态王系统内使用的变量，如计算过程的中间变量，就可以设置成内存变量。

基于变量的基本类型，其数据类型可分为内存离散、内存整型、内存实型、内存字符串和I/O离散、V/O整型、I/O实型、I/O字符串，其各自的区别如下：

·实型变量：类似于一般程序设计语言中的浮点型变量，用于表示浮点(float)型数据，取值范围为－3.40E＋38～＋3.40E＋38，有效值为7位。

·离散变量：类似于一般程序设计语言中的布尔变量，只有0和1两种取值，用于表示一些开关量。

·字符串型变量：类似于一般程序设计语言中的字符串变量，可用于记录一些有特定含义的字符串，如名称、密码等，该类型变量可以进行比较运算和赋值运算。字符串长度最长为128个字符。

·整数变量：类似于一般程序设计语言中的有符号长整数型变量，用于表示带符号的整型数据，取值范围为－2 147 483 648～2 147 483 647。

2. 变量的基本属性配置

在新建变量的时候，弹出的“定义变量”对话框内包含有“基本属性”“报警定义”和“记录和安全区”3个选项卡。如图5-15所示，即为变量的“基本属性”选项卡。

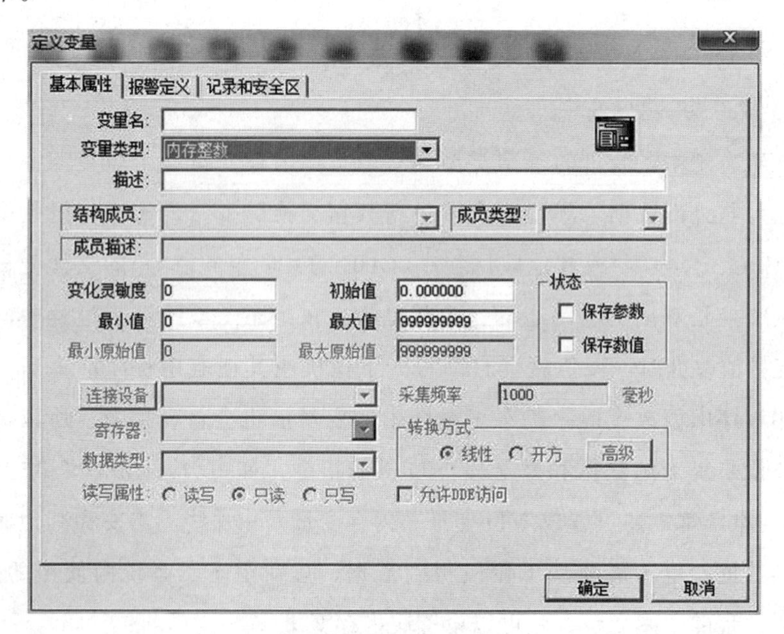

图5-15 “基本属性”选项卡

相关设置说明如下：

· 变量名：第一个字符不能是数字，最多为 31 个字符。

· 变量类型：只能定义 8 种基本类型中的一种。

· 描述：用于输入对变量的描述信息，最长不超过 39 个字符。

· 变化灵敏度：数据类型为模拟量或整型时此项有效，当该数据变量默认值的变化幅度超过“变化灵敏度”时，组态王才更新与之相连接的画面显示(默认为 0)。

· 初始值：这项内容与所定义的变量类型有关，定义模拟量时出现编辑框，可输入一个数值；定义离散量时出现开或关两种选项；定义字符串变量时出现编辑框，可输入字符串规定软件开始运行时变量初始值。

· 最小值、最大值：该变量值在数据库中的下限、上限。

· 保存参数：在系统运行时，如果变量的域(可读可写型)值发生了变化，组态王运行系统退出时，系统自动保存该值；再次启动后，变量的初始域值为上次系统运行退出时保存的值。

· 保存数值：系统运行时，如果变量值发生变化，组态王运行系统退出时，系统自动保存该值，再次启动后，变量的初始值为上次系统运行退出时保存的值。

当变量为 I/O 类型时，可以设置以下内容：

· 最小原始值、最大原始值：驱动程序中输入原始模拟值的下限、上限。

· 连接设备：与组态王交换数据的设备或程序，可以通过“设备配置向导”一步步完成设备的连接。

· 寄存器：指定要与组态王定义的变量进行连接通信的寄存器变量名，与指定的连接设备有关。

· 数据类型：定义变量对应的寄存器的数据类型。

· 读写属性：包括只读、只写和读写三种。对于只进行采集而不需要人为手动修改其值，并输出到下位设备的变量，一般定义属性为只读；对于只需要进行输出而不需要读回的变量，一般定义属性为只写；对于需要进行输出控制，又需要读回的变量，一般定义属性为读写。

· 采集频率：用于定义数据变量的采样频率，与组态王的基准频率设置有关。当采集频率为 0 时，只要组态王上的变量值发生变化，就会进行写操作；当采集频率不为 0 时，会按照采集频率周期性地输出值到设备。

· 转换方式：规定 I/O 模拟量输入原始值到数据库使用值的转换方式。

· 允许 DDE 访问：将组态王作为 DDE 服务器，可与 DDE 客户程序进行数据交换。

3. 定义变量操作实例

新建工程后，在工程浏览器的左侧树形菜单栏中单击“变量”，在右侧双击“新建”，弹出“定义变量”对话框。

1)整数变量定义

按图 5-16 所示设置整数变量，变量名设为“温度”，变量类型选择“内存整数”，初始值设为“0”，最小值设为“0”，最大值设为“100”，定义完成后如图 5-17 所示。

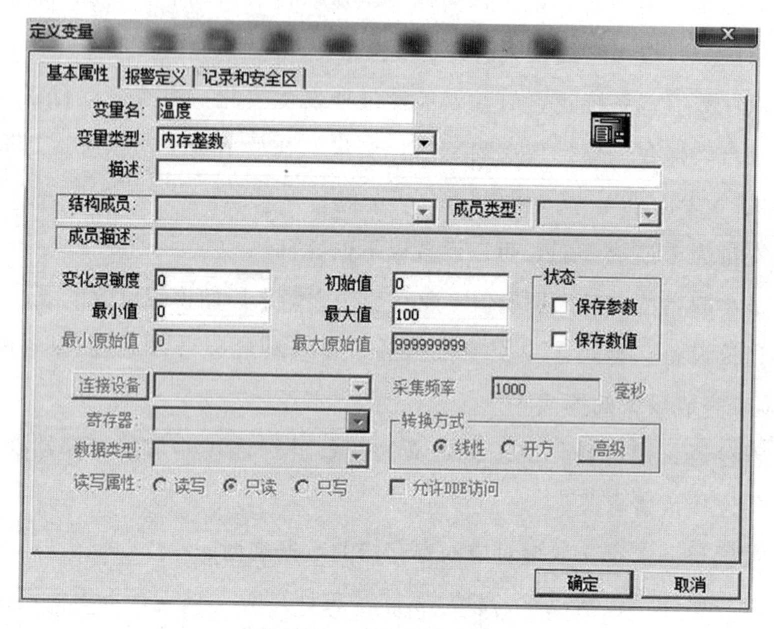

图 5-16 整数变量定义

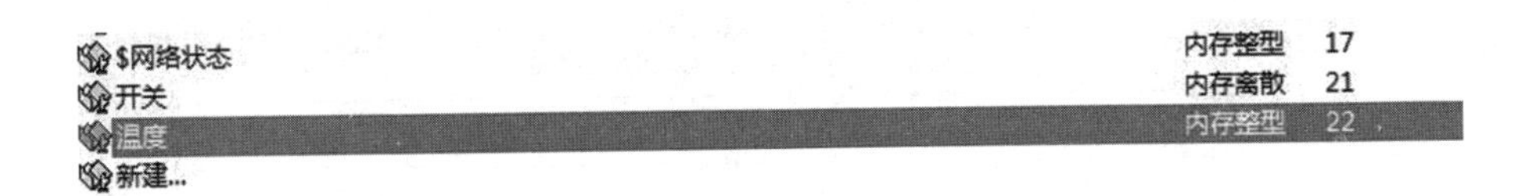

图 5-17　整数变量"温度"

2)I/O 实数变量定义

变量名设为"液位"，数据类型设为"I/O 实数"。I/O 实数需要连接下位机数据采集设备。在该实例中，新建一个仿真的 PLC 提供数据。

单击"连接设备"按钮，单击"新建"按钮，选择"PLC"→"亚控"→"仿真 PLC"→"com"，如图 5-18 所示。

单击"下一步"按钮，新设备名称为"PLC"；单击"下一步"按钮，选择计算机可用的串口，如图 5-19 所示。

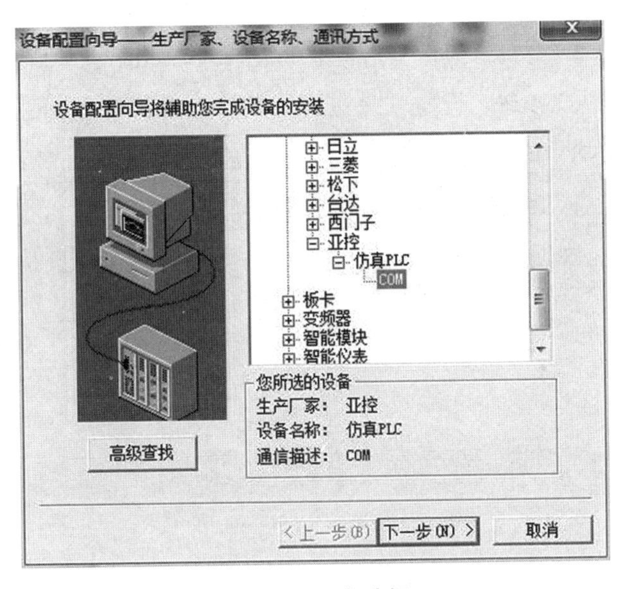

图 5-18　设备选择

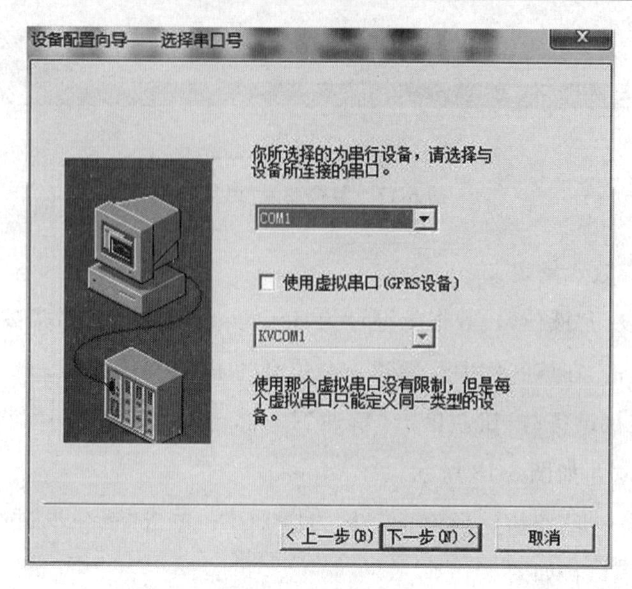

图 5-19　串口选择

单击“下一步”按钮，为设备指定地址为“15”，如图 5-20 所示。

单击“下一步”按钮，设定恢复策略为默认设置；单击“下一步”按钮，查看设置信息总结，单击“完成”按钮，关闭“设备管理”窗口。回到变量定义界面，在“连接设备”处选择“PLC”，寄存器选择“INCREA”，再在“INCREA”后面输入“100”，数据类型选择“SHORT”，读写属性为“只读”。如图 5-21 所示。

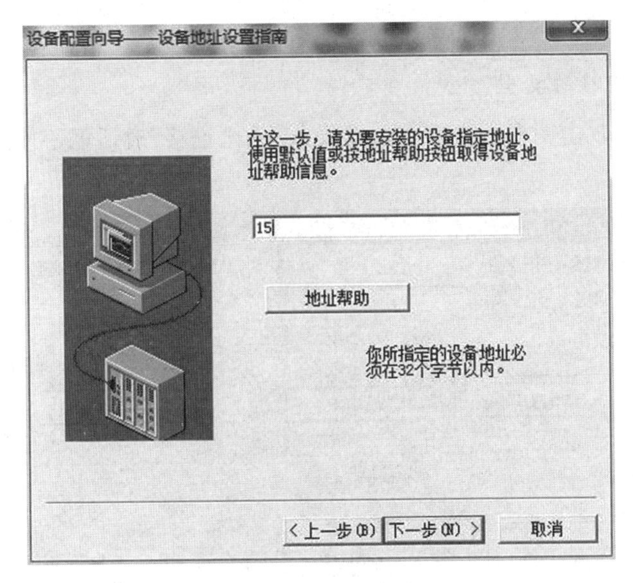

图 5-20　设备地址

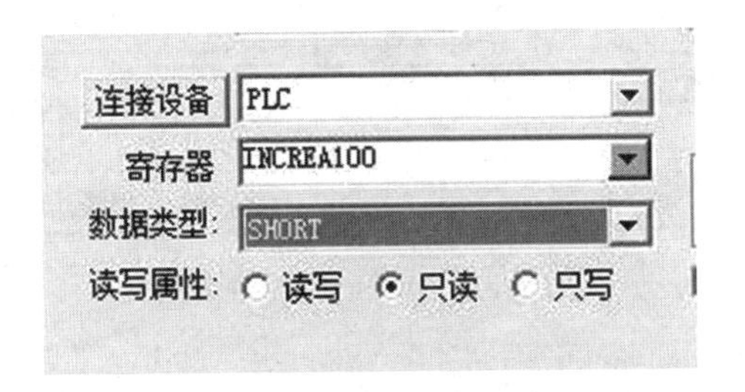

图 5-21　I/O 变量设置选择

5.1.4　组态画面的动画设计

1. 动画连接的含义与特点

在组态王开发系统中制作的画面都是静态的，为了实现动态效果，需要通过实时数据库，因为只有数据库中的变量才是与现场状况同步变化的。“动画连接”可建立画面图素与数据库变量的对应关系。当工业现场的数据(如温度、液面高度等)发生变化时，通过 I/O 接口将引起实时数据库中变量的变化，如果定义了一个画面图素(如指针)与这个变量相关，将会看到指针在同步偏转。

图形对象可以按动画连接的要求改变颜色、尺寸、位置、填充百分数等，一个图形对象可以同时定义多个连接，不同的图形所能设置的动画连接数量会有所不同。

2. 动画连接的类型

在画面中双击图形或文字，就会弹出“动画连接”对话框，如图 5-22 所示。

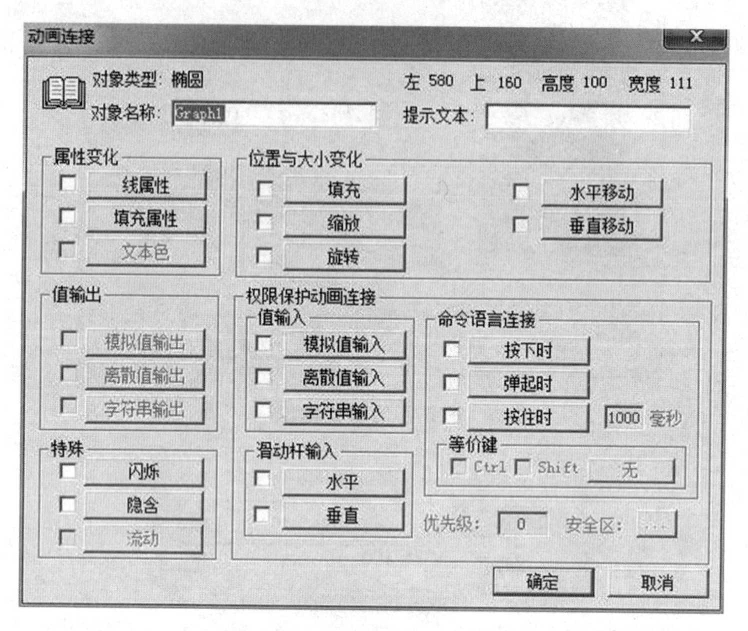

图 5-22 “动画连接”对话框

对话框的第一行显示连接对象的名称、左上角在画面中的坐标以及图形对象的宽度和高度，单位为像素。对话框的第二行是“对象名称”和“提示文本”编辑框。“对象名称”是为图素提供的唯一的名称，供以后的程序开发使用，暂时不能使用。“提示文本”的含义为：当图形对象定义了动画连接时，在运行的时候，鼠标放在图形对象上时，将出现开发中定义的提示文本。

相关功能介绍如下：

· 属性变化：可以使图形对象的颜色、线型、填充类型等属性随变量或连接表达式的值而变化。

· 位置与大小变化：可以定义图形对象如何随变量值的变化而改变位置或大小。

· 值输出：可以用来在画面上输出文本图形对象连接表达式的值。输出连接只能为一种。运行时文本字符串将被连接表达式的值所替换，输出字符串的大小、字体和文本对象相同。

• 值输入：可以改变输入变量的值。输入连接只能为一种。当系统运行时，用鼠标或键盘选中此对象，在弹出的输入对话框中键入数据以改变数据库中变量的值。

• 特殊：可以定义闪烁、隐含两种连接，这是两种规定图形对象可见性的连接。

• 滑动杆输入：可以在画面中以运动的方式改变变量的值。当系统运行时，用鼠标左键拖动带滑动杆输入连接的图形对象，即可改变数据库中变量的值。

• 命令语言连接：可以为对象设置单独的执行目标。通过鼠标或键盘选中此对象，就会执行定义命令语言连接时输入的命令语言程序。

• 优先级：可以用于输入被连接的图形元素的访问优先级级别。当系统运行时，只有优先级级别不小于此值的操作员才能访问它。这是组态王保障系统安全的一个重要功能。

• 安全区：可以用于设置被连接元素的操作安全区。当工程处在运行状态时，只有在设置安全区内的操作员才能访问它。安全区与优先级一样是组态王保障系统安全的一个重要功能。

3. 动画连接操作实例

首先新建一个工程，在工程浏览器中的“变量”标签下新建一个变量“左右”，变量类型为“内存整数”，最小值为“0”，最大值为“100”，其余设置为默认值。

新建一个画面“1”并打开，从浮动的“工具箱”中单击一次“文本”，移动鼠标在画面空白处单击一次，输入任意字符，再移动鼠标在画面空白处单击一次，完成“文本”的添加。如图 5-23 所示。

双击文本“＃＃”，勾选动画连接“模拟值输出”，在右侧单击“?”，双击选择变量“左右”，如图 5-24 所示，将“整数位数”设置成“3”，单击“确定”，完成“模拟值输出”的设置。

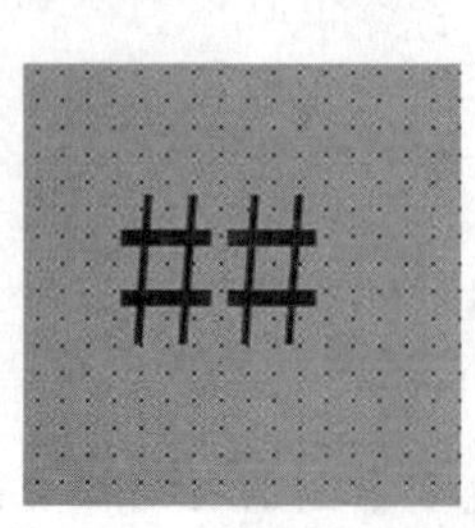
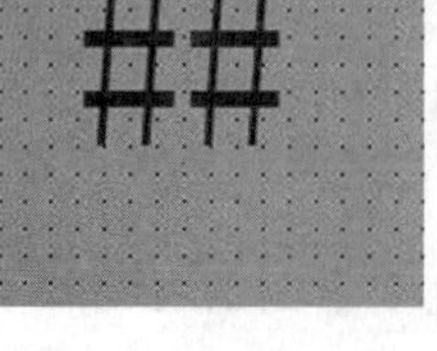

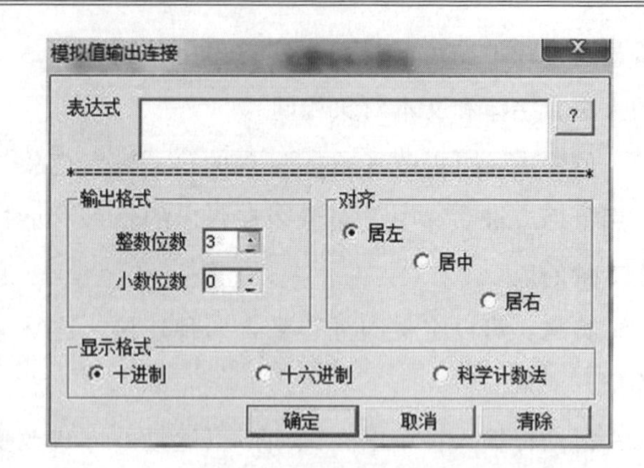

图 5-23　添加文本　　　　图 5-24　模拟值输出连接

在工程浏览器的“画面”选项卡中单击“文件”→“全保存”，单击“文件”→“切换到 view”，进入“运行系统”，单击“画面”→“打开”，双击选择画面“1”，如图 5-25 所示。因为变量“左右”的初始值是 0，而且整数位数设置成“3”，所以文本“# #”显示的是“000”。

关闭“运行系统”回到画面编辑界面，双击“# #”，勾选动画连接“模拟值输入”，单击“?”，选择“左右”，最大值为“100”，最小值为“0”，如图 5-26 所示，单击“确定”按钮，回到画面。

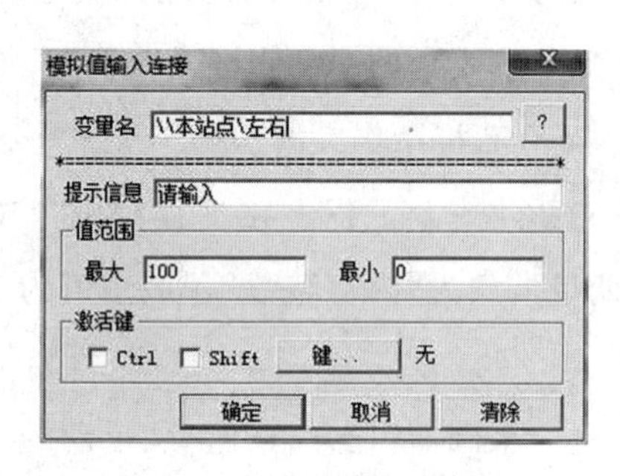

图 5-25　模拟值输出运行　　　　图 5-26　模拟值输入连接

保存画面后进入运行系统并打开画面“1”，单击“000”，弹出输入框，输入 100 以内的数字，比如 56，单击“确定”按钮，此时文本“# #”显示的是“056”，如图 5-27 所示。

关闭运行系统回到画面编辑界面，双击“# #”，勾选“文本色”，变量名选择"\\本站点\左右"，在"文本属性色"中会有两条默认选项："0 红色""100 蓝色"，双击"100 红色"，修改阈值为"50"，如图 5-28 所示，单击"确定"按钮，回到画面编辑界面。

图 5-27　模拟值输出运行

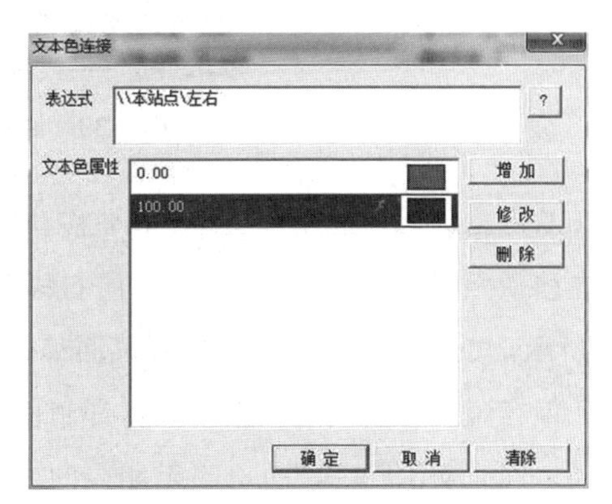

图 5-28　文本色设置

保存画面后进入运行系统并打开画面"1"，可以看到"000"为红色，因为设置中有"50 蓝色"的属性，所以单击输入 50～100 中的任意一个数后，颜色会变为蓝色。

关闭运行系统回到画面编辑界面，在画面上画一个游标，首先从"工具箱"中选择"直线"，画出一条长度为 100 的直线，双击直线，在右上角可以看到线的大小值，如图 5-29 所示。

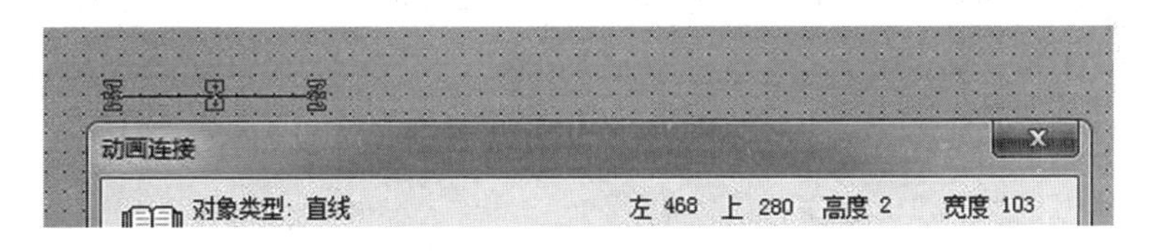

图 5-29　查看图素大小

为该直线画上一些刻度，用工具箱中的"多边形"工具在直线下方画一个三角形表示指针，如图 5-30 所示。

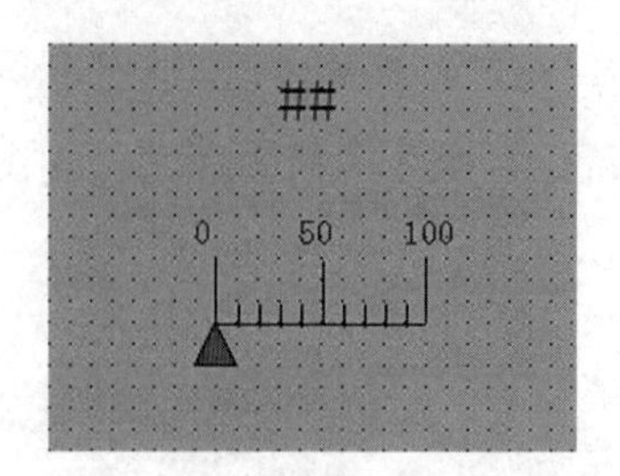

图 5-30　绘制刻度

双击指针，勾选动画连接“水平移动”，变量名选择“\\本站点\左右”，向左移动距离及对应值设为“0”，向右移动距离及对应值设为“100”，如图 5-31 所示，单击“确定”按钮，回到画面编辑界面。

保存画面后进入运行系统并打开画面“1”，用鼠标向右拖动指针，指针会移动，同时文本“##”也会显示相应的变化，如图 5-32 所示。

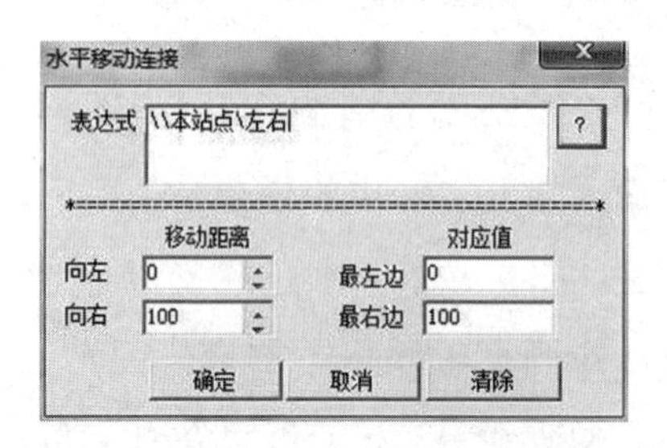

图 5-31　水平移动连接输入设置

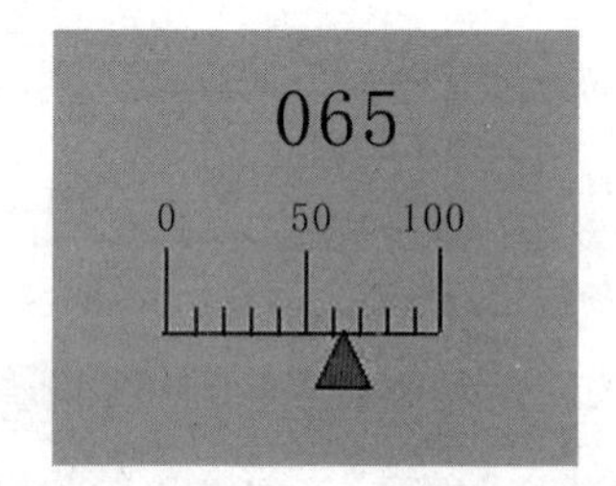

图 5-32　运行系统

关闭运行系统回到画面编辑界面，将文本“##”调整成合适的大小后拖动到指针下面，如图 5-33 所示。双击“##”，勾选动画连接“水平移动”，表达式选择“\\本站点\左右”，向左移动距离及对应值设为“0”，向右移动距离及对应值设为“100”，如图 5-34 所示。

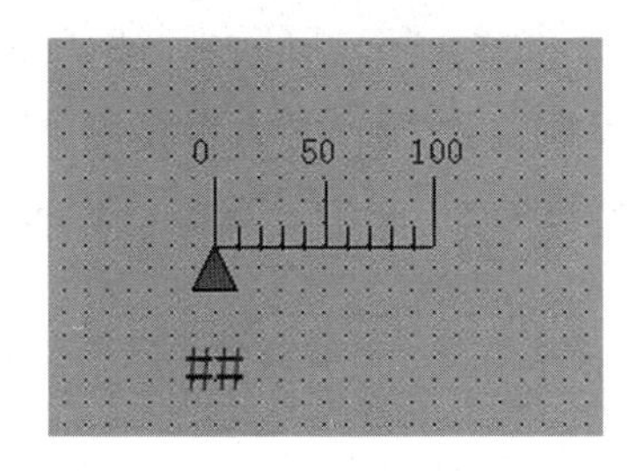

图 5-33　画面设计

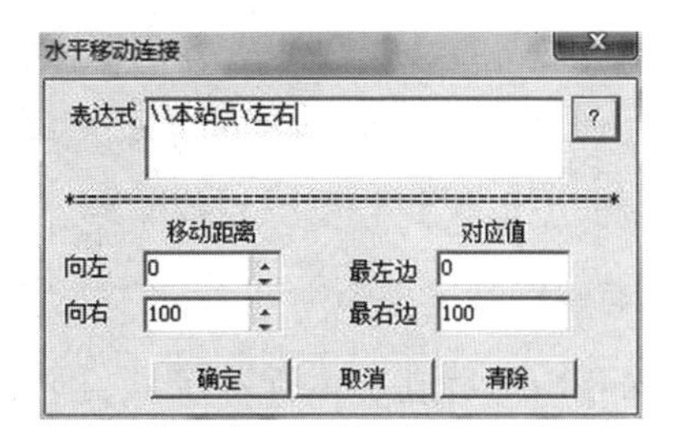

图 5-34　“水平移动连接”动画设置

保存画面后进入运行系统并打开画面“1”，可以看到，拖动指针时，“＃＃”除了显示数字外，还会随着指针移动，如图 5-35 所示。

关闭运行系统回到画面编辑界面，双击指针，勾选动画连接“填充”，表达式选择“\\本站点\左右”，最小填充高度对应数值设为“0”，占据百分比设为“0%”，最大填充高度对应数值设为“100”，占据百分比设为“100%”，单击“A”，选择填充方向为“上”，按住缺省画刷，类型选择第一个(若选择第二个，则填充缺省部分为透明)，缺省颜色设为“黑色”(与画面中指针颜色区别开，否则无法观察填充变化)，如图 5-36 所示。

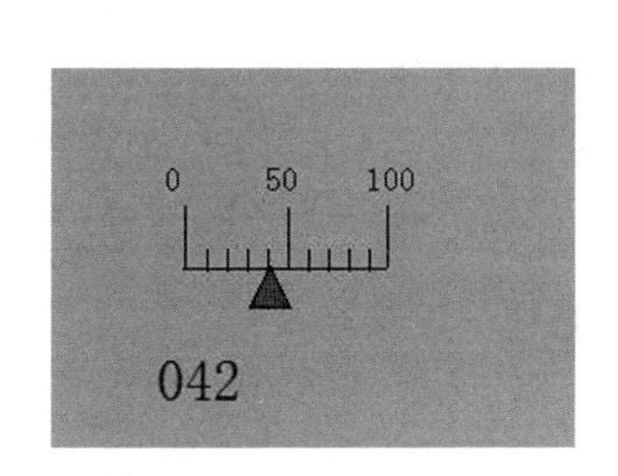

图 5-35　运行系统

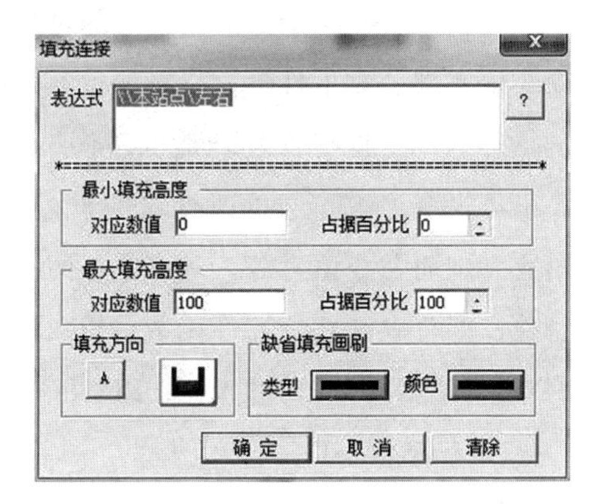

图 5-36　填充设置

保存画面后进入运行系统并打开画面“1”，可以看到，拖动指针时，指针会从下往上填充黑色，当拖动到 100 时，指针全部填充为黑色，如图 5-37 所示。

关闭运行系统回到画面编辑界面，双击“＃＃”，勾选动画连接“闪烁”，闪烁条件设为“\\本站点\左右＞90”，闪烁速度设为“500”(闪烁时间应大于等于运行系统基准频率，运行系统基准频率是画面运行时的刷新频率，否则闪烁速度无法达到效果，运行系统基准频率设置在“工程浏览器”→“配置”→“运行系统”→“特殊”中)，如图 5-38 所示。

保存画面后进入运行系统并打开画面“1”，拖动指针时，当数值大于 90 时，数值就会闪烁，当数值小于等于 90 时，闪烁停止。

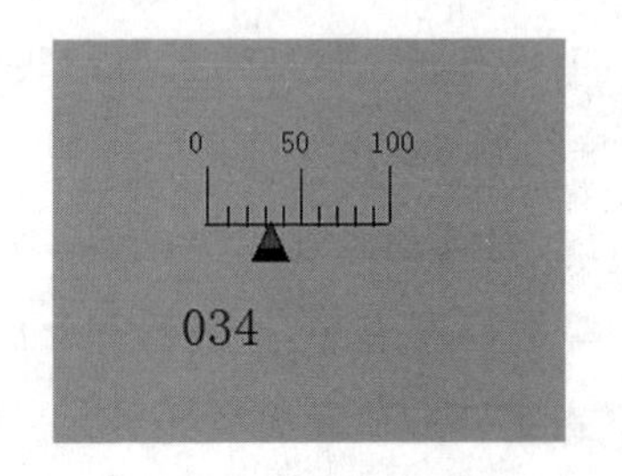

图 5-37　运行系统

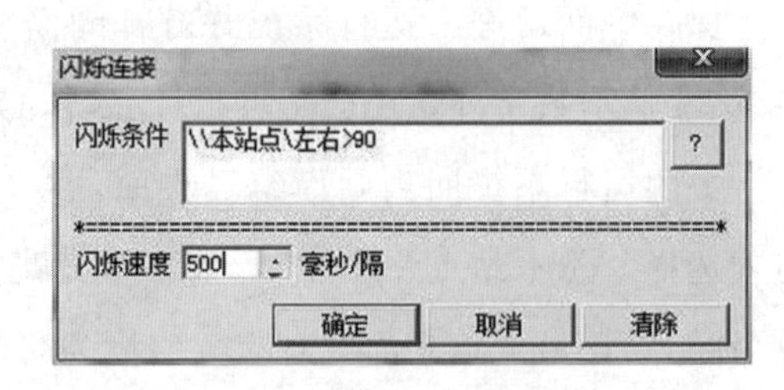

图 5-38　闪烁设置

5.1.5　命令语言

组态王软件中的命令语言是一种在语法上类似于 C 语言的程序，工程人员可以利用这些程序来增强应用程序的灵活性，处理一些算法和操作等。

命令语言都是靠事件触发执行的，如定时、数据的变化、键盘键的按下、鼠标的点击等。根据事件和功能的不同，分为应用程序命令语言、热键命令语言、事件命令语言、数据改变命令语言、自定义函数命令语言、动画连接命令语言和画面命令语言等，具有完备的词法语法查错功能和丰富的运算符、数学函数、字符串函数、控件函数、SQL 函数和系统函数。各种命令语言通过“命令语言编辑器”编辑输入，在组态王运行系统中被编译执行。

1. 应用程序命令语言

应用程序命令语言只能定义一个。选择“应用程序命令语言”，则在右边的内容显示区出现“请双击这儿进入＜应用程序命令语言＞对话框…”图标。双击图标，则弹出“应用程序命令语言”对话框。如图 5-39 所示。

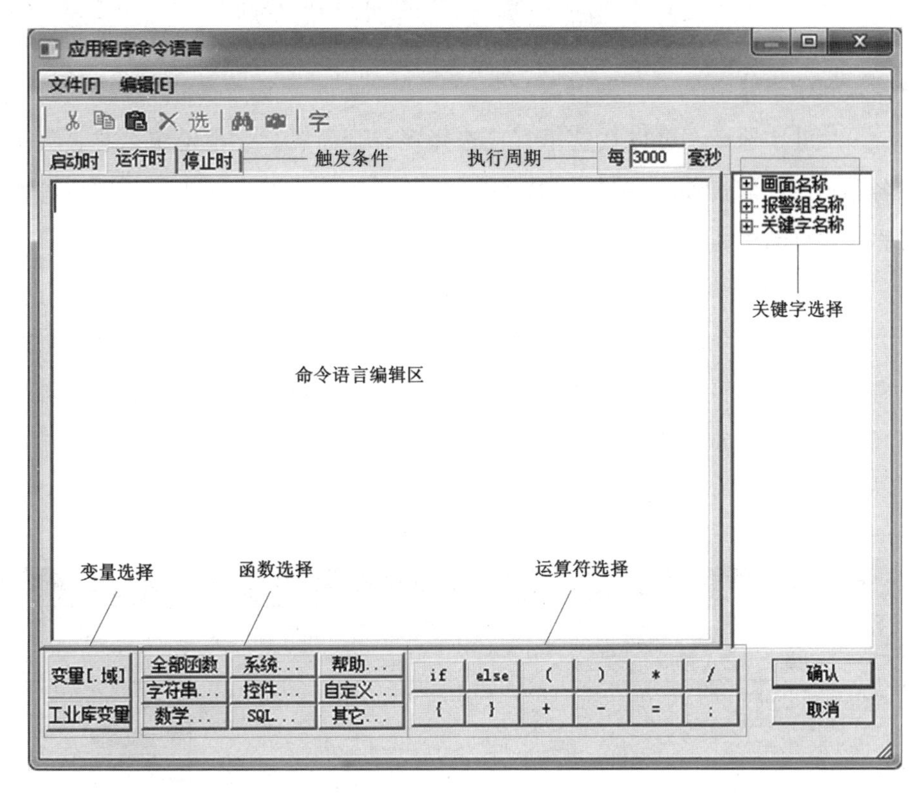

图 5-39　“应用程序命令语言”对话框

其中包含的内容块如下：

· 触发条件：触发命令语言执行的条件。选择“启动时”选项卡，在该编辑器中输入命令语言程序，该段程序只在运行系统程序启动时执行一次；选择“停止时”选项卡，在该编辑器中输入命令语言程序，该段程序只在运行系统程序退出时执行一次；选择“运行时”选项卡，会有输入执行周期的编辑框“每……毫秒”，输入执行周期，则组态王系统运行时，将按照该时间周期性地执行这段命令语言程序，无论打开画面与否。

· 执行周期：每经过一个周期，执行一次该命令语言的内容。

· 命令语言编辑区：输入命令语言程序的区域。

· 变量选择：选择变量或变量的域到编辑器中。

· 函数选择：单击某一按钮，弹出相关的函数选择列表，直接选择某一函数到命令语言编辑器中。

·运算符选择：单击某一个按钮，按钮上标签表示的运算符或语句自动被输入到编辑器中。

·关键字选择：可以在这里直接选择现有画面名称、报警组名称、关键字名称到命令语言编辑器里。如选中一个画面名称，然后双击它，则该画面名称就被自动添加到了编辑器中。

2. 数据改变命令语言

数据改变命令语言触发的条件为连接变量或变量域的值发生了变化，按照需要可以定义多个。选择“数据改变命令语言”，则在右边的内容显示区出现“新建”图标。双击图标，则弹出“数据改变命令语言”对话框，如图 5-40 所示。

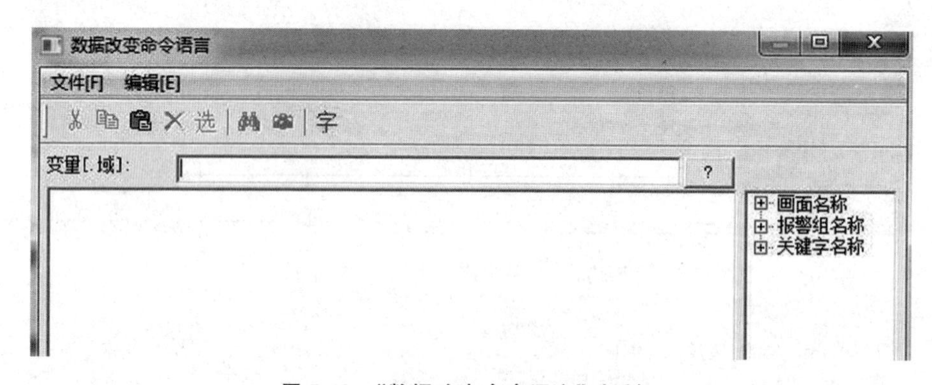

图 5-40 “数据改变命令语言”对话框

在命令语言编辑器“变量[. 域]”编辑框中输入或通过单击“?”按钮来选择变量名称(如“原料罐液位”)或变量的域(如“原料罐液位”)。这里可以连接任何类型的变量和变量的域，如离散型、整型、实型、字符串型等。当连接变量值发生变化时，系统会自动执行该命令语言程序。

3. 事件命令语言

事件命令语言是指当规定表达式条件成立时执行的命令语言，按照需要可以定义多个。选择“事件命令语言”，则在右边内容显示区出现“新建”图标。双击图标，则弹出“事件命令语言”对话框，如图 5-41 所示。

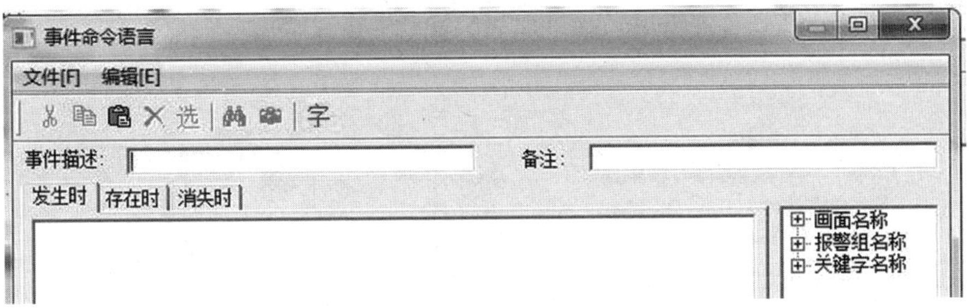

图 5-41　“事件命令语言”对话框

“事件描述”是指指定命令语言执行的条件，“备注”是指对该命令语言做的一些说明性文字。事件命令语言有三种类型：“发生时”是指事件条件初始成立时执行一次；“存在时”是指事件存在时定时执行，在“每……毫秒”编辑框中输入执行周期，则当事件条件成立存在期间，周期性执行命令语言；“消失时”是指事件条件由成立变为不成立时执行一次。

4. 热键命令语言

热键命令语言链接到工程人员指定的热键上，软件运行期间，工程人员随时按下键盘上相应的热键，都可以启动这段命令语言程序。热键命令语言可以指定使用权限和操作安全区，按照需要可以定义多个。选择“热键命令语言”，则在右边内容显示区出现“新建”图标。双击图标，则弹出“热键命令语言”对话框，如图 5-42 所示。

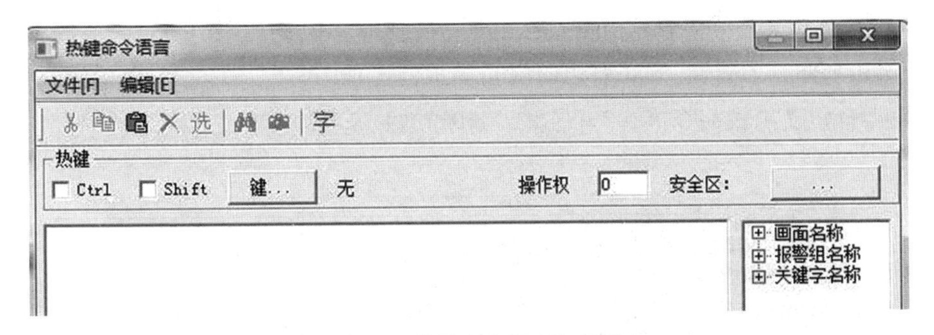

图 5-42　“热键命令语言”对话框

当“Ctrl”和“Shift”左边的复选框被选中时，表示此键有效。若想选择更多的键，可单击“键…”按钮，弹出如图 5-43 所示的对话框，在对话框中选择一个键，则该键被定义为热键，还可以与<Ctrl>和<Shift>形成组合键。

选择键.　　关闭

BackSpace	Home	Numpad1	Multiply	F4
Tab	Left	Numpad2	Add	F5
Clear	Up	Numpad3	Separator	F6
Enter	Right	Numpad4	Subtract	F7
Esc	Down	Numpad5	Decimal	F8
Space	PrtSc	Numpad6	Divide	F9
PageUp	Insert	Numpad7	F1	F1
PageDown	Del	Numpad8	F2	F1
End	Numpad0	Numpad9	F3	F1

图 5-43　选择热键

“操作权”和“安全区”用于安全管理，两者可单独使用，也可合并使用。如设置操作权为“100”，则只有操作权限大于等于 100 的操作员登录后按下热键时，才会激发命令语言的执行。

5. 自定义函数命令语言

如果组态王系统提供的各种函数不能满足工程的特殊需要，可以使用自定义函数功能，使用该功能可以自己定义各种类型的函数，通过这些函数能够实现工程的特殊需要。如特殊算法、模块化的公用程序等，都可通过自定义函数来实现。自定义函数是利用类似 C 语言来编写的一段程序，其自身不能直接被组态王系统触发调用，必须通过其他命令语言来调用执行。选择“自定义函数命令语言”，则在右边的内容显示区出现“新建”图标。双击图标，则弹出“自定义函数命令语言”对话框，如图 5-44 所示。

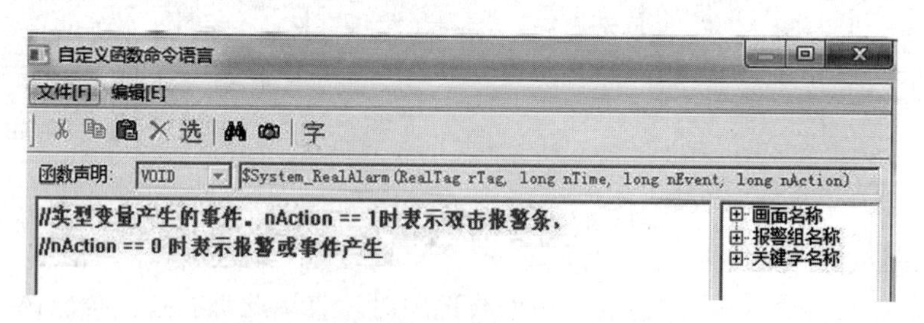

图 5-44　“自定义函数命令语言”对话框

在“函数声明”后的列表框中选择函数返回值的数据类型，包括以下 5 种：VOID、LONG、FLOAT、STRING 和 BOOL。按照需要选择一种，如果函数没有返回值，则直接选择“VOID”。在“函数声明”数据类型后的文本框中输入该函数的名称，不能为空。函数名称的命名应该符合组态王的命名规则，不能用组态王中已有的关键字或变量名。函数名后应该加小括号“( )”，如果函数带有参数，则应该在括号内声明参数的类型和参数名称。

6. 画面命令语言

画面命令语言就是与画面显示与否有关系的命令语言程序。只有画面被关闭或被其他画面完全遮盖时，画面命令语言才会停止执行。只与画面相关的命令语言可以写到画面命令语言里(如画面上动画的控制等)，而不必写到后台命令语言中(如应用程序命令语言等)，这样可以减轻后台命令语言的压力，提高系统运行的效率。画面命令语言定义在画面属性中，打开一个画面，选择菜单“编辑/画面属性”，或用鼠标右键单击画面，在弹出的快捷菜单中选择“画面属性”菜单项，或按＜Ctrl＋W＞键，均可打开画面属性对话框，在对话框上单击“命令语言…”按钮，则弹出“画面命令语言”对话框，如图 5-45 所示。

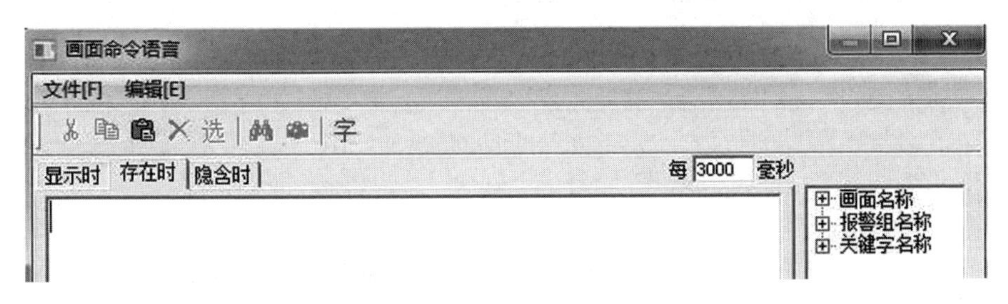

图 5-45　“画面命令语言”对话框

画面命令语言执行条件包括“显示时”“存在时”和“隐含时”。“显示时”表示打开或激活画面为当前画面，或画面由隐含变为显示时执行一次；“存在时”表示画面在当前显示时，或画面由隐含变为显示时周期性执行，可以定义执行周期，在“存在时”中的“每…毫秒”编辑框中输入执行的周期时间；“隐含时”表示画面由当前激活状态变为隐含或被关闭时执行一次。

7. 动画连接命令语言

对于图素，有时一般的动画连接表达式完成不了工作，而程序只需要单击一下画面上的按钮等图素才执行，如单击一个按钮，执行一连串的动作，或执行一些运算、操作等，这时可以使用动画连接命令语言。该命令语言是针对画面上的图素的动画连接的，组态王中的大多数图素都可以定义动画连接命令语言。如在画面上放置一个按钮，双击该按钮，弹出“动画连接”对话框，如图 5-46 所示。勾选其中一个，会弹出“命令语言”对话框，如图 5-47 所示。

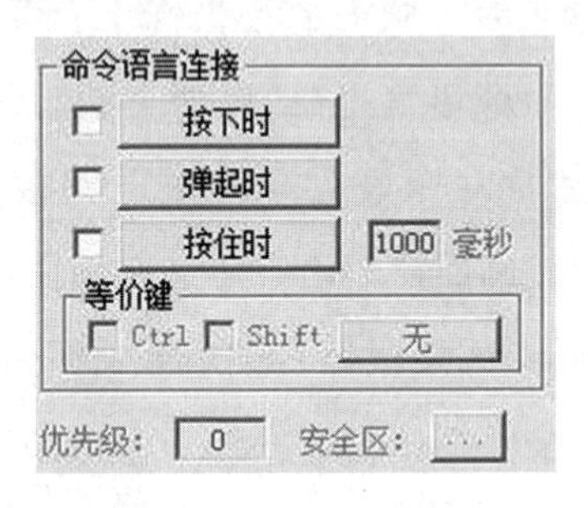

图 5-46 “动画连接”对话框

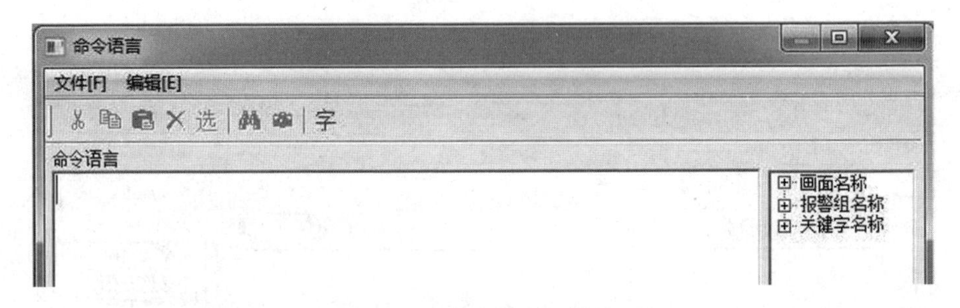

图 5-47 “命令语言”对话框

“命令语言”用法与其他命令语言编辑器用法相同。“按下时”表示当鼠标在该按钮上按下，或与该连接相关联的热键按下时执行一次；“弹起时”表示当鼠标在该按钮上弹起，或与该连接相关联的热键弹起时执行一次；“按住时”表示当鼠标在该按钮上按住，或与该连接相关联的热键按住没有弹起时，周期性执行该段命令语言。按住时命令语言连接可以定义执行周期，在按钮后面的“毫秒”标签编辑框中，可输入按钮被按住时命令语言执行的周期。

8. 命令语言语法

命令语言程序的语法与一般 C 程序语法没有太大区别，每一程序语句末尾应用分号“;”结束，在使用 if…else…和 while()等语句时，其程序要用花括号“{}”括起来。

1)运算符

表 5-1 列出了命令语言的运算符及其说明。

表 5-1　运算符

运算符	说明	运算符	说明
=	赋值	<=	小于或等于
&&	逻辑与	+	加法
11	逻辑或	−	减法(双目)
&	整型量按位与	%	模运算
	整型量按位或	*	乘法
^	整型量异或	/	除法
==	等于	~	取补码，将整型变量变成“2”的补码
! =	不等于	!	逻辑非
>	大于	−	取反，将正数变为负数(单目)
<	小于	()	括号，保证运算按所需次序进行
>=	大于或等于		

2)赋值语句

使用赋值运算符“=”可以给一个变量赋值，也可以给可读写变量的域赋值。

3) if−else 语句

if−else 语句用于按表达式的状态有条件地执行不同的程序，可以嵌套使用。if−else 语句里如果是单条语句，可省略花括号“{ }”；多条语句必须在一对花括号“{ }”中，else 分支可以省略。

4) while()语句

当 while()语句括号中的表达式条件成立时，循环执行后面“{ }”内的程序。同 if 语句一样，while()里的语句若是单条语句，可省略花括号“{ }”，但若是多条语句，则必须在一对花括号“{ }”中。这条语句要慎用，使用不当易造成死循环。

5)命令语言程序的注释方法

命令语言程序添加注释，有利于程序的可读性，也方便程序的维护和修改。组态王的所有命令语言中都支持注释。注释的方法分为单行注释和多行注释两种。注释可以在程序的任何地方进行。单行注释在注释语句的开头加注释符“//”即可。

5.1.6 自动打螺丝机控制实验

1. 实验目的和要求

(1)了解自动打螺丝机的工作原理；

(2)熟悉组态王的建立与设备连接；

(3)掌握组态王组态软件界面编辑；

(4)掌握组态王软件的命令语言编写。

2. 实验设备与材料准备

(1)硬件：计算机，实训装置(PLC、数据传输线)；

(2)软件：组态王(KingView)软件和三菱编程软件 GX Works2。

3. 实验内容

要求装置能实现手动操作与自动操作。手动操作时，能够操控 X 轴、Z 轴实现左右、上下运行。自动操作时需实现电动螺丝枪自动行走至供料器取料，随后移动至工作台上方将螺丝旋入零件指定位置。

4. 实验步骤

(1)创建新工程：为工程创建一个目录，用来存放与工程相关的文件。

(2)定义硬件设备并添加工程变量：添加工程中需要的硬件设备和工程中使用的变量，包括内存变量和 I/O 变量。

(3)制作图形画面并定义动画连接：按照实际工程要求绘制监控画面，并使静态画面随着过程控制对象产生动态效果。

(4)编写命令语言：通过脚本程序编写，完成较复杂的上位机操作控制。

(5)保存工程并运行：完成以上步骤后，一个可以拿到现场运行的工程就制作完成了。

5. 参考组态画面和程序

参考组态画面如图 5-48 所示。

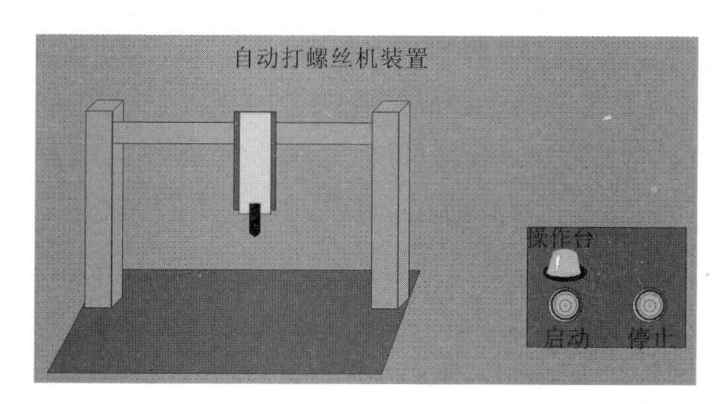

图 5-48　自动打螺丝机参考组态画面

参考程序如下：

```
if( \\本站点\启动==1)
{ \\本站点\运行指示灯=1;
\\本站点\水平移动=\\本站点\水平移动+20;
    if (\\本站点\水平移动 >=260)
  { \\本站点\水平移动=260; }
if (\\本站点\水平移动==260)
  {\\本站点\竖直移动=\\本站点\竖直移动+10;}
if (\\本站点\竖直移动>=110)
  {\\本站点\螺丝移动= \\本站点\螺丝移动+10;}
if (\\本站点\螺丝移动==70 && \\本站点\水平移动==260)
    {\\本站点\中间变量 1=1;}}
if( \\本站点\中间变量 1==1)
{ \\本站点\启动=0;
\\本站点\竖直移动=\\本站点\竖直移动-10;
if (\\本站点\竖直移动==0)
{\\本站点\中间变量 2=1;
```

```
\\本站点\中间变量1=0;}}
if(\\本站点\中间变量2==1)
{ \\本站点\水平移动=\\本站点\水平移动-20;
if(\\本站点\水平移动==0)
{ \\本站点\停止=1;}}
if (\\本站点\停止==1)
{\\本站点\螺丝移动=0;
\\本站点\中间变量1=0;
\\本站点\中间变量2=0;
\\本站点\停止=0;
\\本站点\启动=1;}
```

5.2 触摸屏

5.2.1 触摸屏简介

触摸屏是人机界面发展的方向。可以由用户在触摸屏画面上设置具有明确意义和提示信息的触摸式按键。触摸屏面积小，使用直观方便。用手指或其他物体触摸触摸屏时，被触摸位置的坐标被触摸屏控制器检测，并通过通信接口将触摸信息传送到 PLC，从而得到输入信息[10]。

触摸屏系统一般包括两个部分：触摸检测装置和触摸屏控制器。触摸检测装置安装在显示器的显示表面，用于检测用户的触摸位置，再将该处的信息传送给触摸屏控制器。触摸屏控制器接收来自触摸检测装置的触摸信息，并将它转换成触摸点坐标，判断出触摸的意义后传送给 PLC。同时，它能接收 PLC 发来的命令并加以执行，例如动态地显示开关量或模拟量。

(1)GOT 型号介绍见图 5-49。

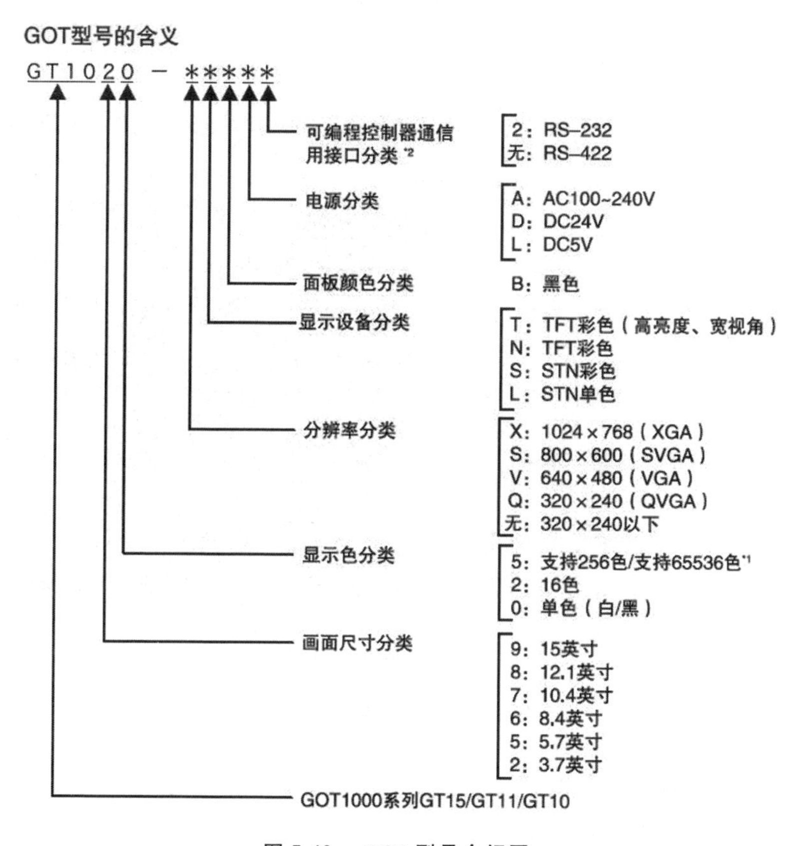

图 5-49　GOT 型号介绍图

(2)GOT 连接方式见图 5-50。

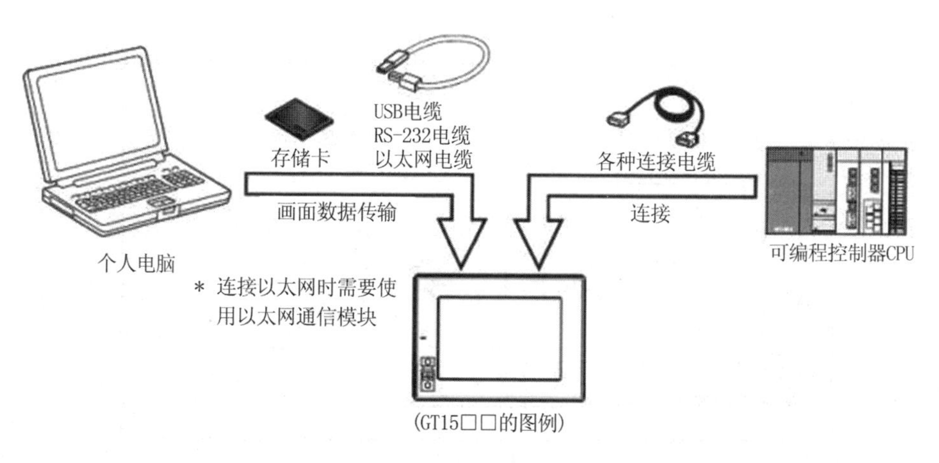

图 5-50　触摸屏连接图

3)画面编辑软件见图 5-51。

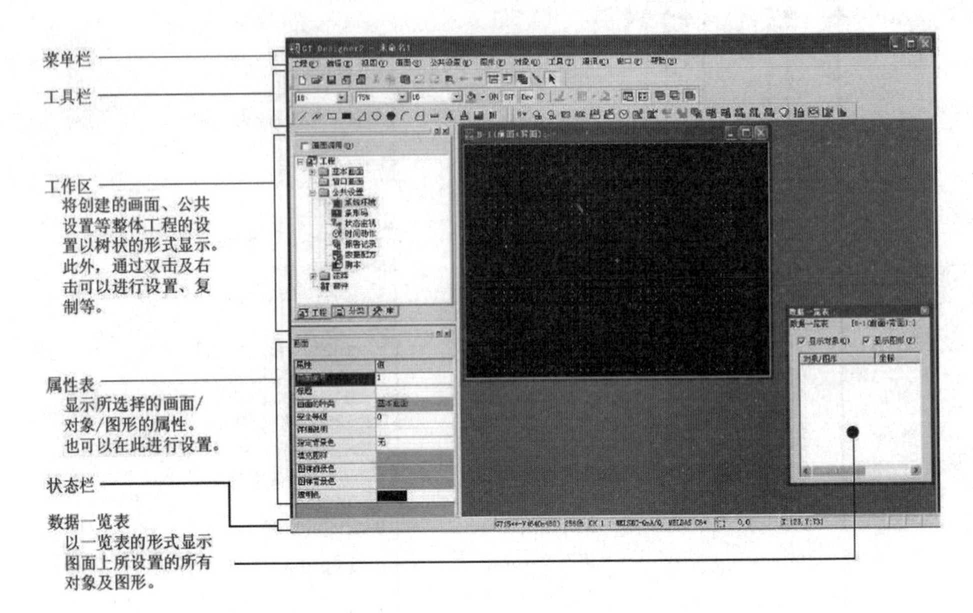

图 5-51　触摸屏连接图

5.2.2　三菱触摸屏与 PLC 动作方式

1. 触摸软元件“M0”运行

在触摸屏 GOT 的触摸开关“运转”时，分配到触摸开关中的位软元件“M0”为接通状态，如图 5-52 所示。

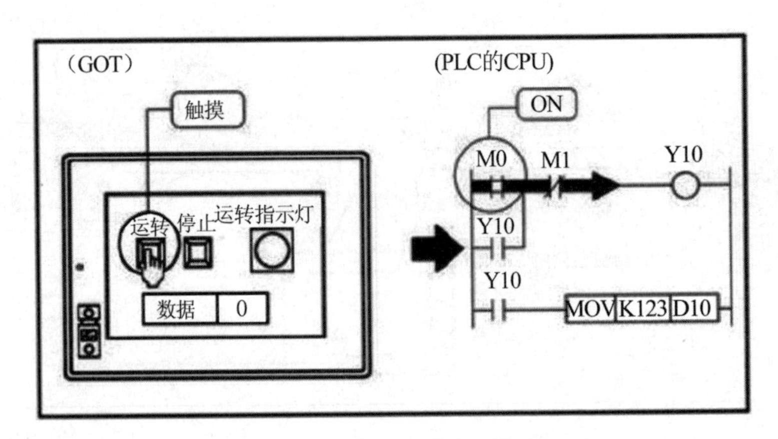

图 5-52　触摸软元件“M0”运行

2. 输出并显示“Y0”状态

位元件“M0”接通时，“Y10”接通。此时，分配了位软元件“Y10”的 GOT 运转指示灯显示输出状态，如图 5-53 所示。

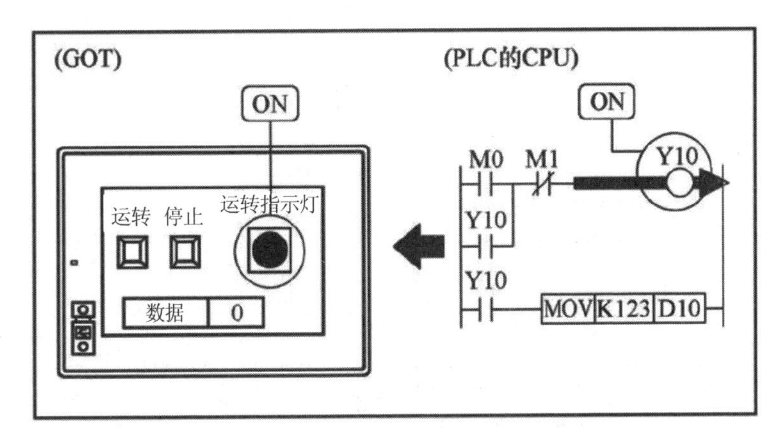

图 5-53　输出并显示“Y10”状态

3. 位元件显示

由于位软元件“Y10”处于接通状态，因此“123”被存储到字软元件“D10”中，此时，分配了字软元件“D10”的 GOT 数据显示将显示“123”，如图 5-54 所示。

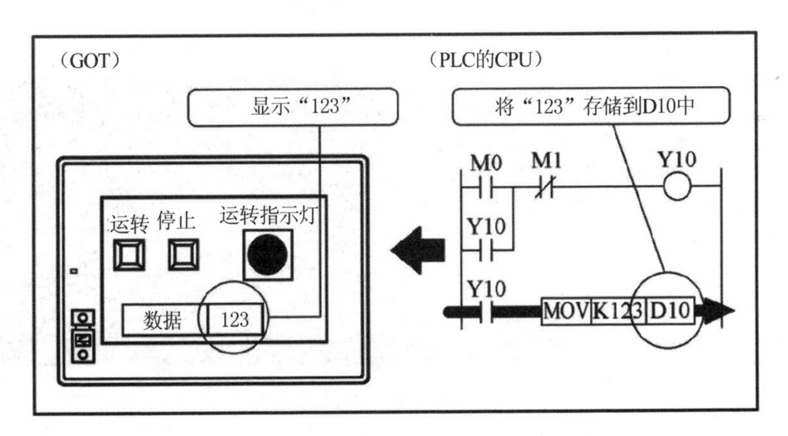

图 5-54　字软元件“D10”显示

4. 触摸软元件“M1”停止

触摸GOT“停止”开关时，分配到触摸开关中的位软元件“M1”为ON，由于“M1”为位软元件“Y10”的停止条件，因此GOT的“运行指示灯”将变为熄灭状态，如图5-55所示。

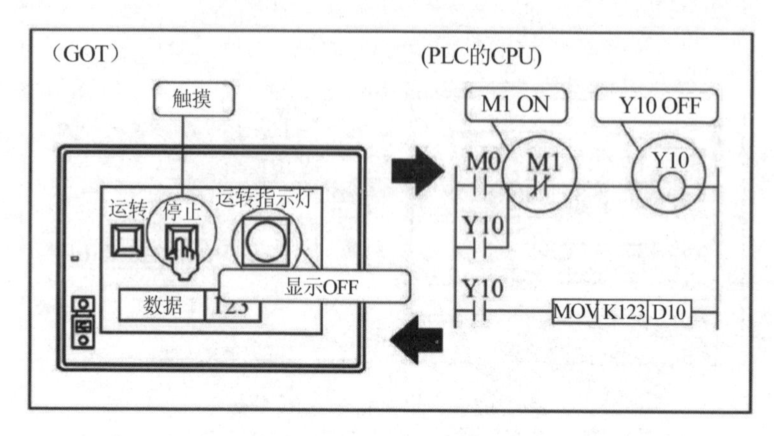

图5-55　触摸“Y10停止”软元件“M1”

5.2.3　触摸屏显示及相关参数设置

1. 设置触摸开关(位开关)

单击菜单栏“对象”→“开关”，从显示的子菜单中选择“位开关”，当鼠标光标变成“+”后，单击希望配置的位置进行配置，如图5-56和图5-57所示。

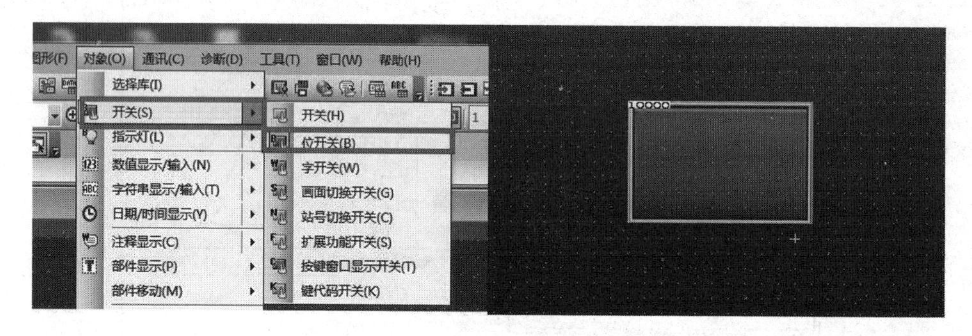

图5-56　位开关的选取

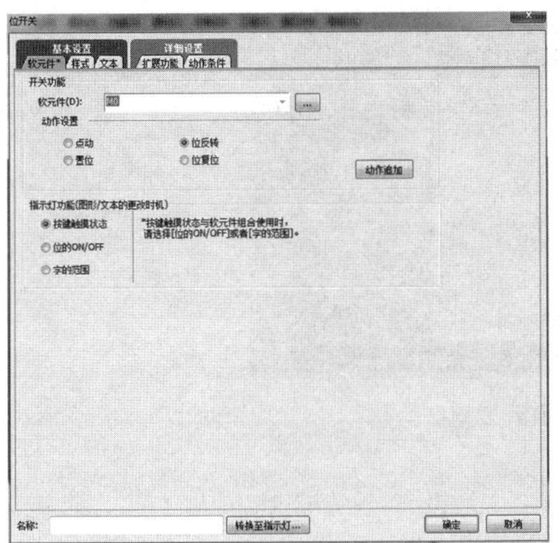

图 5-57　位开关选项卡设置

2. 设置指示灯

单击菜单栏“指示灯”，从显示的子菜单中选择“位指示灯”，鼠标光标变成“+”后，单击希望配置的位置进行配置，设置结束后的显示内容如图 5-58 所示。

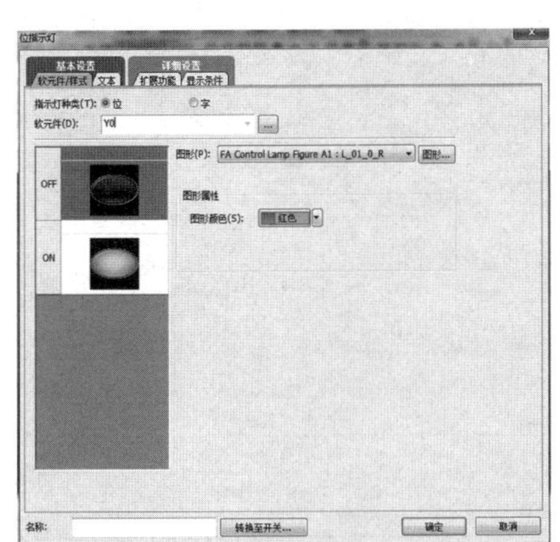

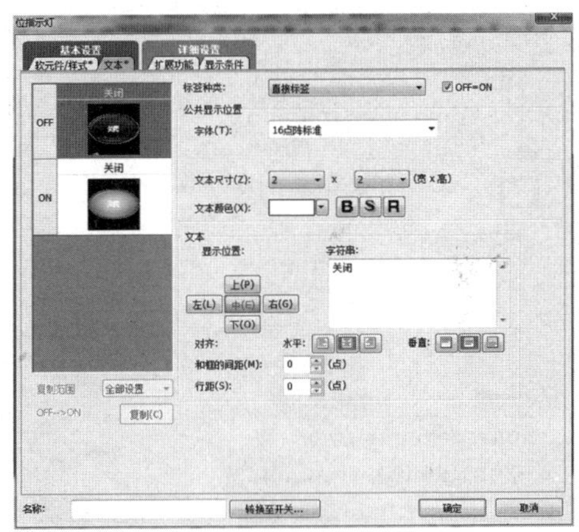

图 5-58　指示灯选项卡设置

3. GOT 画面下载

选择“通讯”→“写入到 GOT”菜单，如图 5-59 所示。

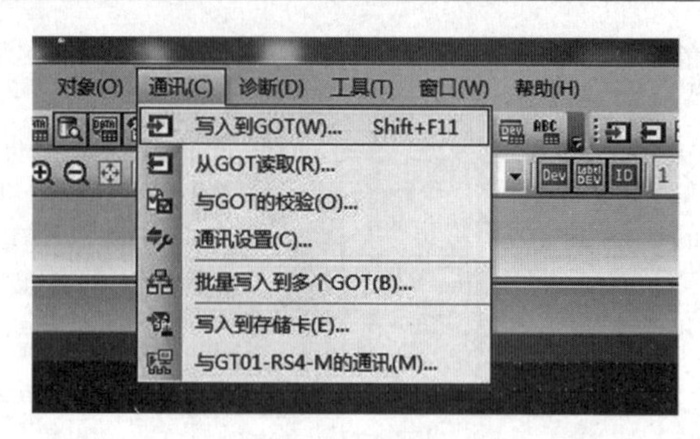

图 5-59　通讯菜单

显示对话框后，选择“通讯设置”选项卡。设置个人计算机与 GOT 通讯：选择 RS232 或 USB 传输(F940 型只能选择 RS232)，如图 5-60 所示。下载工程数据：选择“下载”→“GOT”选项卡，选择要下载到 GOT 中的数据，包括基本画面、窗口画面、公共设置，如图 5-61 所示。单击“全部选择”按钮，选择后单击“GOT 写入”按钮，开始下载工程数据。

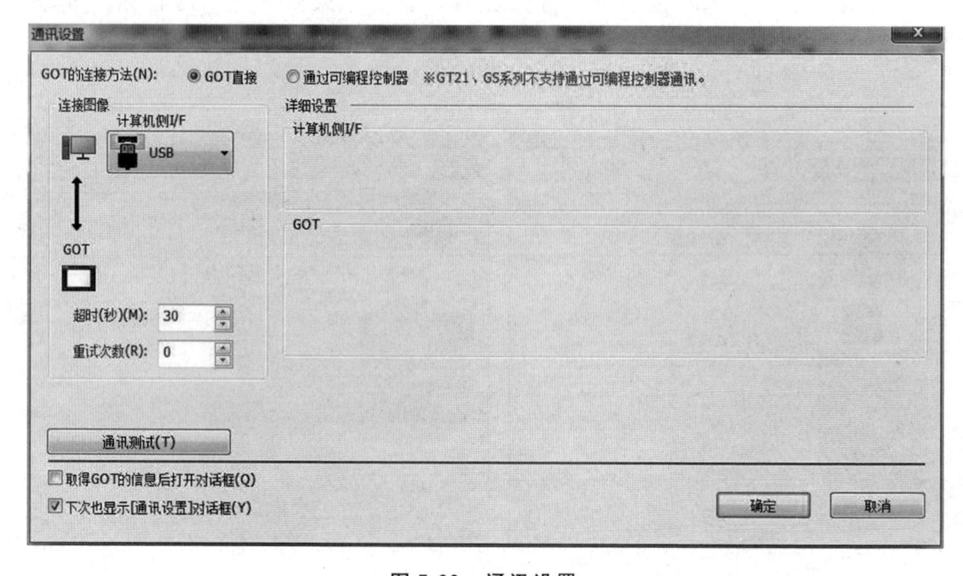

图 5-60　通讯设置

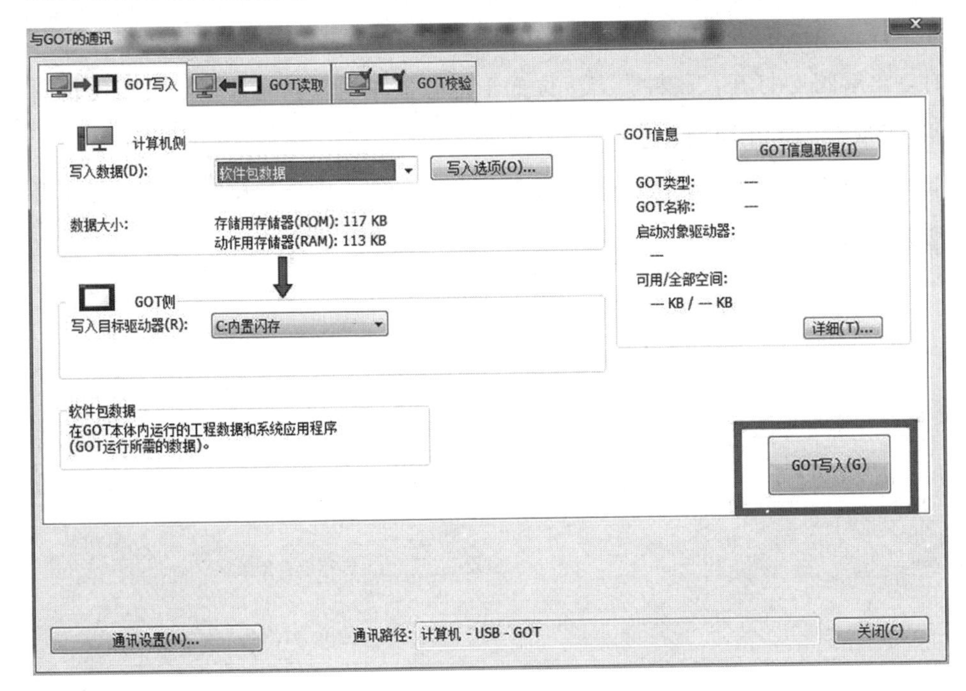

图 5-61　下载设置

5.2.4　搅拌机自动定时搅拌实验

1. 实验目的和要求

(1)了解搅拌机自动定时搅拌的工作原理；

(2)熟悉三菱触摸屏与 PLC 的连接；

(3)掌握三菱触摸屏软件界面编辑；

(4)掌握三菱触摸屏和 PLC 的联动编程。

2. 实验设备与材料准备

(1)硬件：计算机，实训装置(PLC、触摸屏和数据传输线)；

(2)软件：三菱 GT Designer3 软件和编程软件 GX Works2。

3. 实验内容

如图 5-62 所示为一台搅拌器，它用于搅拌两种液体。初始状态液缸中无液体，电动机和三个电磁阀均不通电，阀门处于关闭状态。

工作时，按下启动按钮，A、B 两阀同时通电打开，开始进料。A 阀 30s 后关闭，B 阀继续放料，当液位达到传感器 2 时，搅拌电动机启动，进行液体搅拌。当液位达到传感器 3 时，B 阀关闭。5min 后，搅拌电动机停止。同时，出料阀 C 打开，放料。当液位低于传感器 1 时，再延时 10s 关闭出料阀 C，完成一个工作周期。

该系统要求连续工作这一种工作方式。连续工作是指反复执行上述单周期工作过程。

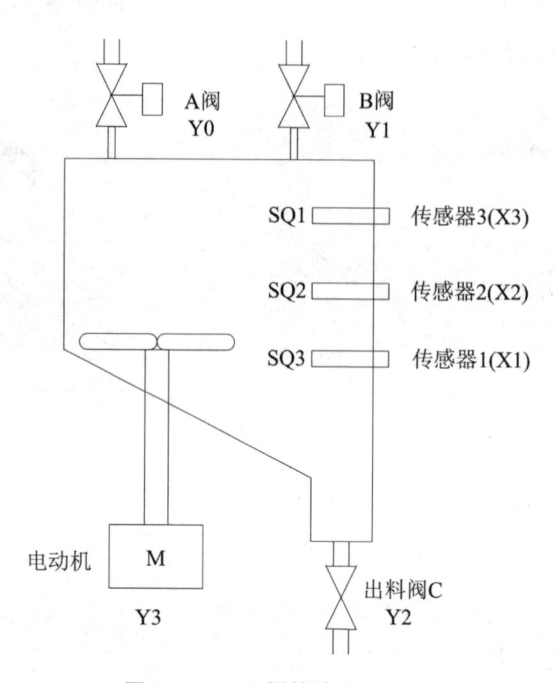

图 5-62　工业搅拌输送机设备

4. 实验步骤

步骤一：建立 PLC 输入输出分配表，如表 5-2 所示。

表 5-2　I/O 地址分配

PLC 输入输出分配表(FX3U-48)mt				
	PLC 软元件	元件文字符号	元件名称	控制功能
输入	X000	SB1	系统启动	系统执行
	X001	SB2	液位传感器 1	液位 1 检测
	X002	SB3	液位传感器 2	液位 2 检测
	X003	SB4	液位传感器 3	液位 3 检测
	X004	SA1	系统停止	关闭系统
输出	Y000	YV1	电磁阀线圈 1	控制进料 A 电磁阀
	Y001	YV2	电磁阀线圈 2	控制进料 B 电磁阀
	Y002	YV3	电磁阀线圈 3	控制进料 C 电磁阀
	Y003	KM	接触器	控制搅拌电动机

步骤二：电路设计，如图 5-63 所示。

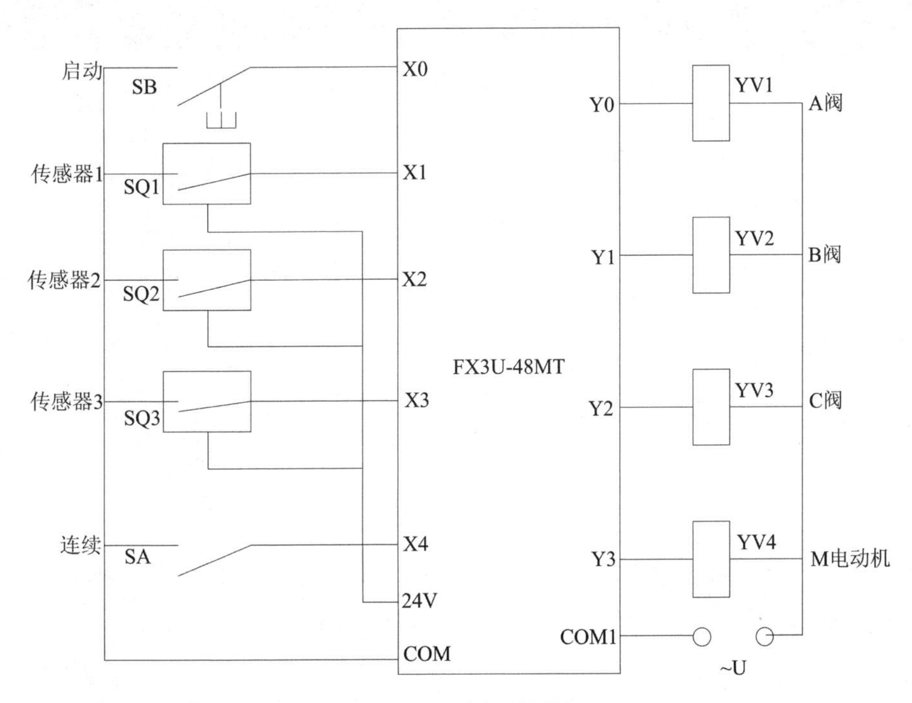

图 5-64　PLC 外围接线图

步骤三：编写程序和触摸屏画面，实现人机互动。

5. 参考触摸屏画面和 PLC 程序

参考组态画面如图 5-64 所示。

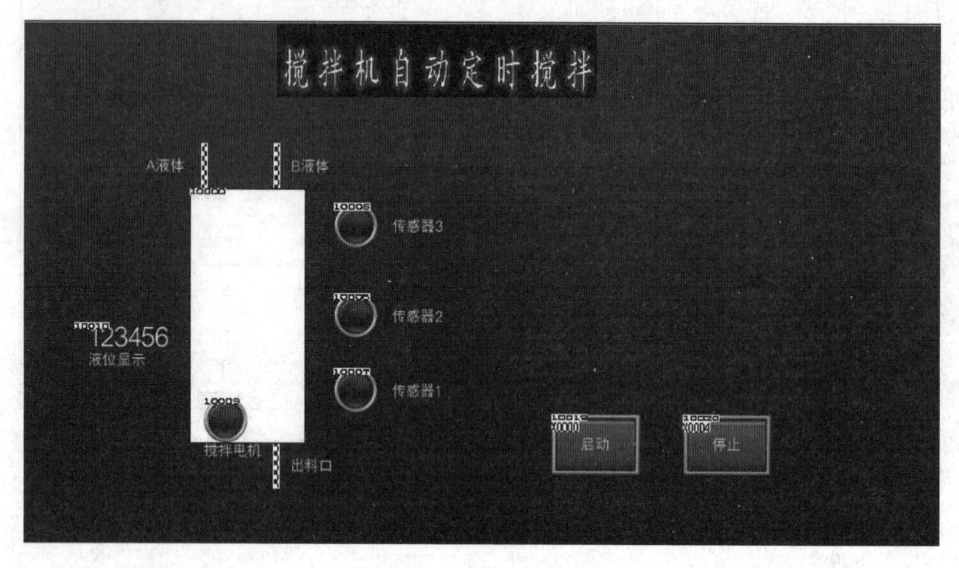

图 5-64　触摸屏画面设计

参考 PLC 梯形图程序如下：

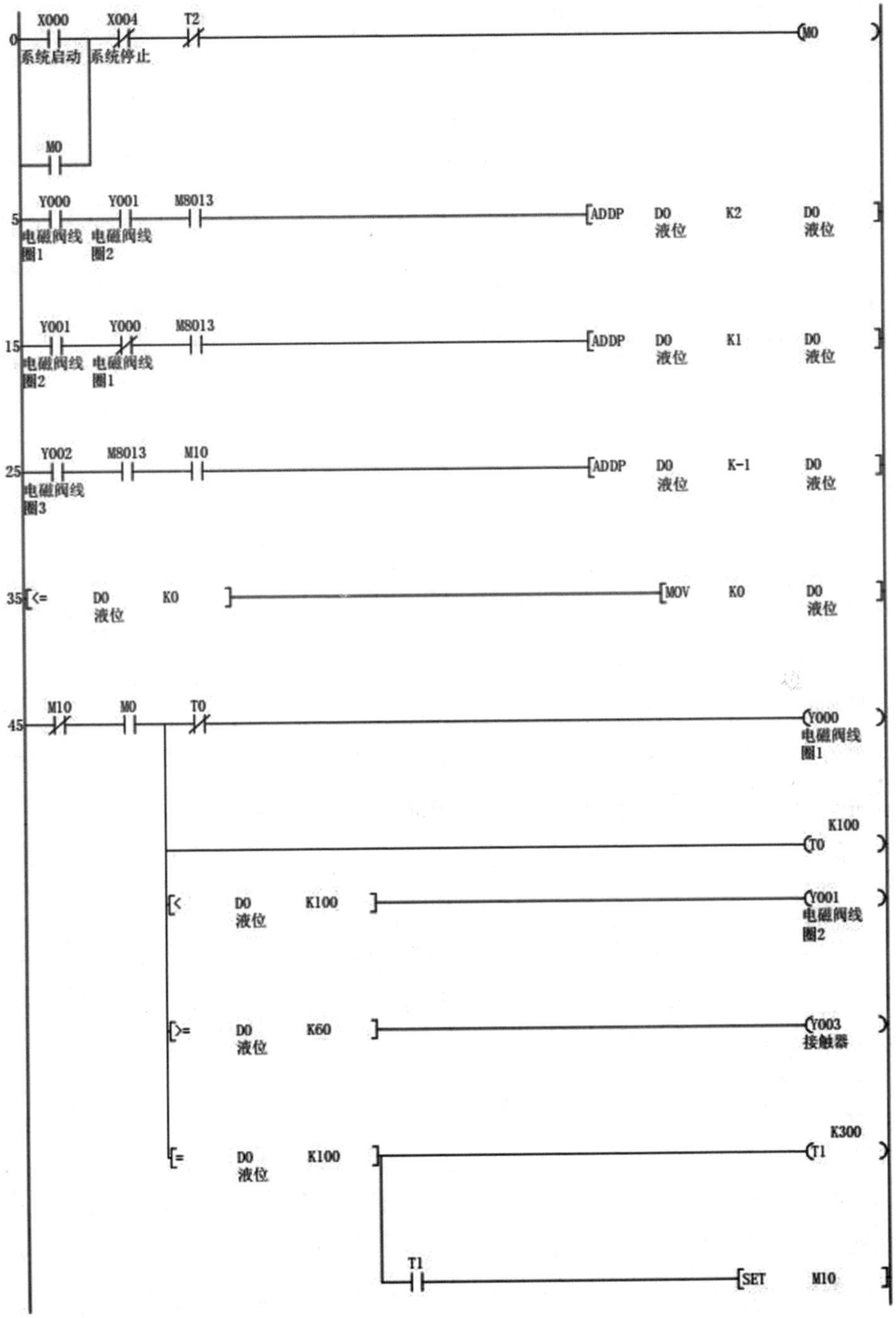

0 X000 系统启动 X004 系统停止 T2 (M0)
M0

5 Y000 电磁阀线圈1 Y001 电磁阀线圈2 M8013 [ADDP D0 液位 K2 D0 液位]

15 Y001 电磁阀线圈2 Y000 电磁阀线圈1 M8013 [ADDP D0 液位 K1 D0 液位]

25 Y002 电磁阀线圈3 M8013 M10 [ADDP D0 液位 K-1 D0 液位]

35 [<= D0 液位 K0] [MOV K0 D0 液位]

45 M10 M0 T0 (Y000 电磁阀线圈1)
K100 (T0)
[< D0 液位 K100] (Y001 电磁阀线圈2)
[>= D0 液位 K60] (Y003 接触器)
[= D0 液位 K100] K300 (T1)
T1 [SET M10]

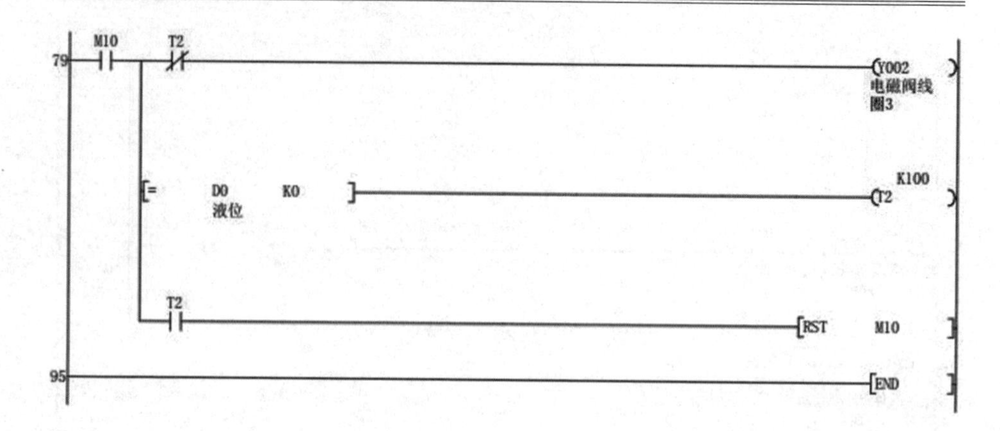

5.3 工业云平台

5.3.1 工业云平台简介

工业云平台可以将工业设备接入云平台来实现远程的数据传输，且支持设备远程管理、OPC平台、WEB组态。通过云服务，可为用户提供一系列的增值服务，实现工业数据双向通信，提供安全、方便的工业管理。适合于工业自动化用户远程访问具有RS232或RS485接口的工控设备，借助创恒工业云平台远程调试功能和创恒HighLink软件实现设备数据的互联网透传。这些设备包括串口服务器、无线DTU及其他支持TCP/IP的设备[11]。

5.3.2 P43x智能网关模块

1. 模块简介

P43x是一款搭载32位高速处理器和Linux操作系统的智能网关模块，模块可支持300Mbps的高速Wi-Fi上网，配备RS232和RS485自由组合的2路串口、1个WAN口和2个LAN口。

P43x智能网关支持9～36V宽电压供电，支持9V、12V、24V、36V等电源供电，适用于多种应用场合。

P43x智能网关结合创恒云VPN服务及串口透传服务，为各品牌PLC提供远程上下载程序的功能。

P43x智能网关内置各种PLC协议，通过MQTT协议可实现PLC的数据采集上传，包括西门子、三菱、台达、信捷、永宏等品牌的PLC。

P43x智能网关高速、灵活、可靠等特点，使其在PLC设备联网、PLC

远程维护、自助终端、智慧停车场、充电桩、智慧油田、电力、农业等领域有着较高的应用优势。

P43x 智能网关使用简单，配置方便，使用工业云平台的远程管理配置串口的使用模式(TCP 透传、采集模式、MQTT 透传)，无须多余的配置软件，即可完成数据的采集。P43x 每款型号分 A，B，C 三种后缀，A 对应 2 路 RS485，B 对应 1 路 RS232 和 1 路 RS485，C 对应 2 路 RS232。

2. P43x 智能网关模块连接

P43x 智能网关模块硬件连接示意图如图 5-65 所示，由图可知需要 Windows 电脑一台，P43x/P411 网关设备一台，网线一根，4G SIM 卡一张(含内置卡的设备可以不插外置卡)。

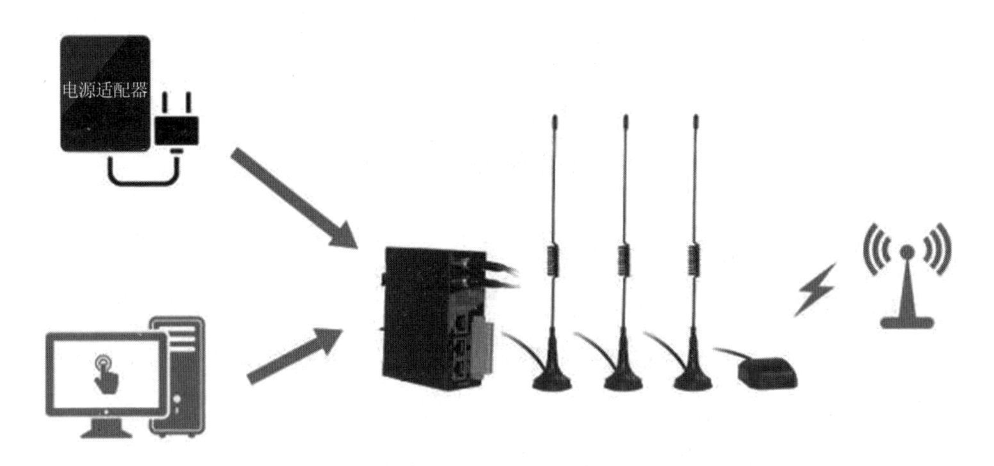

图 5-65　硬件连接示意图

1)设备启动与连接网络

下面以 P43x 网关为例：

(1)将互联网网线直接插入 P43x 的 WAN 口(如无可上网网线可略过)。

(2)将 Wi-Fi、4G 和 GPS 天线，按底部的标注，依次连接到网关设备对应的各天线接口上。

(3)将电脑的网口通过网线连接到设备的 LAN 口(LAN1、LAN2 均可)。

(4)配置电脑网络设置，选择自动获取 IP 地址。

(5)使用 9～36V 直流电源，给网关设备上电。

(6)等待大约1min，待信号灯亮起后，表明网关设备联网成功。

2)网关的设置与管理

本地浏览器登录网关：将电脑的网口通过网线连接到本设备的LAN口(LAN1、LAN2均可)，电脑设置为自动获取IP地址后，在电脑的浏览器中输入“192.168.100.1”，直接输入默认用户名“root”和密码，然后点击“登录”即可(如果无法正常打开页面，请清空浏览器的缓存与历史数据后再试)，如图5-66所示。

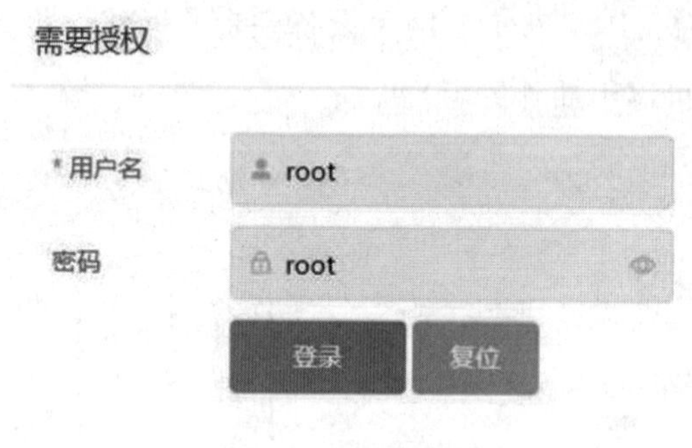

图5-66　登录网关

3)远程管理网关

只要给设备上电并且连接互联网，就可通过云平台修改设备参数、远程升级等实现远程管理。

(1)创建云平台账号：需要用户使用电脑浏览器(建议使用谷歌浏览器)登录创恒云平台(cloud.truhigh.com)，进行账号注册并登录。

(2)添加“MQTT服务”：登录平台后点击“网关管理”→“网关列表”，会提示添加“MQTT服务”，点击“去添加”，首先给服务器命名(例如，某某公司某某项目)，然后可自由选择服务器，最后点击“确定”，添加MQTT服务。

云平台录入网关并成功激活后，可以在“网关管理”→“网关列表”中找到刚刚录入的网关，点击“远程管理”即可进入网关的管理页面。

如图5-67所示，操作至此步骤后，以后所有的操作都可以在云平台上进行，无须再单独使用网线连接P43x，实现了基于MQTT的远程管理功能。

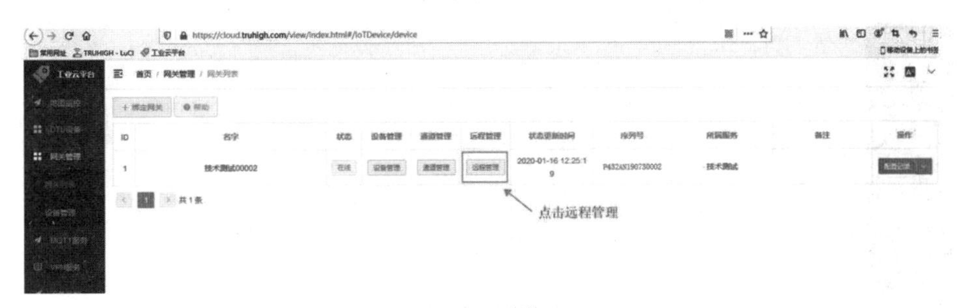

点击进入远程管理

图 5-67　远程管理进入

3. 主要功能展示

1)主界面

登录到路由器配置界面后，图 5-68 即为网关的配置界面。

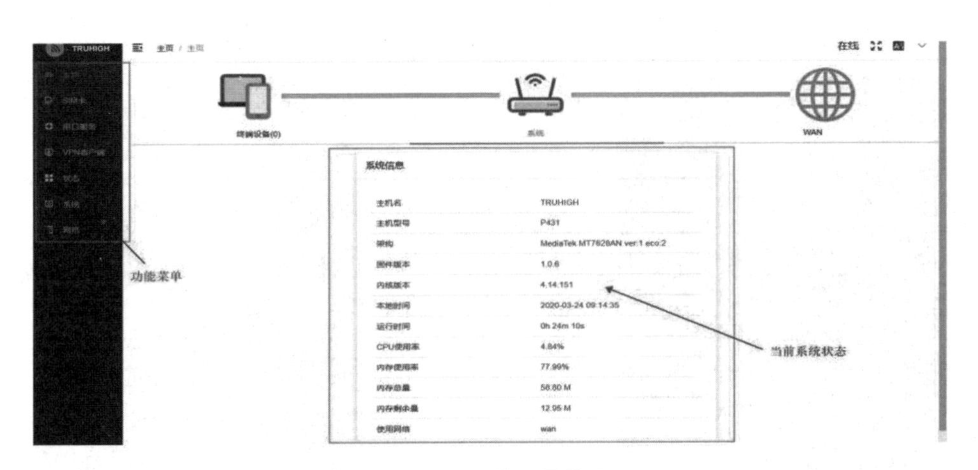

图 5-68　网关配置界面

2)串口数据采集(modbus rtu)设置

(1)在工业云平台中点击“网关管理”→“网关列表”，选择需要使用的 P43x 网关设备，点击“通道管理”完成通道添加，点击“确定”，按提示下载配置，如图 5-69 和图 5-70 所示。

注意：使用 modbus rtu 需要在 PLC 中添加相应的功能块程序，具体查看不同品牌 PLC 编程软件中的帮助文档。

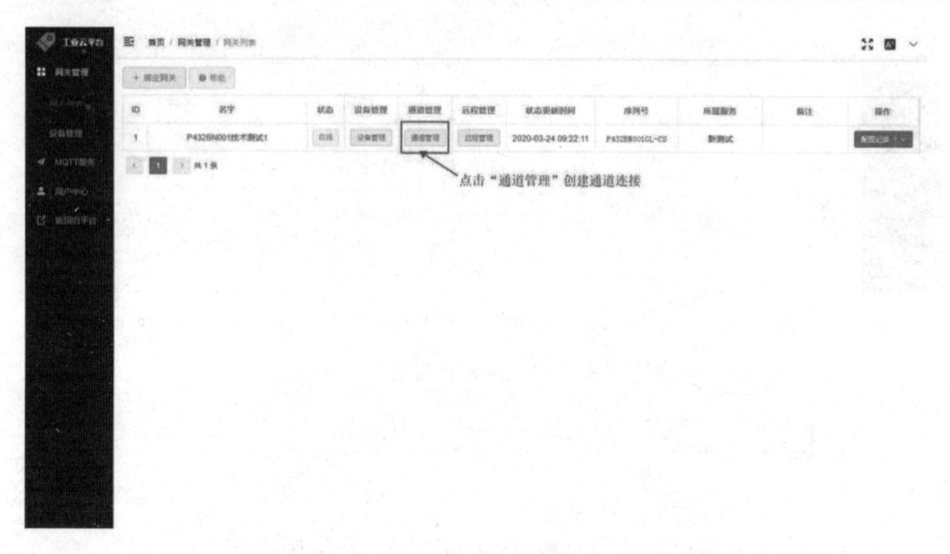

图 5-69　点击“通道管理”

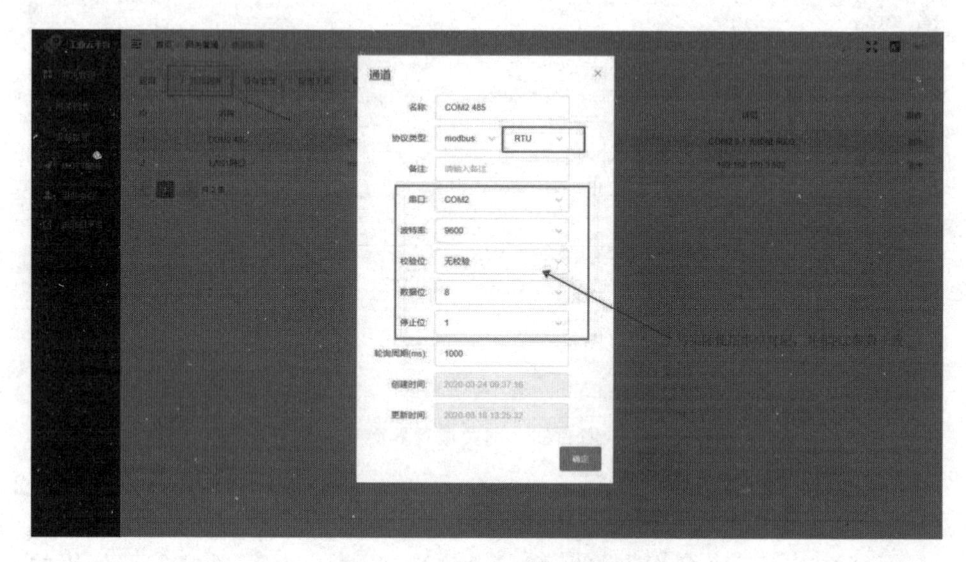

图 5-70　设置串口通道参数

(2)通道提示下载成功后，点击“＋添加设备”为通道连接的设备填写参数，点击“确定”后，按照提示下载配置即可。如图 5-71 所示。

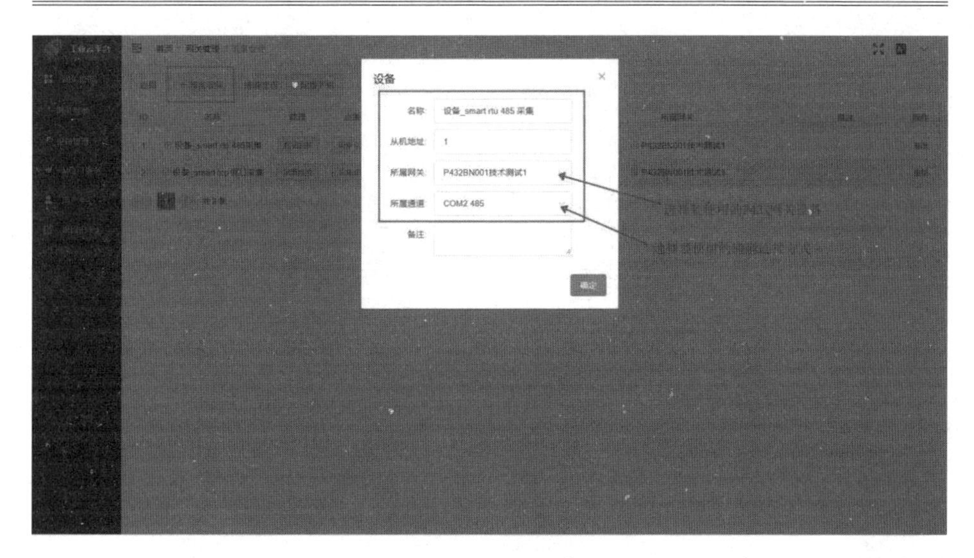

图 5-71　添加设备

(3)设备添加提示下载成功后，点击“设备管理”可查看已经添加的设备，根据需要点击“设备点表”编写相关的点表。

(4)下载完成后，可点击“数据监控”查看 P43x 网关设备所采集的数据。如图 5-72 所示。

图 5-72　点表与数据监控

(5)“数据监控”带有历史数据和数据导出功能，如图 5-73 所示。

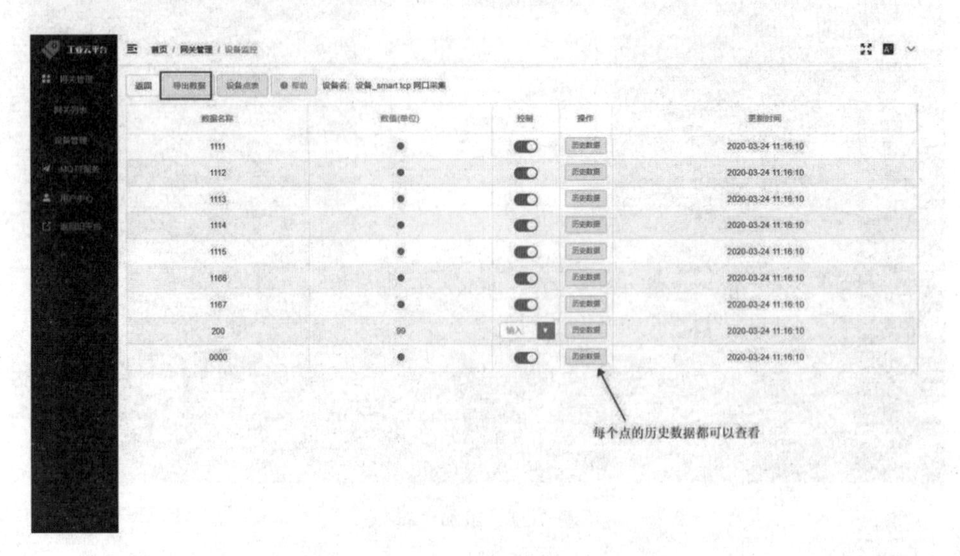

图 5-73 历史数据和数据导出功能图

5.3.3 三菱 FX 协议设置

已测试支持的三菱 PLC 包括：FX3G/FX3GC/FX3U/FX3UC/FX3S/FX0/FX0S/FX0N/FX1/FX1S/FX1N/FX1NC/FX2/FX2C/FX2N/FX2NC。

云平台配置协议设置方式：

(1)基本操作步骤：智能网关——设备管理——通道管理——添加通道——设备管理——添加设备——设置点表。

(2)分解步骤：

a. 智能网关——设备管理(见图 5-74)。

图 5-74　进入设备管理

b. 通道管理——添加通道(见图 5-75)。选择三菱 FX3U 协议，即网关为 PLC 主站。选择网关的串口号，配置串口通信参数，包括：波特率、数据位、校验位、停止位(通道串口参数必须与设备串口参数一致)。

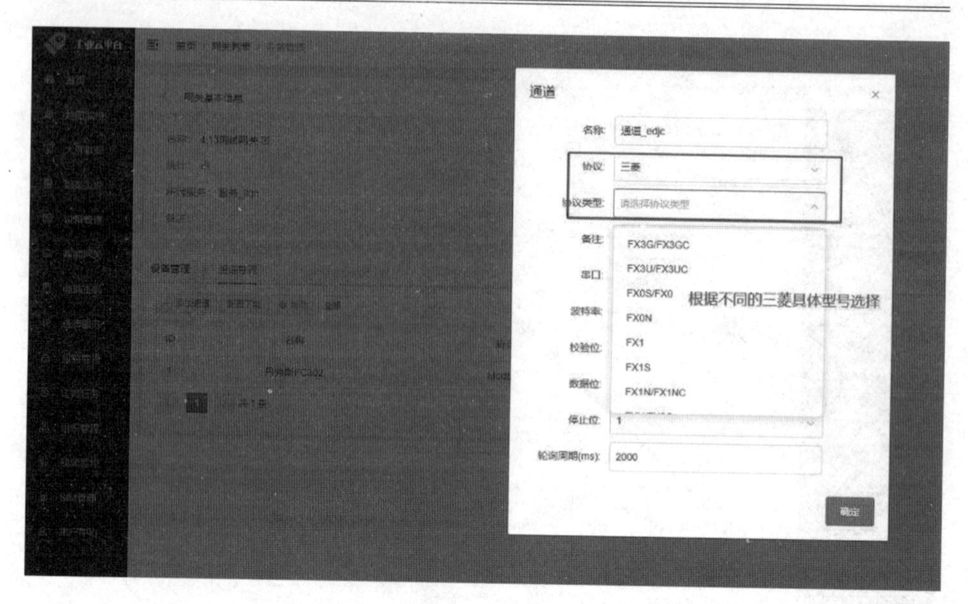

图 5-75　添加通道

c. 设备管理——添加设备(见图 5-76)。选择通道，设置设备 Modbus 从机地址，从机地址必须与设备 ID 一致。

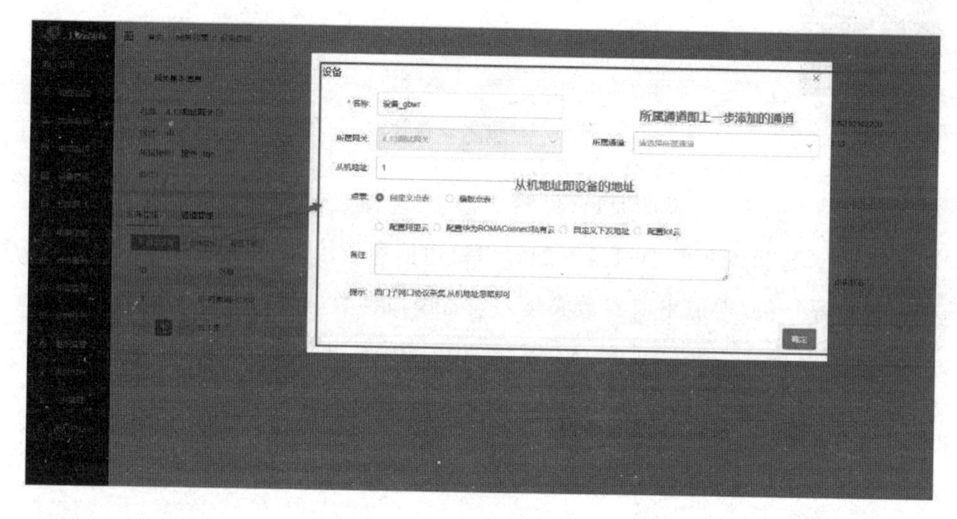

图 5-76　添加设备

d. 设置点表(见图 5-77)。

图 5-77　配置点表

e. 三菱 PLC 设置。

在“连接目标设置”中可查看 PLC 的相关配置，并参照图 5-78、图 5-79 进行相关设置。

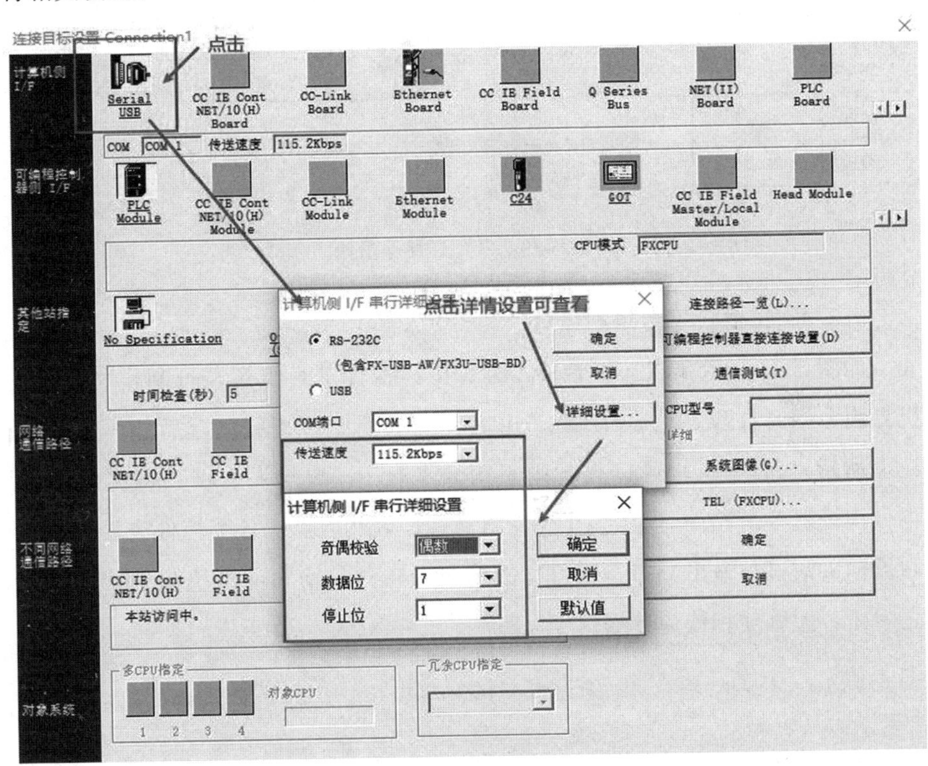

图 5-78　计算机侧 I/F 串行详细设置

若使用九针串口通信，请先清除 PLC 储存器并断电重启。

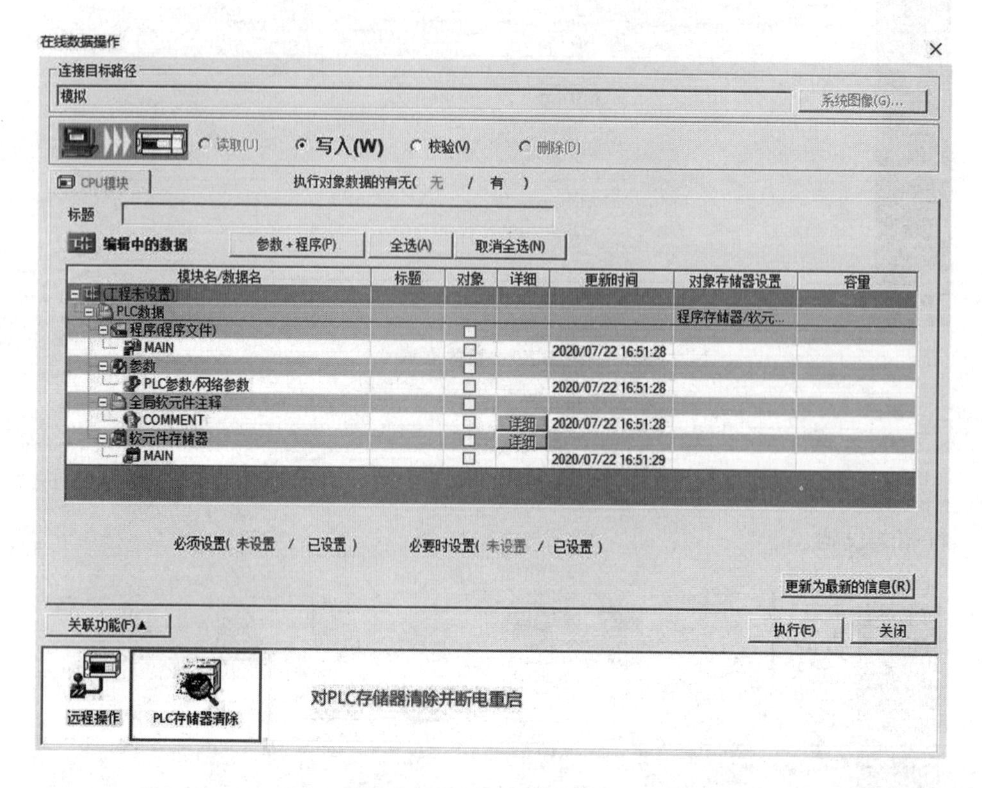

图 5-79　PLC 存储器清除

5.3.4　工业云平台组态设计

如图 5-80 所示，在云平台 PC 端对按钮控件进行组态，可制作物联网人机界面。同时打开手机端云平台小程序，可查看是否拥有创建后的界面(如图 5-81 所示)，若手机端可以查看则表明云平台 PC 端与手机端数据实现互通。再分别设置各个控件对应的 PLC 控制器端口，然后点击各个控件查看 PLC 控制器输入端口与输出端口指示灯亮灭情况，并测试物联网模块与 PLC 控制器之间是否能够互相传递数据。

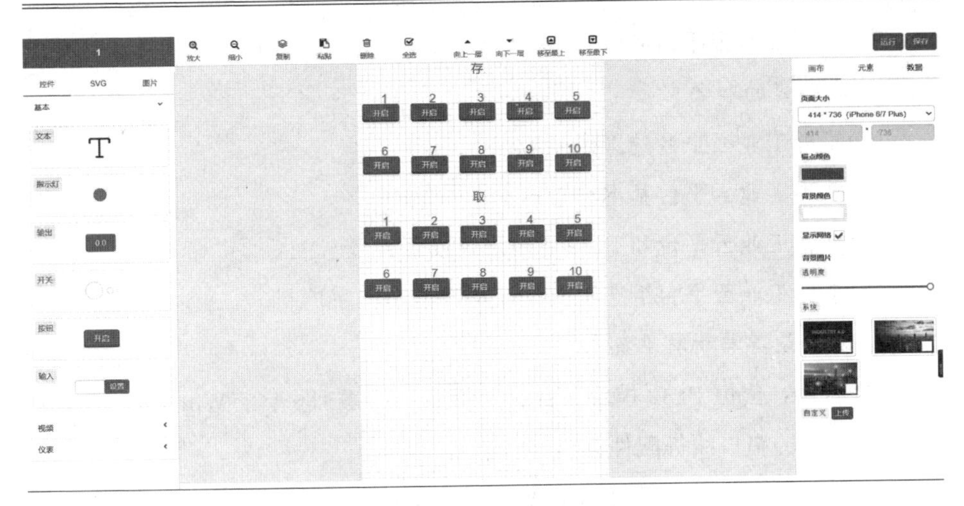

图 5-80　云平台 PC 端控制界面

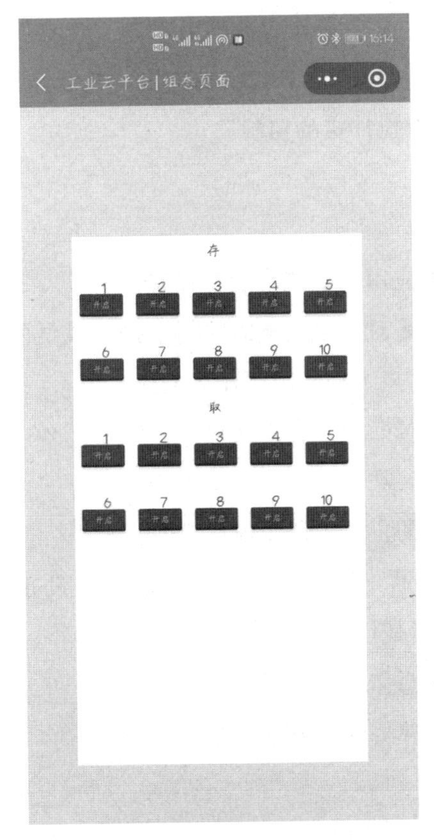

图 5-81　云平台手机端控制界面

5.3.5 工业云平台实验

1. 实验目的和要求

(1)了解工业云平台的工作原理;

(2)熟悉工业云平台基本设置;

(3)熟悉工业云平台和 PLC 通信协议设置;

(4)掌握工业云平台组态画面设计及微信小程序控制。

2. 实验设备与材料准备

(1)硬件:创恒 P432 模块一台、三菱 FX3U 系列一台、Windows 10 电脑一台、电源 、串口线等配件;

(2)软件:三菱编程软件 GX Works2、微信。

3. 实验内容

在搅拌机自动定时搅拌实验的基础上,进一步参照云平台设置的具体步骤,实现创恒 P432 模块和三菱 FX3U 的连接,并设计相关组态界面,实现云平台或者微信小程序对搅拌机的控制。

思考题与习题

5.1 建立组态王应用工程的一般过程有哪些?

5.2 组态王中如果对某个变量既限制了操作人员的级别,又定义在安全区中,此时安全区与用户级别之间是什么关系?

5.3 组态王软件的命令语言有几种?分别是什么?

5.4 触摸屏的主要功能是什么?

5.5 三菱触摸屏的主要下载步骤有哪些?

5.6 详细说明一下三菱触摸屏中位开关动作设置中点动、位反转、置位、位复位各自的功能是什么?

5.7 云平台的主要作用是什么?

5.8 建立云平台项目的一般过程有哪些?

参考文献

[1]李绍炎. 自动机与自动线[M]. 北京：清华大学出版社，2010.

[2]尚久浩. 自动机械设计(第二版)[M]. 北京：中国轻工业出版社，2017.

[3]何用辉. 自动化生产线安装与调试[M]. 北京：机械工业出版社，2011.

[4]龚仲华. 变频器原理及应用[M]. 北京：高等教育出版社，2011.

[5]袁海亮，邵帅. 工业机器人技术基础[M]. 北京：机械工业出版社，2021.

[6]张春芝，钟柱培，许妍妩. 工业机器人操作与编程[M]. 北京：高等教育出版社，2018.

[7]钱平. 伺服系统[M]. 北京：机械工业出版社，2021.

[8]许红艳. 自动生产线技术应用[M]. 北京：电子工业出版社，2021.

[9]殷群，吕建国. 组态软件基础及应用(组态王 KingView)[M]. 北京：机械工业出版社，2022.

[10]杨龙兴，李尚荣，孙松丽. 电气控制与 PLC 应用[M]. 西安：西安电子科技大学出版社，2017.

[11]创恒工业云平台帮助文档，http：//doc. truhigh. com/1817411.